高等职业教育"十三五"规划教材

建筑力学

主 编 王伟明

北京理工大学出版社
BEIJING INSTITUTE OF TECHNOLOGY PRESS

内 容 提 要

本书以高职高专的教学特色为依据，紧密结合土建行业各岗位的专业知识需求，精选理论力学（静力学）、结构力学、材料力学的经典内容进行编写，具有较强的针对性、适用性和实用性。全书共十四章，主要内容包括绪论、建筑力学基础、平面力系的平衡、平面体系的几何组成分析、静定结构的内力、静定结构的位移、力法、位移法及力矩分配法、影响线、拉（压）杆的强度、扭转、梁的弯曲应力、组合变形、压杆稳定等。本书每章前均配有内容摘要和学习目标，每章后均配有习题，同时附有习题提示及参考答案。

本书可作为高职高专院校建筑工程技术、水利工程、道路与桥梁工程技术、市政工程技术、建设工程监理、建筑设计等相关专业的教学用书，也可作为工程技术人员的参考用书。

版权专有　侵权必究

图书在版编目(CIP)数据

建筑力学 / 王伟明主编.—北京：北京理工大学出版社，2018.4（2018.5重印）
ISBN 978-7-5682-5501-1

Ⅰ.①建… Ⅱ.①王… Ⅲ.①建筑科学－力学－高等学校－教材 Ⅳ.①TU311

中国版本图书馆CIP数据核字(2018)第077575号

出版发行 /	北京理工大学出版社有限责任公司
社　　址 /	北京市海淀区中关村南大街5号
邮　　编 /	100081
电　　话 /	(010)68914775(总编室)
	(010)82562903(教材售后服务热线)
	(010)68948351(其他图书服务热线)
网　　址 /	http://www.bitpress.com.cn
经　　销 /	全国各地新华书店
印　　刷 /	北京紫瑞利印刷有限公司
开　　本 /	787毫米×1092毫米　1/16
印　　张 /	15
字　　数 /	367千字
版　　次 /	2018年4月第1版　2018年5月第2次印刷
定　　价 /	45.00元

责任编辑 / 钟　博
文案编辑 / 钟　博
责任校对 / 周瑞红
责任印制 / 边心超

图书出现印装质量问题，请拨打售后服务热线，本社负责调换

前言

建筑力学是土建类相关专业一门重要的专业基础课程，它将理论力学、材料力学、结构力学（"三大力学"）的内容系统地结合在一起。通过本课程的学习，学生能够对工程结构进行正确的受力分析，画出受力图并进行相关计算，掌握受力构件变形及其变形过程中构件内部应力的分析和计算方法，掌握静定结构的内力和位移计算，熟悉超静定结构内力的相关计算，掌握构件的强度、刚度和稳定性分析理论在工程设计、事故分析等方面的应用。本课程为经济合理地设计构件提供必要的理论基础和计算方法，并为有关的后续课程打下必要的基础，还可以有效培养学生的逻辑思维能力，促进学生综合素质的全面提高。

本书力求体现高职高专教育教学改革的特点，内容由浅入深、理论联系实际，叙述简明扼要、通俗易懂，图文配合紧密，具有较强的针对性、适用性和实用性。本书以国家对高职高专土建类专业人才的培养要求为依据，结合行业岗位的专业知识需求，精选理论力学的静力学、材料力学以及结构力学的相关内容自成体系。其着重点在于力学基本概念，简化理论推导，例题分析过程通俗易懂，避免"偏、难、怪"的繁杂计算，紧密联系工程实践重视工程应用。

本书由广东建设职业技术学院王伟明担任主编。本书在编写过程中参阅了大量文献资料，同时吸收、引用了部分优秀力学教材的内容，编者在此向这些参考文献的作者们深表谢意。

由于编写时间仓促及编者水平有限，书中难免存在错漏之处，敬请各位同行和专家批评指正，以便日后修订完善。

编　者

目 录

第一章　绪论……………………………1
　第一节　建筑力学的研究对象…………1
　第二节　建筑力学的基本任务…………3
　第三节　变形固体及其基本假设………4

第二章　建筑力学基础…………………6
　第一节　基本概念………………………6
　第二节　约束与约束力…………………12
　第三节　受力分析与受力图……………16

第三章　平面力系的平衡………………21
　第一节　平面汇交力系的合成…………21
　第二节　平面力偶系的合成……………24
　第三节　平面力系向一点的简化………25
　第四节　平面力系的平衡方程
　　　　　及其应用………………………27

第四章　平面体系的几何组成分析……38
　第一节　概述……………………………38
　第二节　几何不变体系的基本
　　　　　组成规则………………………42
　第三节　几何组成分析应用……………43
　第四节　体系的静定性…………………45

第五章　静定结构的内力………………48
　第一节　单跨梁…………………………48
　第二节　多跨静定梁……………………59
　第三节　静定平面刚架…………………62
　第四节　静定平面桁架…………………65
　第五节　静定平面组合结构……………70
　第六节　三铰拱…………………………70

第六章　静定结构的位移………………76
　第一节　概述……………………………76
　第二节　静定结构在荷载作用下的位移
　　　　　计算………………………………77
　第三节　图乘法…………………………80
　第四节　静定结构由于支座移动引起的
　　　　　位移计算………………………84

第七章　力法……………………………88
　第一节　概述……………………………88
　第二节　力法的基本原理和典型方程…90
　第三节　结构对称性的利用……………97

第八章　位移法及力矩分配法…………103
　第一节　位移法基本概念………………103

第二节　位移法的基本原理及应用 …… 107
　　第三节　力矩分配法的基本原理 ……… 112
　　第四节　力矩分配法的应用 …………… 115

第九章　影响线 ……………………………… 121
　　第一节　影响线的概念 ………………… 121
　　第二节　静定梁影响线的绘制 ………… 122
　　第三节　影响线的应用 ………………… 127
　　第四节　绝对最大弯矩及内力包络图
　　　　　　的概念 ………………………… 130

第十章　拉（压）杆的强度 ……………… 133
　　第一节　轴向拉伸与压缩的概念 ……… 133
　　第二节　轴向拉（压）杆的内力与轴
　　　　　　力图 …………………………… 134
　　第三节　拉（压）杆应力 ……………… 136
　　第四节　轴向拉（压）时的变形 ……… 140
　　第五节　材料在拉伸与压缩时的力学
　　　　　　性能 …………………………… 142
　　第六节　安全因数、许用应力、强度
　　　　　　条件 …………………………… 146
　　第七节　连接件的强度计算 …………… 150

第十一章　扭转 ……………………………… 157
　　第一节　扭转的概念 …………………… 157
　　第二节　圆轴扭转时横截面上的内力 … 158

　　第三节　圆轴扭转时的强度计算 ……… 166
　　第四节　圆轴扭转时的变形及刚度
　　　　　　条件 …………………………… 167

第十二章　梁的弯曲应力 ………………… 171
　　第一节　截面的几何性质 ……………… 171
　　第二节　梁的弯曲正应力 ……………… 176
　　第三节　梁弯曲时的强度计算 ………… 183
　　第四节　提高梁弯曲强度的措施 ……… 186
　　第五节　梁弯曲时的变形和刚度计算 … 188

第十三章　组合变形 ……………………… 196
　　第一节　概述 …………………………… 196
　　第二节　斜弯曲 ………………………… 197
　　第三节　拉伸（压缩）与弯曲的组合
　　　　　　变形 …………………………… 201
　　第四节　偏心压缩（拉伸） …………… 203

第十四章　压杆稳定 ……………………… 207
　　第一节　压杆稳定的概念 ……………… 207
　　第二节　临界力和临界应力 …………… 208
　　第三节　压杆的稳定计算 ……………… 211
　　第四节　提高压杆稳定性的措施 ……… 214

附录 ………………………………………… 217
参考文献 …………………………………… 233

第一章

绪 论

> **内容摘要**

本章主要介绍建筑力学的基本概念和内容，阐述建筑力学的研究对象及基本任务。

> **学习目标**

1. 了解建筑结构的概念及相关分类，了解建筑力学的主要研究对象。
2. 了解建筑结构的静力分析、强度、刚度、稳定性和几何组成的相关含义，了解建筑力学基本任务。
3. 了解变形固体的概念，并了解其基本假设。

第一节　建筑力学的研究对象

一、基本概念

建筑力学的研究对象是建筑结构及其构件。建筑结构（如厂房、桥梁、闸、坝、电视塔等）是由工程材料制成的构件（如梁、柱等）按合理方式连接而成的，它能承受和传递荷载，起骨架作用。例如，单层工业厂房的基础、柱、屋架（梁）通过相互连接而构成厂房的骨架（图 1-1）。又如民用建筑中的框架，公路与铁路工程中

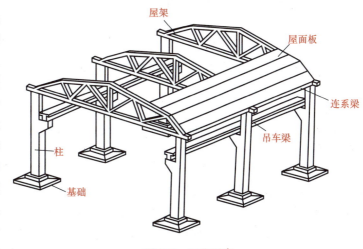

图 1-1　工业厂房

的桥梁以及挡土墙、水坝等，也是结构的实际例子。结构一般是由多个构件连接而成的，如桁架、框架等。最简单的结构则是单个构件，如单跨梁、独立柱等。

二、结构分类

结构的类型很多，按照结构构件的形状和几何尺寸，可以将结构分为杆件结构、板壳结构和实体结构三类。

(1)杆件结构由若干根杆件相互连接而成，图1-1所示的厂房即杆件结构。**杆件的几何特征是其长度远大于截面的宽度和高度**，如图1-2(a)所示。杆件轴线为直线的称为直杆；杆件轴线为曲线的称为曲杆。各种结构中，杆件结构最多，本书讨论的也主要是杆件结构。

(2)板壳结构又称薄壁结构，是指长度和宽度远大于其厚度的结构。形状为平面的板壳结构称为板，如图1-2(b)所示；形状为曲面的板壳结构称为壳，如图1-2(c)所示。

(3)**实体结构是指三个方向的尺寸比较接近，为同一量级的结构**，如挡土墙[图1-2(d)]、堤坝、块式基础等都是实体结构。

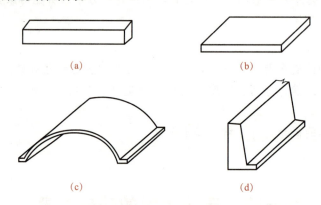

图1-2　各类结构
(a)杆；(b)板；(c)壳；(d)挡土墙

在建筑工程中，杆件结构是应用最为广泛的结构形式。建筑力学的主要研究对象是杆件结构，本书主要以平面杆件结构作为研究对象。

三、杆件基本变形

工程中的杆件所受的外力是多种多样的，其变形也是各种各样的。总体而言，杆件的基本变形形式有以下四种：

(1)轴向拉压变形。在一对方向相反、作用线与杆轴线重合的外力作用下，杆件的主要变形是沿轴方向的长度增加或减小，这种变形形式称为轴向拉伸[图1-3(a)]或轴向压缩[图1-3(b)]。

(2)剪切变形。**在一对大小相等、方向相反且相距很近的横向外力作用下方向发生错动**，这种变形形式称为剪切，如图1-3(c)所示。

(3)扭转变形。在一对转向相反、作用面垂直于杆轴线的外力偶作用下，**杆件任意两个横截面将发生相对转动，但轴线仍维持直线**，这种变形形式称为扭转，如图1-3(d)所示。

(4)弯曲变形。在一对转向相反、作用面在杆件的纵向平面(即包含杆轴线在内的平面)

内的外力偶作用下，杆件将在纵向平面内发生弯曲，这种变形形式称为弯曲，如图 1-3(e) 所示。

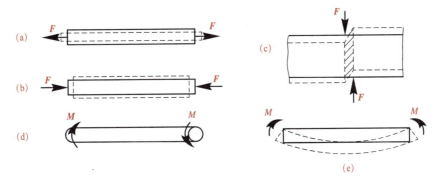

图 1-3　杆件的基本变形

工程中的杆件可能同时承受多种不同形式的外力，同时发生两种或两种以上的基本变形，这种变形情况称为组合变形。

第二节　建筑力学的基本任务

杆系结构是由杆件组成的一种结构，它必须满足一定的组成规律，才能保持结构的稳定，从而承受各种作用力。结构的形式各异，但必须具备可靠性、适用性、耐久性等性能。

在荷载作用下，承受荷载与传递荷载的建筑结构和构件会引起周围物体对它们的反作用，同时，构件本身因受荷载作用而产生变形，并且存在着发生破坏的可能性。但结构本身具备一定的抵抗变形和破坏的能力，即具有一定的承载能力，而构件的承载能力的大小与构件的材料性质、截面的几何尺寸和形状、受力性质、工作条件和构造情况等有关。

在结构设计中，其他条件一定时，如果构件的截面设计得过小，当构件所受的荷载大于构件的承载能力时，结构将不安全，它会因变形过大而影响正常工作，或因强度不够而破坏。当构件的承载能力大于构件所受的荷载时，则要多用材料，造成浪费。因此，建筑力学的任务是讨论和研究使建筑结构及构件在荷载或其他因素(支座移动、温度变化)的作用下能安全、正常地工作且符合经济要求的理论和计算方法，它可归纳为以下几个方面的内容：

(1)力系的简化和力系的平衡问题。研究和分析此类问题时，往往将所研究的对象视为刚体。所谓刚体是指无论受到什么样的力的作用，其形状都不会有任何改变的物体，即在任何情况下，刚体内任意两点之间的距离都不会改变。然而事实上刚体是不存在的，任何物体在受到力的作用时，都将发生不同程度的变形(称为变形体)，如房屋结构中的梁和柱，在受力后将产生弯曲和压缩变形。但由于在很多情况下物体的变形对于研究平衡问题的影响甚小，变形可忽略不计，从而可简化力系平衡的相关计算与研究。

(2)强度问题，即研究材料、构件和结构抵抗破坏的能力。若结构在预定荷载的作用下能安全工作而不产生破坏，即可认为其满足强度要求。

(3)刚度问题，即研究构件和结构抵抗变形的能力。**一个结构受荷载作用，虽然强度满足要求，但变形过大，也将影响正常使用**。例如，屋面檩条变形过大，导致屋面漏水。若结构在荷载的作用下产生的变形在允许范围内，不影响正常使用，即可认为其满足刚度要求。

(4)稳定性问题。对于比较细长的轴心受压杆，当压力超过某一定压力时，杆将不再保持直线形状，而突然从原来的直线形状变成曲线形状，改变它原来受压的工作性质而发生破坏，这种现象称为丧失稳定，简称"失稳"。例如房屋中承重的柱子，如果过细、过高，就可能由于失稳而导致整个房屋突然倒塌。

(5)研究几何组成规则。构件必须按一定的几何组成规律组成结构，以确保结构在预定荷载的作用下能维持原有的几何形状，保证结构各构件不发生相对运动。

建筑力学的基本任务就是处理好构件所受的荷载与构件本身的承载能力之间的基本矛盾，简而言之，就是必须保证设计的构件有足够的强度、刚度和稳定性。建筑力学就是研究多种类型构件（或构件系统）的强度、刚度和稳定性问题的学科，为上述三类问题提供相关的计算和实验方法，根据计算和分析选择合适的材料、合理的截面形式及尺寸，同时，研究几何组成规律和合理形式，保证安全和经济两个方面的要求。

第三节　变形固体及其基本假设

一、变形固体

工程上所用的构件都是由固体材料制成的，如钢、铸铁、木材、混凝土等，它们在外力作用下会或多或少地产生变形，有些变形可直接观察到，有些变形则需通过专门仪器检测。在外力作用下，会产生变形的固体称为变形固体。

变形固体在外力作用下会产生两种不同性质的变形：一种是外力消除时变形随之消失，这种变形称为弹性变形；另一种是外力消除后变形不能消失，这种变形称为塑性变形。一般情况下，物体受力后，既有弹性变形又有塑性变形，这种情况称为弹塑性变形。但工程中常用的材料，在外力不超过一定范围时，其塑性变形很小，可忽略不计，可认为其只有弹性变形，这种只有弹性交形的变形固体称为完全弹性体；只引起弹性变形的外力范围称为弹性范围。本书主要讨论材料在弹性范围内的变形及受力。

二、基本假设

变形固体的性质是十分复杂的，各学科研究的角度、范围不同，其侧重点也不一样。为了简化计算，在建筑力学中常略去一些与强度、刚度和稳定性等问题关系不大的因素，将具有多种复杂属性的变形固体模型化，从而建立建筑力学所研究对象的理想化模型。为此，建筑力学对变形固体作以下假设。

(一)连续性假设

连续性假设认为,固体在其整个体积内毫无空隙地充满了物质。实际上,组成固体的各粒子之间并不连续,它们之间存在着空隙。但是,这些空隙与构件尺寸相比极其微小,由空隙存在所引起的性质上的差异,在宏观讨论中可以忽略不计,故可认为固体在其整个体积内是连续的。根据这个假设,可将表征固体内某些力学性质的物理量用点的坐标的连续函数来表示。基于此,可利用高等数学的知识(微分、积分和微分方程等)分析研究建筑力学的问题。

(二)均匀性假设

均匀性假设认为,固体内各点处的力学性质完全相同。如工程中使用较多的金属材料,组成金属的各个晶粒的力学性质并不完全相同。但是,在构件或构件内任一部分中,都包含着为数极多的晶粒,而且它们又是处于无规则的排列状态,其力学性质应是所有各晶粒性质的统计平均值,故可认为构件内各部分的力学性质是均匀的。根据这个假设,可以从构件内任意点处取出一微小部分加以分析研究,并将研究结果应用于整个构件。同时,也可以将那些用大尺寸试件在实验中所获取的材料的力学性质,应用于任一微小部分。

(三)各向同性假设

各向同性假设认为,固体在各个不同方向具有相同的力学性质。具有这种性质的材料称为各向同性体。常用的工程材料,如钢材、塑料、玻璃和混凝土都可认为是各向同性材料。根据该假设,在研究材料的力学性质时,不必考虑其方向性,即在研究材料某一方向的力学性质后,其结论就可以应用到其他任何方向。

在工程实际中也存在不少各向异性材料,如轧制钢材、合成纤维材料、木材、竹材等,它们沿各方向的力学性能是不同的。很明显,当木材分别在顺纹方向、横纹方向和斜纹方向受到外力作用时,它所表现出的力学性质是各不相同的。因此,对于由各向异性材料制成的构件,在设计时必须考虑材料在各个不同方向的不同力学性质。

(四)小变形假设

在实际工程中,构件在荷载作用下,其变形与构件的原尺寸相比通常很小,可以忽略不计,这一类变形称为小变形。所以,在研究构件的平衡和运动时,可按变形前的原始尺寸和形状进行计算。研究和计算变形时,变形的高次幂项也可忽略不计。这既可以简化计算,又不影响计算结果的实用精度。

习 题

1-1 简述结构的分类。
1-2 杆件结构的特点有哪些?
1-3 建筑力学的基本任务有哪些?
1-4 简述变形固体的基本假设。

参考答案

第二章 建筑力学基础

📌 内容摘要

本章主要介绍力与力偶及力对点之矩的相关概念、性质，约束力与约束反力的基本概念，结构受力分析及受力图的画法。

📖 学习目标

1. 熟悉力与力偶的相关概念及性质，掌握力对点之矩的计算方法。
2. 熟悉约束与约束力的概念，可以对常见的约束和约束力进行分析。
3. 掌握结构受力分析的相关步骤，能完整、准确地画出结构受力图。

第一节　基本概念

一、力的概念

力是物体间相互的机械作用。力对物体产生的效应一般可分为两个方面：一方面是力使物体运动状态的改变；另一方面是力使物体形状的改变。通常，将前者称为力的外效应或运动效应；将后者称为力的内效应或变形效应。

实际物体在力的作用下，都会产生不同程度的变形。但在工程结构中的微小变形，对研究物体（结构）的平衡问题不起主要作用，可以略去不计，这样可使问题的研究大为简化。因此，**在研究平衡问题时将受力物体视为不变形的刚体，这是一个理想化的力学模型**。

实践表明，力对物体的作用效应取决于力的大小、方向和作用点，通常称为力的三要素。当这三个要素中的任何一个发生改变时，力的效应也将随之变化。

如图 2-1 所示，作用在 A 点的力 F 可用一有方向的线段来表示。线段的始端 A 表示力的作用点，用线段的长度按一定的比例表示力的大小，用线段的方位和箭头的指向表示力的方向，用线段的起点（A 点）或终点（B 点）表示力的作用点。通常用字母

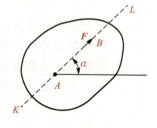

图 2-1　力的三要素

表示力的矢量,如 **F**,线段的长短则不一定按大小画出。并且,习惯用线段的末端来代表压力的作用点,用线段的始端代表拉力的作用点。

力的国际制单位是 N(牛顿)或 kN(千牛顿)。

力的方向包括力作用线在空间的方位以及力的指向。力的作用点表示力对物体作用的位置,是力的作用区域的抽象。实际上物体间相互作用的区域不是一个点,而是具有一定面积或体积的区域,当作用面积或体积很小时可抽象为点,称为力的作用点。作用于这个点上的力称为集中力,力的作用区域不能抽象为点时则为分布力。

二、静力学公理

(一)二力平衡公理

作用在同一刚体上的两个力,使刚体平衡的必要和充分条件是:**这两个力大小相等,方向相反,作用在同一条直线上,** 如图 2-2 所示。

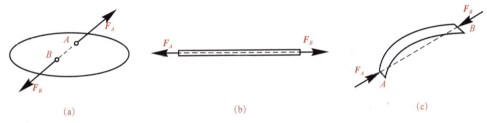

图 2-2 二力平衡公理

上述二力平衡公理对于刚体是充分的,也是必要的,而对于变形体只是必要的,而不是充分的。如图 2-3 所示,绳索的两端若受到一对大小相等、方向相反的拉力作用可以平衡,但若是压力就不能平衡。

工程中仅受二力作用而处于平衡状态的杆件或构件称为二力杆件(简称"二力杆")或二力构件。图 2-4 中 BC 杆即二力杆。其特点是:构件只受到两个力作用而保持平衡。根据二力平衡公理可以断定,**这两个力必定沿着二力作用点的连线,且等值、反向。**

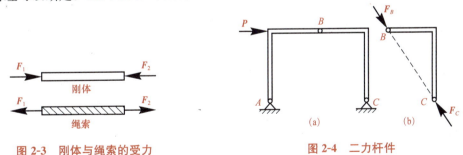

图 2-3 刚体与绳索的受力   图 2-4 二力杆件

(二)加减平衡力系公理

作用于同一刚体上的任意力系中,加上或去掉任何平衡力系,原力系对刚体的作用效果不会改变,这也表明同一刚体在平衡力系作用下不会产生运动效应。

由加减平衡力系公理,可以推导出力的可传性。

推论 1:力的可传性定理。

作用于同一刚体上的力可沿其作用线移动到刚体内任意一点,而不改变该力对刚体的作用效应，如图 2-5 所示。

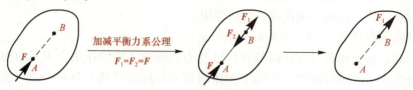

图 2-5　加减平衡力系公理

由二力平衡公理和加减平衡力系公理，可以得出三力平衡汇交定理。

推论 2：三力平衡汇交定理。

刚体在三力作用下处于平衡，若其中的两个力汇交于一点，则第三个力必汇交于该点。

(三) 作用与反作用公理

两物体间相互作用的力，总是大小相等、方向相反，沿同一直线并分别作用在两个相互作用的物体上。

这个定律概括了物体间相互作用的关系。其普遍适用于任何相互作用的物体，即作用力与反作用力总是成对出现，成对消失。如图 2-6 所示，C 铰处 $F_C = F_C'$ 为一对作用力与反作用力。

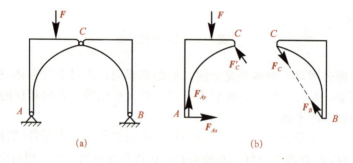

图 2-6　作用力与反作用力

(四) 平行四边形法则

作用在物体上同一点的两个力，可以合成为一个合力。**合力的作用点仍在该点，合力的大小和方向由这两个力为邻边所构成的平行四边形的对角线确定。**

力的平行四边形法则是力系合成与分解的基础。这种求合力的方法称为矢量加法。其矢量表达式为 $F_R = F_1 + F_2$，如图 2-7(a) 所示，即作用于物体上同一点的两个力的合力矢量，等于这两个力的矢量和。

根据平行四边形法则求合力矢量时，也可只画半个平行四边形，这时力的平行四边形法则就演变为力的三角形法则。

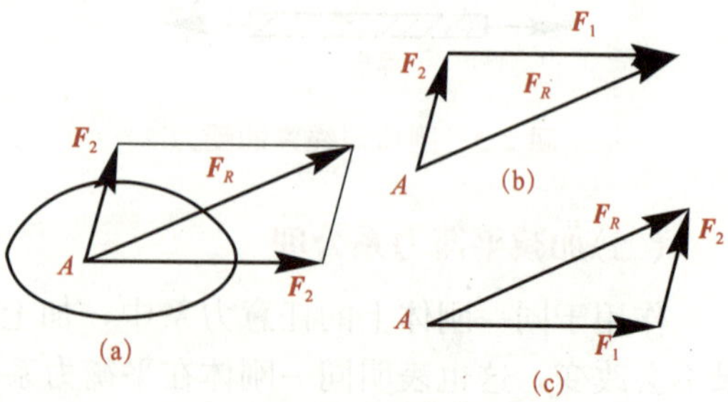

(五) 分布力

作用范围不能忽视的力称为分布力。分布力根据其分布范围的几何特征通常可分为线

图 2-7　平行四边形法则

分布力、面分布力、体分布力三种；根据其分布的均匀性可分为均布力和非均布力两种；综合考虑通常可将分布力分为线均布力、面均布力、体均布力、线非均布力、面非均布力、体非均布力六种。力学计算中遇到最多的是线均布力。

线均布力是指作用在一个狭长范围内且各点作用强弱程度都相同的力，如均质梁的自重，如图 2-8(a)所示。线均布力用若干个平行且相等的带箭头的有向线段来表示，图 2-8(b)所示为一个作用在 AD 线上 BC 段内竖直向下的线均布力，分布长度为 l，单位为米(m)，分布集度为 q，**常用单位为牛顿/米(N/m)或千牛顿/米(kN/m)**。

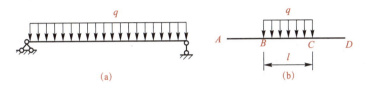

图 2-8 线均布力

应注意的是，分布力的分布集度并不代表力的大小。如一点的线分布力集度 $q=10\ \text{kN/m}$，并不是说该点承受着 10 kN 的力，而是指如将该点的力大小不变扩展到 1 m 长的范围时，总共是 10 kN 的力，所以，一点的分布力的分布集度只表示分布力在该点的密集程度。

沿直线平行分布的线分布力可以合成为一个合力，**合力的方向与线分布力的方向相同，合力作用线通过荷载图的形心，其合力的大小等于荷载图的面积**。

例 2-1 求图 2-9 所示结构线分布力的合力。

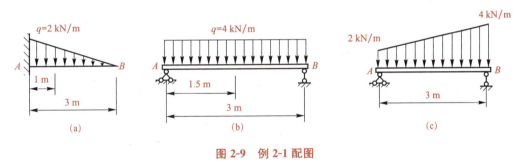

图 2-9 例 2-1 配图

解：(1)合力大小为：$\frac{1}{2}\times 3\times 2=3(\text{kN})$，方向向下，合力作用线距 A 端 1 m。

(2)合力大小为：$4\times 3=12(\text{kN})$，方向向下，合力作用线距端点 1.5 m。

(3)可将梯形分布荷载分解为均布荷载和三角形分布荷载，均布荷载合力大小为：$2\times 3=6(\text{kN})$，方向向下，合力作用线距 A 端 1.5 m；三角形分布荷载合力大小为：$\frac{1}{2}\times 3\times(4-2)=3(\text{kN})$，合力作用线距 A 端 2 m。

三、力对点之矩

力对点之矩是很早以前人们在使用杠杆、滑车、绞盘等机械搬运或提升重物时所形成的一个概念。现以扳手拧螺母为例来说明。如图 2-10(a)所示，在扳手的 A 点施加一力 **F**，将使扳手和螺母一起绕螺钉中心 O 转动,这就是说,力有使物体(扳手)产生转动的效应。实践经验表明,扳手的转动效果不仅与力 F 的大小有关,而且还与点 O 到力作用线的垂直距离 d 有关。当 d 保持不变时,力 F 越大,转动越快;当力 F 不变时,d 值越大,转动也越快。**若改变力的作用方向,加上适当的正负号来表示力 F 使物体绕 O 点转动的效应,并称为力 F 对 O 点之矩,简称力矩,**以符号 $M_O(\boldsymbol{F})$ 表示。其计算公式如下:

$$M_O(\boldsymbol{F}) = \pm Fd \tag{2-1}$$

如图 2-10(b)所示,O 点称为转动中心,简称矩心。矩心 O 到力作用线的垂直距离 d 称为力臂,式(2-1)中的正负号表示力矩的转向。通常规定:力使物体绕矩心作逆时针方向转动时,力矩为正;反之为负。

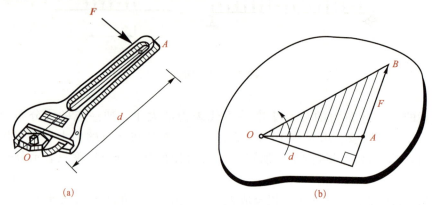

图 2-10 力对点之矩

力矩的单位是 N·m 或 kN·m。

力矩有如下性质:

(1)如果力的大小等于 0,则力对任一点的矩等于 0;

(2)**如果力的作用线通过矩心,即力臂等于 0,则力对点的矩等于 0;**

(3)力对矩心 O 点之矩与 O 点位置有关,同一个力对不同的矩心,其力矩是不同的(包括数值、符号都可能不同)。

平面力系的合力($\boldsymbol{F}_R$)对平面内任一点的矩等于各分力($\boldsymbol{F}_i$)对同一点矩的代数和,见式(2-2)。

$$M_O(\boldsymbol{F}_R) = M_O(\boldsymbol{F}_1) + M_O(\boldsymbol{F}_2) + \cdots + M_O(\boldsymbol{F}_n) \tag{2-2}$$

对在同一平面内几个力矩求代数和,称为求它们的合力矩。

例 2-2 每 1 m 长挡土墙所受土压力的合力为 F_R,它的大小 $F_R = 200$ kN,方向如图 2-11 所示,求土压力 F_R 使墙倾覆的力矩。

解:土压力 F_R 可使挡土墙绕 A 点倾覆,求 F_R 使墙倾覆的力矩,也即求它对 A 点的力矩。由于力臂求解较麻烦,因此将 F_R 分解为两个分力 F_1 和 F_2,两分力的力臂是已知的。根据合力矩定理,合力 F_R 对 A 点之矩等于 F_1 和 F_2 分别对 A 点之矩的代数和。

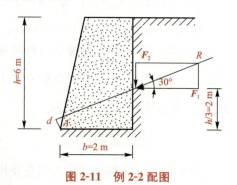

图 2-11 例 2-2 配图

$$M_A(F_R) = M_A(F_1) + M_A(F_2)$$
$$= 200\cos30° \times 2 - 200\sin30° \times 2$$
$$= 146.41(\text{kN} \cdot \text{m})$$

例 2-3 求图 2-9 中各分布荷载对 A 点之矩。

解：根据合力矩定理，分布荷载对某点之矩等于其合力对该点之矩。

如图 2-9(a)所示，三角形分布荷载对 A 点的力矩为：$M_A(q) = -\frac{1}{2} \times 2 \times 3 \times 1 = -3(\text{kN} \cdot \text{m})$

如图 2-9(b)所示，均布荷载对 A 点的力矩为：$M_A(q) = -4 \times 3 \times 1.5 = -18(\text{kN} \cdot \text{m})$

图 2-9(c)所示为梯形分布荷载，此时为避免求图中的梯形形心，可将梯形分布荷载分解为均布荷载和三角形分布荷载。

梯形分布荷载对 A 点之矩为：$M_A(q) = -2 \times 3 \times 1.5 - \frac{1}{2} \times 2 \times 3 \times 2 = -15(\text{kN} \cdot \text{m})$

四、力偶

在实际工程和日常生活中，为了使物体转动，一般要加上大小相等、方向相反且不共线的两个平行力。例如，汽车司机转动方向盘，两手加在方向盘上的力[图 2-13(a)]以及木工工人用丝锥攻螺纹[图 2-12(b)]等。

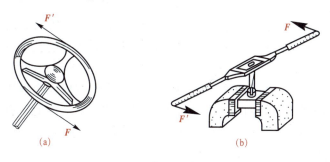

图 2-12 力偶

通常，将这种作用在同一个刚体上的大小相等、方向相反、作用线又不重合的两个平行力所组成的力系称为力偶，若将此两力分别记为 F 及 F'，则用符号 (F, F') 表示这两个力所组成的力偶。其是一个不能再简化的基本力系。它对物体作用的运动效果是使物体产生单纯的转动。

力偶与力矩的区别在于：**力偶是一个基本力系，力成对出现，它们大小相等而方向相反，平行但不在同一直线上**；力矩是用来度量某一个力对某一点产生转动作用的大小的物理量，要素有力的大小、力的方向、力与作用点的距离。**力偶与力矩的相同之处是它们均使物体产生转动**。

力偶的作用是使物体转动，力偶使物体转动的效应，不仅与力 F 的大小有关，还与两个力作用线之间的垂直距离 d 有关。因此用乘积 Fd 表示力偶使物体转动的效应，称为力偶矩，记为 $M(F, F')$ 或 M，即

$$M(F, F') = \pm Fd \tag{2-3}$$

式中，距离 d 称为力偶臂。

力偶符号规定：力偶使物体作逆时针方向转动时为正；反之为负。力偶矩的单位与力

矩的单位相同，常用单位有 N·m 或 kN·m 等。

力偶的几个主要性质如下：

(1) **力偶不能与一个力等效，也不能与一个力平衡**。因为力既能产生移动效应又能产生转动效应，而力偶只能产生转动效应。因此，力偶不可能与一个力等效，也不可能和一个力平衡。力偶与单个力一样是构成力系的基本元素。

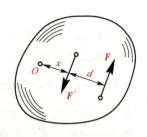

图 2-13　力偶矩计算图示

(2) 力偶对其作用面内任一点的矩是个常量，并恒等于它的力偶矩。**力偶对任一点的矩等于它的力偶矩，与点的位置无关**，这也正是力偶矩与力矩（它与矩心位置有关）的主要区别。如图 2-13 所示，力偶臂为 d，逆时针转向，其力偶矩为 $M=Fd$，在该力偶作用面内任选一点 O 为矩心，设矩心与 $\boldsymbol{F}'$ 的垂直距离为 x。显然力偶对 O 点的力矩为

$$M_O(\boldsymbol{F},\boldsymbol{F}')=F(d+x)-F'\cdot x=Fd=M$$

这说明力偶对作用面内任一点的矩恒等于力偶矩，与矩心位置无关。

(3) **力偶可以在其作用平面内任意移动或转动，而不改变它对物体的转动效应**。因为力偶移动或转动后，虽然在作用面内的位置发生了改变，但力偶矩的大小和转向仍不改变，所以它对物体的转动效应保持不变。

(4) 只要力偶矩的大小和转向不变，可以任意改变组成力偶的力的大小和力偶臂的长度，而不会改变它对物体的转动效应。虽然力的大小和力偶臂的长度发生改变，但是力偶矩的大小和转向并没有改变，所以，力偶对物体的转动效应亦不会改变。

根据力偶性质第 (3)、(4) 条可知，力偶对物体的作用效应完全取决于力偶矩的大小和转向，而不必论及组成力偶的两个力的大小和力偶臂的长短。因此，有时在受力图中也可以用一个带箭头的弧线或 Z 形折线（图 2-14）来表示力偶，图 2-14(d) 中的箭头表示力偶矩的转向，M 表示力偶矩。

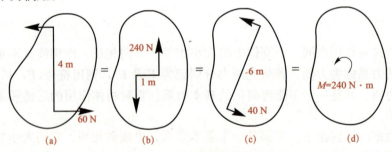

图 2-14　力偶的不同表达形式

第二节　约束与约束力

一、概念

在实际工程中，构件总是以一定的形式与周围其他构件相互连接，即物体的运动受到周围其他物体的限制，如机场跑道上的飞机受到地面的限制、转轴受到轴承的限制、房梁

受到立柱的限制。这种对物体的某些位移起限制作用的周围其他物体称为约束，如轴承就是转轴的约束。**约束限制了物体的某些运动，所以有约束力作用于物体，这种约束对物体的作用力称为约束反力。**工程实际中将物体所受的力分为两类：一类是能使物体产生运动或运动趋势的力，**称为主动力，主动力有时也称为荷载**；另一类是约束反力，它是由主动力引起的，是一种被动力。

(一)柔性约束

柔性约束由绳索、胶带或链条等柔性物体构成。**其只能受拉，不能受压**，并只能限制沿约束的轴线伸长方向的位移。

柔性约束对物体的约束力是：作用在接触点，方向沿着柔性约束的中心线背离物体，常用 F_T 表示，如图 2-15 所示。

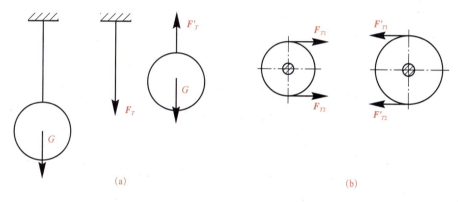

图 2-15 柔性约束

(二)光滑接触面约束

当两物体接触面之间的摩擦力小到可以忽略不计时，可将接触面视为理想光滑的约束。无论接触面是平面或曲面，都不能限制物体沿接触面切线方向的运动，而只能限制物体沿接触面的公法线指向约束物体方向的运动。因此，光滑接触面对物体的约束反力是：通过接触点，方向沿着接触面的公法线方向，并指向受力物体。这类约束反力也称法向约束反力，通常用 F_N 表示，如图 2-16 所示。

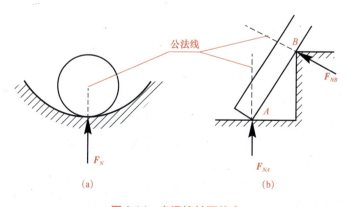

图 2-16 光滑接触面约束

(三)光滑圆柱形铰链约束

两构件用圆柱形销钉连接且均不固定,即构成连接铰链。受这种约束的物体,只可绕销钉的中心轴线转动,而不能相对销钉沿任意径向方向运动。这种约束的实质是两个光滑圆柱面的接触,其约束反力作用线必然通过销钉中心并垂直于圆孔在 a 点的切线,约束反力的指向和大小与作用在物体上的其他力有关,所以,光滑圆柱形铰链约束的约束反力的大小和方向都是未知的,**其约束反力用两个正交的分力 F_{Ax} 和 F_{Ay} 表示**,如图 2-17 所示。

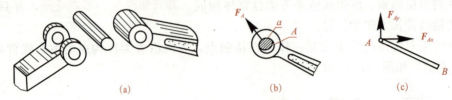

图 2-17 光滑圆柱形铰链约束

(四)链杆约束

如图 2-18 所示,AB 杆两端以铰接方式与其他物体相连,中间不受力的刚性直杆称为链杆,由此所形成的约束称为链杆约束。它只能限制物体沿链杆轴线方向上的移动。链杆可以受拉或者受压,**链杆约束的约束反力沿着链杆的轴线,其指向不定。**

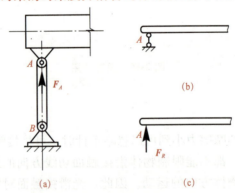

图 2-18 链杆约束

二、常见的支座与支座反力

工程中将结构或构件支承在基础或另一静止构件上的装置称为支座。支座也是约束,支座对它所支承的构件的约束力称为支座反力,简称"反力"。现对工程中常见的支座作简要介绍。

(一)固定铰支座

固定铰支座是指由一个可以转动的销子对物体所构成的支座。光滑销施加于物体的力是通过销子,以某个未知角度出现的。解除支座后通常将此力表示为两个互相垂直的分力,其指向和大小待求。

固定铰支座(图 2-19)只允许结构在支承处转动,不允许结构有任何方向的移动,相当于两个约束。支座反力的大小、方向均未知,包含两个未知数。为了方便计算,一般将**固定铰支座处的支座反力分解为水平和竖向两个分力 F_{Ax}、F_{Ay}**[图 2-19(e)],只要求出这两个分力的大小和方向，支座反力即可确定。

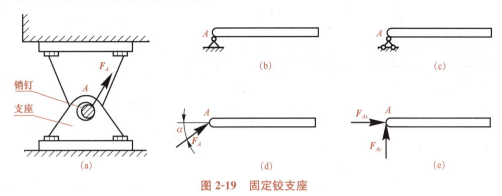

图 2-19　固定铰支座

(二)可动铰支座

图 2-20(a)所示为可动铰支座。构件与支座用销钉连接，支座可沿支承面移动，这种约束只能约束构件沿垂直于支承面方向的移动，而不能阻止构件绕销钉转动和沿支承面方向移动。**所以，它的约束反力的作用点就是约束与被约束物体的接触点，约束反力通过销钉的中心，垂直于支承面，方向可能指向构件，也可能背离构件，要视主动力情况而定。**这种支座的简图如图 2-20(b)、(c)所示，约束反力 F_A 如图 2-20(d)所示。

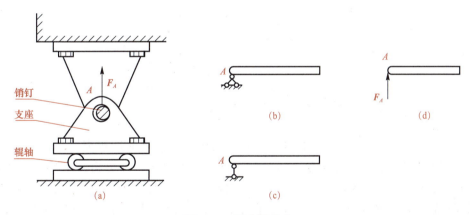

图 2-20　可动铰支座

(三)固定端支座

建筑结构中的阳台挑梁，一端完全嵌固在墙中或与墙壁及室内梁一次性浇筑，另一端悬空[图 2-21(a)]，此时的嵌固端可简化为固定端支座。在嵌固端，结构既不能沿任何方向移动，也不能转动，所以，**固定端支座除产生水平和竖直方向的约束反力外，还有一个约束反力偶。**其支座反力如图 2-21(c)所示。

(四)定向支座

在定向支座[图 2-22(a)]处，结构不能沿链杆方向移动，也不能转动，只能沿垂直于链杆的方向作微小的移动，这相当于两个约束。根据约束的性质可知，定向支座的支座反力为沿链杆方向的**一个反力和一个反力矩**，如图 2-22(b)所示。

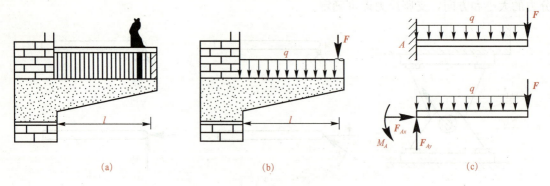

图 2-21 固定端支座

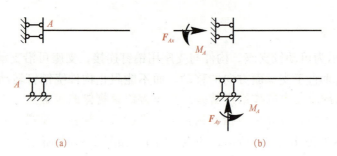

图 2-22 定向支座

第三节 受力分析与受力图

在实际工程中，常常需要对构件和结构进行力学计算。此时应根据已知条件及待求量选择相关结构或构件作为研究对象，然后对其进行受力分析，即分析其受哪些力的作用，并确定每个力的大小、方向和作用点。为了清楚地表示构件或结构的受力情况，需要把所研究的构件或结构（统称为研究对象）从与它相联系的周围物体中分离出来，单独画出其轮廓简图，使之成为隔离体，在隔离体上画出它所受的全部主动力和约束反力，这种图称为**受力图**。正确地画出受力图是解决力学问题的关键，是进行力学计算的依据。

画受力图的一般步骤如下：

(1) 根据题意确定研究对象，并画出研究对象的隔离体简图。

(2) 在隔离体上画出全部已知的主动力。

(3) 在隔离体上解除约束的地方画出相应的约束反力，约束力一定要与约束的类型相对应。

画受力图时应注意以下几点：

(1) 受力图上不能再带约束，即受力图一定要画在隔离体上。

(2) 受力图上只画外力，不画内力。内力是研究对象内部各物体之间的相互作用力，对研究对象的整体运动效应没有影响，因此不画。但外力必须画出，而且一个也不能少。外力是研究对象以外的物体对该物体的作用，它包括作用在研究对象上全部的主动力和约束反力。研究对象的运动效应取决于外力，与内力无关，这一点初学者应当注意。

(3) 正确判断二力构件。

(4) 同一系统各研究对象的受力图必须整体与局部一致，相互协调，不能相互矛盾。某一处的约束反力的方向一旦确定，在整体、局部或单个物体的受力图上要与之保持一致。

(5) 要正确分析物体间的作用力与反作用力。**作用力的方向一经假定，反作用力的方向必须与之相反**。对于由几个物体组成的研究对象，物体间的相互作用力是内力，且成对出现，组成平衡力系，因此也不需画内力。若想分析物体间的相互作用力则必须将其分离出来，单独画受力图，此时内力就变成了外力。

例 2-4　画出图 2-23(a)所示结构梁 AB 的受力图，梁的自重不计。

解：(1) 画隔离体图。取梁 AB 为研究对象，画出其隔离体图。

(2) 画主动力。作用于梁 AB 上的主动力有荷载 F。

(3) 画约束力。支座约束分别为固定铰支座和可动铰支座。画出它们的约束反力，如图 2-23(b)所示。

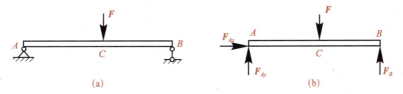

图 2-23　例 2-4 配图

例 2-5　结构如图 2-24(a)所示，A 端是固定端支座，梁 AB 和 BC 用圆柱铰链 B 连接，C 端是可动铰支座，请画出梁 AB、BC 和整体结构受力图，忽略梁的自重。

解：(1) 取 AB 杆为研究对象，其受力如图 2-24(b)所示。

(2) 取 BC 杆为研究对象，其受力如图 2-24(c)所示。

(3) 取整体为研究对象，其受力如图 2-24(d)所示。

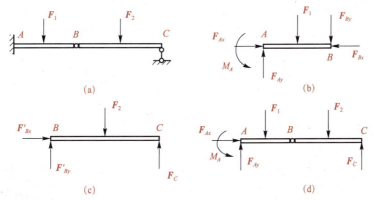

图 2-24　例 2-5 配图

例 2-6　结构如图 2-25(a)所示，画出刚架 $ABCD$ 的受力图，自重不计。

解：(1) 取结构 $ABCD$ 为研究对象。

(2) 画出主动力：均布荷载 q、集中荷载 F。

(3)画出约束反力。约束为固定铰支座和可动铰支座,画出它们的约束反力,如图 2-25(b)所示。

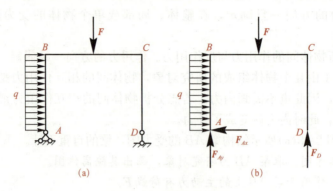

图 2-25 例 2-6 配图

例 2-7 如图 2-26(a)所示,梯子的两部分 AB 和 AC 在 A 点铰接,又在 D、E 两点用水平绳连接。梯子放在光滑水平面上,若其自重不计,但在 AB 的中点 H 处作用一垂直荷载 F。请分别画出梯子的 AB、AC 部分以及整个系统的受力图。

解:(1)梯子 AB 部分的受力图如图 2-26(b)所示。

(2)梯子 AC 部分的受力图如图 2-26(c)所示。

(3)梯子整体的受力图如图 2-26(d)所示。

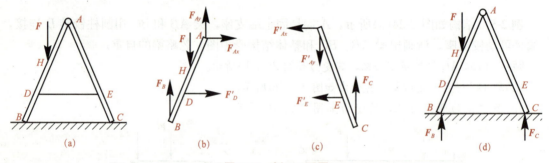

图 2-26 例 2-7 配图

习 题

2-1 请计算图 2-27 所示杆上的力 F 对 O 点之矩。

2-2 试画出图 2-28 所示各梁的受力图,梁的自重忽略不计。

2-3 已知刚架 AB,一端为固定铰支座,另一端为可动铰支座,试画出图 2-29 中各种受力情况下刚架的受力图。刚架的自重不计。

参考答案

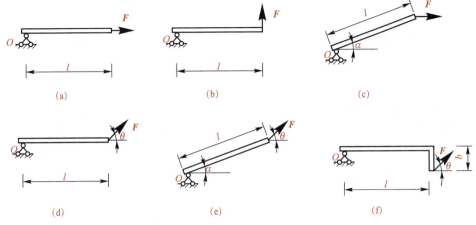

图 2-27　习题 2-1 配图

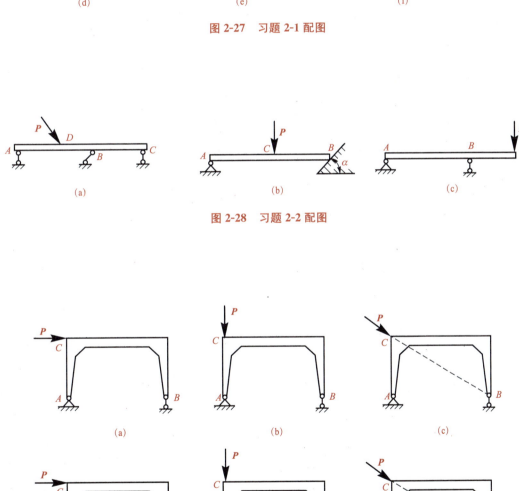

图 2-28　习题 2-2 配图

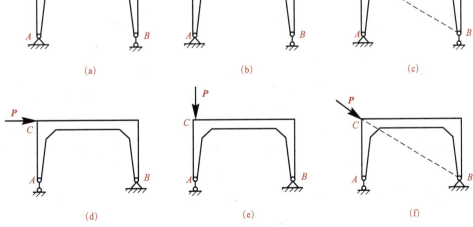

图 2-29　习题 2-3 配图

2-4 请按要求画出图 2-30 中各物体的受力图，其中，(a)图：AB 杆、BC 杆、整体；(b)图：AC 杆、CD 杆、整体；(c)图：AB 杆、CD 杆、整体；(d)图：AD 杆、CB 杆、整体。图中没有标明重力的物体，自重不计。

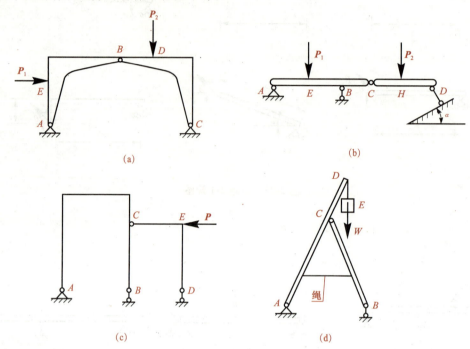

图 2-30 习题 2-4 配图

第三章 平面力系的平衡

📌 内容摘要

本章主要介绍平面汇交力系和平面力偶系的合成、平面力系向一点的简化及平衡方程的应用。

💡 学习目标

1. 熟悉平面汇交力系的合成，并能计算力在坐标轴上的投影和合力。
2. 了解平面力偶系的合成，并能计算合力偶。
3. 熟悉力的平移定理，掌握平面力系向一点简化的结果。
4. 掌握平面力系的平衡方程及其应用。

第一节 平面汇交力系的合成

各力作用线在同一平面内，并且汇交于一点的力系称为平面汇交力系。图 3-1 中的梁和吊环都受到平面汇交力系的作用。

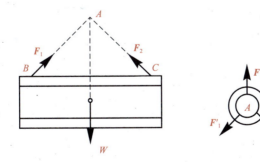

图 3-1 梁和吊环

一、汇交力系的合成结果

设刚体上作用有一个平面汇交力系 F_1、F_2、$\cdots$、F_n，各力汇交于 A 点[图 3-2(a)]。根据力的可传性，可将这些力沿其作用线都移至汇交点，得到一个平面共点力系[图 3-2(b)]。

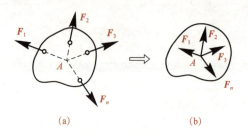

图 3-2 平面汇交力系

由平行四边形法则，将力 F_1 与 F_2 合成为一个合力 F_{R1}；继续使用平行四边形法则可以将 F_{R1} 与 F_3 合成为力 F_{R2}；依此类推，此平面汇交力系最后可以合成为一合力 F_R。F_R 可由式(3-1)计算：

$$F_R = F_1 + F_2 + \cdots + F_n = \sum F_i \tag{3-1}$$

故平面汇交力系的合成结果是一个合力，合力的作用线经过汇交点。 其大小和方向由力系中各力的矢量和确定。

二、力在坐标轴上的投影

设力 F 作用于物体的 A 点，如图 3-3 所示。在力 F 作用线所在的平面内取直角坐标系 Oxy，从力 F 的起点 A 和终点 B，分别向 x 轴和 y 轴作垂线，得垂足 a、b 和 a'、b'，线段 ab 加上正号或负号，称为力 F 在 x 轴上的投影，用 F_x 表示；线段 $a'b'$ 加上正号或负号，称为力 F 在 y 轴上的投影，用 F_y 表示。符号规定：**当从力的起点的投影（a 或 a'）到终点的投影（b 或 b'）的方向与投影轴的正向一致时，力的投影取正值；反之取负值**。图 3-3(a)中的 F_x、F_y 均为正值，图 3-3(b)中的 F_x、F_y 均为负值。

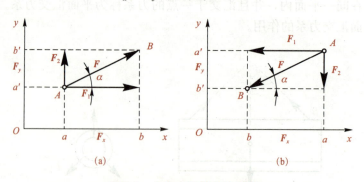

图 3-3 力在坐标轴上的投影

如图 3-3 所示，若已知力 F 的大小及其与 x 轴所夹的锐角 α，则力 F 在坐标轴上的投影 F_x 和 F_y 可按式(3-2)计算。式中投影的正负号由观察确定。

$$F_x = \pm F\cos\alpha \brace F_y = \pm F\sin\alpha} \tag{3-2}$$

在投影计算中，经常会遇到两种特殊情况：当力与轴垂直时，力在该轴上的投影为零；当力与轴平行时，力在该轴上投影的绝对值等于该力的大小。

若已知力 F 在坐标轴上的投影 F_x、F_y，如图 3-3 所示，该力的大小和方向可按式(3-3)确定：

$$F = \sqrt{F_x^2 + F_y^2} \brace \tan\alpha = \left|\frac{F_y}{F_x}\right|} \tag{3-3}$$

例 3-1 试分别求出图 3-4 中各力在 x 轴和 y 轴上的投影。已知 $F_1 = 100$ N、$F_2 = 80$ N、$F_3 = 60$ N、$F_4 = 40$ N，各力的方向如图 3-4 所示。

解： 各力在 x 轴和 y 轴上的投影分别为

$F_{1x} = -F_1\cos 45° = -100 \times 0.707 = -70.7 \text{(N)}$

$F_{1y} = -F_1\sin 45° = -100 \times 0.707 = -70.7 \text{(N)}$

$F_{2x} = F_2\cos 30° = 80 \times 0.866 = 69.28 \text{(N)}$

$F_{2y} = -F_2\sin 30° = -80 \times 0.5 = -40 \text{(N)}$

$F_{3x} = F_3\cos 60° = 60 \times 0.5 = 30 \text{(N)}$

$F_{3y} = F_3\sin 60° = 60 \times 0.866 = 51.96 \text{(N)}$

$F_{4x} = -F_4\cos 30° = -40 \times 0.866 = -34.64 \text{(N)}$

$F_{4y} = F_4\sin 30° = 40 \times 0.5 = 20 \text{(N)}$

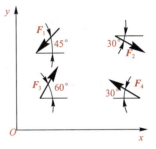

图 3-4 例 3-1 配图

三、合力的计算

对于由 n 个力 F_1、F_2、$\cdots$、F_n 组成的平面汇交力系，首先将该力系中的各力沿 x 轴和 y 轴分解，然后将沿同一坐标轴上的各分力合成，分别得到合力 F_{Rx} 和 F_{Ry}，**其值的计算公式如下：**

$$F_{Rx} = F_{1x} + F_{2x} + F_{3x} + \cdots + F_{nx} = \sum F_x \brace F_{Ry} = F_{1y} + F_{2y} + F_{3y} + \cdots + F_{ny} = \sum F_y} \tag{3-4}$$

式(3-4)为合力投影定理，表明合力在同一轴上的投影等于各分力在同一轴上投影的代数和。

由合力投影定理可得平面汇交力系的合力 F_R 计算式，见式(3-5)。

$$F_R = \sqrt{F_{Rx}^2 + F_{Ry}^2} = \sqrt{(\sum F_x)^2 + (\sum F_y)^2} \brace \tan\alpha = \left|\frac{\sum F_y}{\sum F_x}\right|} \tag{3-5}$$

式中的角 α 为合力 F_R 与 x 轴所夹的锐角。合力 F_R 的指向可根据 F_{Rx} 和 F_{Ry} 的正负号确定，合力的作用线通过力系的汇交点。

例 3-2 已知某平面汇交力系如图 3-5 所示，已知 $F_1 = 10$ kN、$F_2 = 35$ kN、$F_3 = 5$ kN、$F_4 = 30$ kN，试求该力系的合力。

解：(1) 建立坐标系，如图 3-5 所示，计算合力在 x 轴和 y 轴的投影。

$$F_{Rx} = \sum F_x = F_1\cos30° - F_2\cos60° - F_3\cos45° + F_4\cos45°$$
$$= 10 \times 0.866 - 35 \times 0.5 - 5 \times 0.707 + 30 \times 0.707 = 8.84(\text{kN})$$

$$F_{Ry} = \sum F_y = F_1\sin30° + F_2\sin60° - F_3\sin45° - F_4\sin45°$$
$$= 10 \times 0.5 + 35 \times 0.866 - 5 \times 0.707 - 30 \times 0.707$$
$$= 10.57(\text{kN})$$

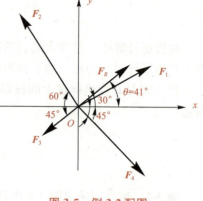

图 3-5　例 3-2 配图

(2) 求合力大小。

$$F_R = \sqrt{F_{Rx}^2 + F_{Ry}^2} = \sqrt{8.84^2 + 10.57^2} = 13.8(\text{kN})$$

(3) 求合力的方向。

$$\tan\alpha = \frac{F_{Rx}}{F_{Ry}} = \frac{8.84}{10.57} = 0.836$$
$$\alpha = 40°$$

第二节　平面力偶系的合成

平面力偶系由作用在同一平面内的若干力偶组成，是工程实践中常见的一种基本力系。根据力偶的性质，刚体在平面力偶系的作用下，只能产生转动，其转动效应等于各力偶转动效应之和。因此，平面力偶系可以合成为一个合力偶，其力偶矩等于各分力偶矩的代数和，见式(3-6)。

$$M = \sum M_i = M_1 + M_2 + M_3 + \cdots + M_n \tag{3-6}$$

例 3-3　某构件如图 3-6 所示，受三个力偶作用，已知：$F_1 = F_1' = 300\ \text{N}$，$F_2 = F_2' = 600\ \text{N}$，$M_A = 126\ \text{N·m}$，求其合力偶的力偶矩。

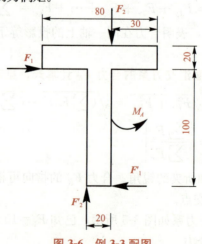

图 3-6　例 3-3 配图

解：各分力偶的力偶矩分别为

$M_1 = -F_1 d_1 = -300 \times 0.1 = -30 (\text{N} \cdot \text{m})$

$M_2 = -F_2 d_2 = -600 \times 0.02 = -12 (\text{N} \cdot \text{m})$

$M_3 = M_A = 126 (\text{N} \cdot \text{m})$

由式(3-6)可得合力偶矩为

$M = M_1 + M_2 + M_3 = -30 - 12 + 126 = 84 (\text{N} \cdot \text{m})$

合力偶矩的方向为逆时针方向。

第三节 平面力系向一点的简化

平面汇交力系和平面力偶系是平面力系的特殊情况，在工程实践中遇到的往往是平面一般力系。所谓平面一般力系，是指各力的作用线在同一平面内任意分布的力系，简称平面力系，也称平面任意力系。图 3-7 所示的桁架结构和悬臂吊车横梁的受力情况都属于平面一般力系。

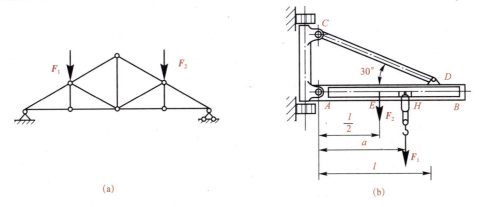

图 3-7 桁架结构和悬臂吊车横梁

一、力的平移定理

设刚体的 A 点作用着一个力 F [图 3-8(a)]，在此刚体上任取一点 O。现欲将力 F 平移到 O 点，同时不改变其原有的作用效应。为此，可如图 3-8(b) 所示，在 O 点加上两个大小相等、方向相反、与 F 平行的力 F' 和 F''，且 $F' = F'' = F$。根据加减平衡力系公理，F、F'、F'' 与图 3-8(a) 中的 F 对刚体的作用效应相同。显然 F 和 F'' 组成一个力偶，其力偶矩为 Fd。因此这三个力可转换为作用在 O 点的一个力和一个力偶 [图 3-8(c)]。由此可得出力的平移定理：**作用在刚体上的力 F，可以平移到同一刚体上的任一点 O，但必须附加一个力偶，其力偶矩等于力 F 对新作用点 O 之矩。**

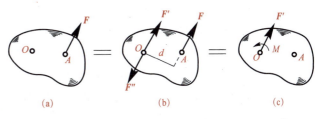

图 3-8 力的平移定理

根据上述力的平移的逆过程，力的平移定理的逆定理也成立：共面的一个力和一个力偶总可以合成为一个力，该力的大小和方向与原力相同，作用线间的垂直距离为 $d=\dfrac{|M|}{F}$。

力的平移定理是一般力系向一点简化的理论依据，也是分析力对物体作用效应的一个重要方法。例如，图 3-9(a) 所示的厂房柱子受到吊车梁传来的荷载 F 的作用，为分析 F 的作用效应，可将力 F 平移到柱的轴线上的 O 点，根据力的平移定理得一个力 F'，同时还必须附加一个力偶。力 F 经平移后，它对柱子的变形效果可以很明显地看出，力 F' 使柱子轴向受压，力偶使柱子弯曲。

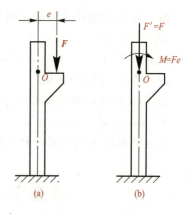

图 3-9 平移定理的应用

二、平面力系向作用面内任一点简化

(一) 简化方法

如图 3-10(a) 所示，设刚体上作用有一平面一般力系 F_1、F_2、$\cdots$、F_n，在平面内任意取一点 O，称为简化中心。根据力的平移定理，将各力都向 O 点平移，得到一个图 3-10(b) 所示的汇交于 O 点的平面汇交力系 F'_1、F'_2、$\cdots$、F'_n 和一个平面力偶系 M_1、M_2、$\cdots$、M_n。新得到的平面汇交力系和平面力偶系可以分别合成为图 3-10(c) 所示的一个合力和一个合力偶。

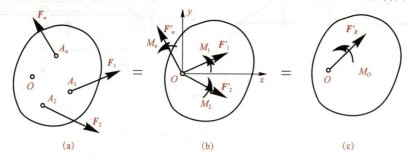

图 3-10 力系的简化

平面汇交力系 F'_1、F'_2、$\cdots$、F'_n 可以合成为一个作用于 O 点的合矢量 F'_R，见式(3-7)。

$$F'_R = F'_1 + F'_2 + \cdots + F'_n = \sum F' \tag{3-7}$$

附加平面力偶系 M_1、M_2、$\cdots$、M_n 可以合成为一个合力偶矩 M_O，见式(3-8)。

$$M_O = M_1 + M_2 + \cdots + M_n = \sum M_O(F) \tag{3-8}$$

F'_R、M_O 为力系的主矢和主矩。显然，只有 F'_R 和 M_O 同时作用时才可与原力系等效，其中任一个单独作用时都不能与原力系等效。

综上所述，**平面一般力系向平面内任一点简化可以得到一个力和一个力偶**，这个力等于力系中各力的矢量和，作用于简化中心，称为原力系的 **主矢**，其大小和方向与简化中心无关，但作用线通过简化中心；力偶的矩等于原力系中各力对简化中心之矩的代数和，称为原力系的 **主矩**，其值一般与简化中心有关。

(二)简化结果

平面一般力系向 O 点简化后,一般可得到主矢 F_R' 和主矩 M_O,根据主矢和主矩是否为零,可分为下列四种情况:

(1) $F_R'=0$,$M_O \neq 0$。此时原平面任意力系中各力向 O 点简化后,所得到的汇交力系是一平衡力系,附加力偶系与原力系等效。原力系简化为一合力偶,该力偶的矩就是原力系相对于简化中心的主矩 M_O,原力系等效于一力偶,因此,主矩与简化中心的位置无关。

(2) $F_R' \neq 0$,$M_O = 0$。此时由于附加力偶系的合力偶矩等于零,原力系只与一个力等效,因此,原力系简化为一合力。此合力的矢量即力系的主矢,合力作用线通过简化中心 O 点。

(3) $F_R' \neq 0$,$M_O \neq 0$。此时还可以进一步简化,可以把 F_R' 和 M_O 合成一个合力 F_R。合成过程如图 3-11 所示,合力 F_R 的作用线到简化中心 O 的距离见式(3-9)。

$$d = \left|\frac{M_O}{F_R}\right| = \left|\frac{M_O}{F_R'}\right| \tag{3-9}$$

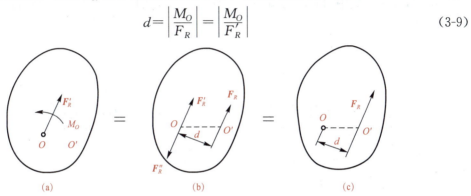

图 3-11 平面力系简化结果讨论

(4) $F_R' = 0$,$M_O = 0$。此时该力系对刚体总的作用效果为零,即物体处于平衡状态。

综上所述,对平面任意力系进行简化,其结果无非是合力、合力偶、平衡这三种情况之一。

第四节 平面力系的平衡方程及其应用

一、平面一般力系的平衡计算

平面一般力系向平面内任一点简化时,若主矢、主矩同时等于零,则该力系为平衡力系。因此,平面一般力系处在平衡状态的必要与充分条件是力系的主矢与力系对任一点的主矩都等于零,具体见式(3-10)。

$$\left.\begin{array}{r} F_R'=0 \\ M_O=0 \end{array}\right\} \tag{3-10}$$

(一)平面一般力系平衡方程的基本形式

由式(3-5)和式(3-8)可得平面一般力系的平衡条件,见式(3-11)。

$$\left.\begin{array}{l}\sum F_x = 0\\ \sum F_y = 0\\ \sum M_O = 0\end{array}\right\} \qquad (3\text{-}11)$$

力系中各力在两个不平行的任意坐标轴上投影的代数和均等于零,各力对任一点的矩的代数和也等于零,称为平面一般力系的平衡方程。

式(3-11)中包含两个投影方程和一个力矩方程,是平面一般力系平衡方程的基本形式(简称"一矩式")。这三个方程彼此独立(即其中的一个不能由另外两个得出)。当方程中含有未知数时,式(3-11)即三个方程组成的联立方程组,可以用来确定三个未知量。

例 3-4 某悬臂梁如图 3-12(a)所示,梁 AB 一端为固定端支座,另一端无约束。它承受均布荷载 q 和一集中力 F,已知 $q=3$ kN·m,$F=5$ kN,$l=4$ m。梁的自重不计,求支座 A 的反力。

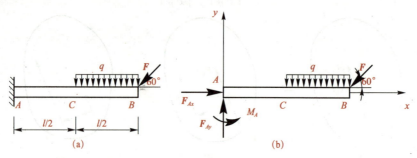

图 3-12 例 3-4 配图

解:取梁 AB 为研究对象,其受力图如图 3-12(b)所示。选定坐标系,列出平面一般力系的平衡方程,在计算中可将线荷载以作用于其中心 $F_q = q \times \dfrac{l}{2}$ 的集中力来代替。由式(3-11)可得:

$$\sum F_x = 0, F_{Ax} - F\cos 60° = 0, 得 F_{Ax} = 2.5 \text{ kN}(\rightarrow)。$$

$$\sum F_y = 0, F_{Ay} - \frac{ql}{2} - F\sin 60° = 0, 得 F_{Ay} = 10.33 \text{ kN}(\uparrow)。$$

$$\sum M_A = 0, M_A - \frac{ql}{2} \times \frac{3l}{4} - Fl\sin 60° = 0, 得 M_A = 35.32 \text{ kN·m,逆时针方向}。$$

F_{Ax}、F_{Ay}、M_A 的计算结果均为正值,表示力的实际指向与假定的指向相同(若为负值,则表示力的实际指向与假定的指向相反)。

例 3-5 某刚架结构如图 3-13 所示,已知 $F_1 = 15$ kN,$F_2 = 20$ kN,$M = 25$ kN·m,试求 A、D 处的支座反力。

解:取刚架为研究对象,画其受力图,如图 3-13(b)所示,图中各支座反力指向都是假设的。

本题中有一个力偶荷载,由于力偶在任一轴上投影为零,故写投影方程时不必考虑力偶;由于力偶对平面内任一点的矩都等于力偶矩,故写力矩方程时,可直接将力偶矩 M 列入方程中,应准确判断各力对点之矩的方向,可采用拧扳手的方法帮助判断,方向以逆时针为正。设坐标系如图 3-13(b)所示,由式(3-11)可得:

$$\sum F_x = 0, F_{Ax} + F_1 = 0, 得 F_{Ax} = -15 \text{ kN}。$$

$$\sum M_A = 0, -F_1 \times 5 - F_2 \times 4 - M + F_D \times 8 = 0, 得 F_D = 22.5 \text{ kN}。$$

$$\sum F_y = 0, F_{Ay} + F_D - F_2 = 0, 得 F_{Ay} = -2.5 \text{ kN}。$$

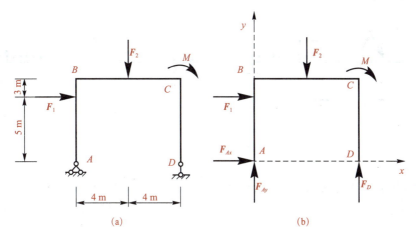

图 3-13 例 3-5 配图

(二)平面一般力系平衡方程的其他形式

除前面所述的平面一般力系平衡方程的基本形式外，还可将平衡方程表示为二力矩形式及三力矩形式。

1. 二力矩形式的平衡方程

在力系作用面内任取两点 A、B 及 x 轴，如图 3-14(a)所示，平面一般力系的平衡方程可改写成两个力矩方程和一个投影方程的形式，见式(3-12)。

$$\left.\begin{array}{l}\sum F_x = 0 \\ \sum M_A = 0 \\ \sum M_B = 0\end{array}\right\} \quad (3\text{-}12)$$

式(3-12)中 x 轴不与 A、B 两点的连线垂直。

2. 三力矩形式的平衡方程

在力系作用面内任意取三个不在一直线上的点 A、B、C，如图 3-14(b)所示，平面一般力系的平衡方程可改写成三个力矩方程，见式(3-13)。

$$\left.\begin{array}{l}\sum M_A = 0 \\ \sum M_B = 0 \\ \sum M_C = 0\end{array}\right\} \quad (3\text{-}13)$$

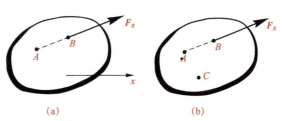

图 3-14 二力矩式和三力矩式

式(3-13)中 A、B、C 三点不在同一直线上。

综上所述，平面一般力系共有三种不同形式的平衡方程，即式(3-11)、式(3-12)、式(3-13)，但无论采用哪种形式，都只能写出三个独立的平衡方程，不可能有第四个。应用平面一般力系的三个独立的平衡方程，最多只能解出三个未知数。

例 3-6 简支梁受力如图 3-15(a)所示。已知 $F=20$ kN，$q=10$ kN/m，不计梁的自重，求 A、B 两处的支座反力。

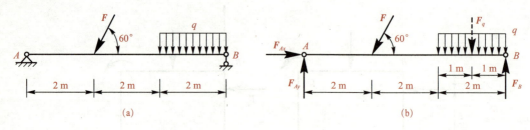

图 3-15　例 3-6 配图

解：取 AB 梁为研究对象，其受力如图 3-15(b)所示，分布荷载 q 可用作用在分布荷载中心的集中力 F_q（图中虚线所示）代替，其大小为 $F_q=2q$，根据式（3-12）列平衡方程可得：

$$\sum F_x=0, F_{Ax}-F\cos60°=0,\text{得 } F_{Ax}=20\times0.5=10(\text{kN})。$$

$$\sum M_A=0, 6F_B-5F_q-2F\sin60°=0$$

可得：

$$F_B=\frac{1}{6}\times(5\times2\times10+2\times20\times\sin60°)=22.4(\text{kN})$$

$$\sum M_B=0, 6F_{Ay}-4F\sin60°-F_q\times1=0$$

可得：

$$F_{Ay}=\frac{1}{6}\times(4\times20\sin60°+2\times10\times1)=14.9(\text{kN})$$

例 3-7 结构及荷载数据如例 3-6 所示，请用三力矩式求解 A、B 两处的支座反力。

解：力 F_{Ay} 和 F 的作用线相交于 C 点，如图 3-16 所示，根据式（3-13）列平衡方程可得：

$$\sum M_A=0, 6F_B-5F_q-2F\sin60°=0$$

可得：

$$F_B=\frac{1}{6}\times(5\times2\times10+2\times20\times\sin60°)=22.4(\text{kN})$$

$$\sum M_B=0, 6F_{Ay}-4F\sin60°-F_q\times1=0$$

可得：

$$F_{Ay}=\frac{1}{6}\times(4\times20\sin60°+2\times10\times1)=14.9(\text{kN})$$

$$\sum M_C=0, -F_{Ax}\times2\tan60°-F_q\times5+F_B\times6=0$$

可得：

$$F_{Ax}=10\text{ kN}$$

这与例 3-6 的二力矩式的计算结果一致。

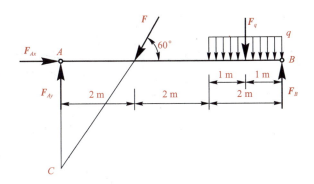

图 3-16 例 3-7 配图

二、平面力系几种特殊情况的平衡计算

平面一般力系是平面力系的一般情况。平面汇交力系、平面力偶系和平面平行力系都可以看成平面一般力系的特殊情况,它们的平衡方程都可以从平面一般力系的平衡方程得到。

(一)平面汇交力系

对于平面汇交力系,可选取力系的汇交点作为坐标的原点,如图 3-17(a)所示,因各力的作用线均通过坐标原点 O,所以各力对 O 点的矩必为零,即恒有 $\sum M_O = 0$。因此,平面汇交力系的平衡方程见式(3-14)。

$$\left. \begin{array}{l} \sum F_x = 0 \\ \sum F_y = 0 \end{array} \right\} \tag{3-14}$$

(二)平面力偶系

平面力偶系如图 3-17(b)所示,因构成力偶的两个力在任何轴上的投影必为零,则恒有 $\sum F_x = 0$ 和 $\sum F_y = 0$,只剩下第三个力矩方程 $\sum M_O = 0$,但因力偶对某点的矩恒等于力偶矩,因此,平面汇交力系的平衡方程见式(3-15)。

$$\sum M_O = 0 \tag{3-15}$$

(三)平面平行力系

平面平行力系是指各力作用线在同一平面内并相互平行的力系,如图 3-17(c)所示,选择 y 轴与力系中的各力平行,则各力在 x 轴上的投影恒为零,即 $\sum F_x = 0$,因此平衡方程只剩下两个独立的方程,见式(3-16)。

$$\left. \begin{array}{l} \sum F_y = 0 \\ \sum M_O = 0 \end{array} \right\} \tag{3-16}$$

二力矩形式见式(3-17)。

$$\left. \begin{array}{l} \sum M_A = 0 \\ \sum M_B = 0 \end{array} \right\} \tag{3-17}$$

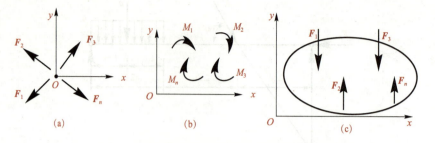

图 3-17 平面汇交力系、平面力偶系及平面平行力系

例 3-8 支架如图 3-18 所示,由杆 AB 与 AC 组成,A、B、C 处均为铰链,在圆柱销 A 上悬挂重量为 G 的重物,已知 G=10 kN,试求杆 AB 与 AC 所受的力。

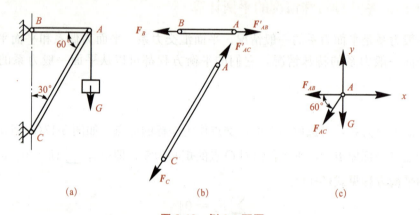

图 3-18 例 3-8 配图

解:取圆柱销 A 为研究对象,作受力图[图 3-18(c)]。杆 AB 和 AC 均为二力杆,作用力 F_{AB} 和 F_{AC} 均假定为拉力,该力系为平面汇交力系。

由式(3-14)可得:

$$\sum F_y = 0, -F_{AC}\sin 60° - G = 0, 得 F_{AC} = -\frac{G}{\sin 60°} = -\frac{10}{0.866} = -11.5(\text{kN})。$$

$$\sum F_x = 0, -F_{AB} - F_{AC}\cos 60° = 0, 得 F_{AB} = F_{AC}\cos 60° = 5.8(\text{kN})。$$

AB 杆为受拉杆,大小为 5.8 kN;AC 杆为受压杆,大小为 11.5 kN。

例 3-9 如图 3-19(a)所示,梁 AB 上作用有一力偶,力偶矩 M=20 kN·m,梁长 l=4 m,梁的自重不计,求 A、B 处的支座反力。

解:梁的 B 端是可动铰支座,其支座反力 F_B 的方向是沿垂直方向的;梁的 A 端是固定铰支座,其反力的方向本来是未定的,但因梁上只受一个力偶的作用,根据力偶只能与力偶平衡的性质,F_A 必须与 F_B 组成一个力偶,因此 F_A 的方向也沿垂直方向。假设 F_A 与 F_B 的指向如图 3-19(b)所示,由式(3-15)得:

$$\sum M = 0, -M + F_A \cdot l = 0, 得 F_A = \frac{M}{l} = \frac{20}{4} = 5(\text{kN})。$$

$F_B = F_A = 5$ kN,F_A 与 F_B 的方向与假设方向一致。

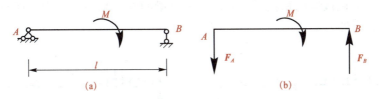

图 3-19　例 3-9 配图

例 3-10　结构如图 3-20(a)所示，求外伸梁 A、B 处的支座反力。

解：取外伸梁为研究对象，其受力如图 3-20(b)所示。由于梁上的集中荷载、分布荷载以及 B 处的约束反力相互平行，故 A 处的约束反力必定与各力平行才可能使该力系平衡，因此属于平面平行力系。由式(3-16)可得：

$\sum M_B = 0, 3F + 1 \times \frac{1}{2} \times q \times 3 - 2F_A = 0,$ 得 $F_A = \frac{1}{2} \times (3 \times 2 + 1.5 \times 1) = 3.75 \text{(kN)}$。

$\sum F_y = 0, F_A + F_B - \frac{1}{2} \times q \times 3 - F = 0,$ 得 $F_B = 2 + 1.5 \times 1 - 3.75 = -0.25 \text{(kN)}$。

求出的 F_B 为负值，说明受力图中假设的 $\boldsymbol{F}_B$ 的指向与实际的指向相反。

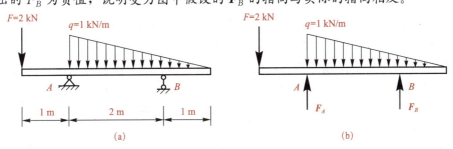

图 3-20　例 3-10 配图

三、静定物体系统的平衡计算

前面已简述用平面一般力系的平衡方程求解单个物体平衡问题的计算方法，但是在工程结构中往往由若干个物体通过一定的约束相互联系从而组成一个系统，这种系统称为物体系统。图 3-21(a)所示的组合梁就是由梁 AC 和梁 CD 通过铰 C 连接，并支撑在 A、B、D 支座上而组成的一个物体系统。

在一个物体系统中，一个物体的受力与其他物体是紧密相关的；整体受力又与局部受力密切相关；当整个物体系统处于平衡状态时，其中每一个或每一部分物体也必然处于平衡状态。所谓物体系统的平衡是指组成系统的每一个物体及系统的整体都处于平衡状态。

在研究物体系统的平衡问题时，不仅需要知道外界物体对这个系统的作用力，同时，还应分析系统内部物体之间的相互作用力。通常，将系统以外的物体对这个系统的作用力称为外力；将系统内各物体之间的相互作用力称为内力。图 3-21(a)所示的组合梁中，荷载及 A、B、D 支座的反力就是外力；而在铰 C 处左、右两段梁之间相互作用的力就是内力。

需要注意的是，外力和内力是相对的概念，是对一定的考察对象而言的，图 3-21 所示

的组合梁在铰 C 处两段梁的相互作用力，对组合梁的整体来说是内力，而对于左段梁或右段梁来说，就成为外力了。

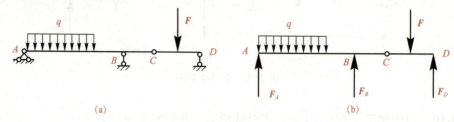

图 3-21　静定物体系统

物体系统都是在主动力和约束力的作用下保持平衡的。为了求出未知的约束力，可选取系统中的任一物体作为考察对象，根据该物体的平衡，一般可写出三个独立的平衡方程。如果该物体系统有 n 个物体，就有 $3n$ 个独立的平衡方程，可以求出 $3n$ 个未知量。在这些未知量中不仅包括外力（如约束反力），而且也包括内力或其他几何参数。如果在整个系统中未知量的数目不超过 $3n$ 个，即所有未知量都可以由平衡方程解出，此类问题称为静定问题。当未知量的数目超过 $3n$ 个，未知量不能由平衡方程全部解出时，这样的问题则称为超静定问题。静定与超静定问题的具体判断规则与方法可见本书第四章的几何组成分析。

求解物体系统的平衡问题的技巧：由于未知量较多，应尽量避免从总体的联立方程组中解出，通常可先选取整个系统为研究对象，看能否从中解出某个未知量，然后再分析每个物体的受力情况，判断选取哪个物体为研究对象，使之建立的平衡方程中包含的未知量最少，以简化计算。

例 3-11　组合梁如图 3-22(a) 所示。已知 $F_1 = 10\ \text{kN}$，$F_2 = 20\ \text{kN}$，梁的自重不计，求支座 A、C 的反力。

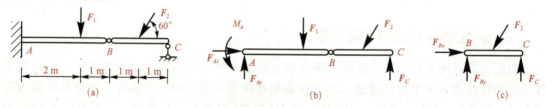

图 3-22　例 3-11 配图

解：组合梁由两段梁 AB 和 BC 组成，作用于每一个物体的力系都是平面一般力系，共有 6 个独立的平衡方程，而约束力的未知数也是 6 个（A 处有 3 个，B 处有 2 个，C 处有 1 个）。首先取整梁为研究对象，受力图如图 3-22(b) 所示。

$$\sum F_x = 0, F_{Ax} - F_2 \cos 60° = 0, 得 F_{Ax} = F_2 \cos 60° = 10\ (\text{kN})。$$

对于其余 3 个未知数 F_{Ay}、M_A 和 F_C，无论怎样选取投影轴和矩心，都无法求出其中任何一个，因此必须将 AB 和 BC 分开考虑，先取 BC 为研究对象，受力图如图 3-22(c) 所示。

$$\sum M_B = 0, F_C \times 2 - F_2 \sin 60° \times 1 = 0, 得 F_C = \frac{F_2 \sin 60°}{2} = 8.66\ (\text{kN})。$$

返回系统的受力分析[图 3-22(b)]可得：
$$\sum M_A = 0, 5F_C - 4F_2\sin60° - F_1 \times 2 + M_A = 0$$

得
$$M_A = 4F_2\sin60° + 2F_1 - 5F_C = 45.98(\text{kN} \cdot \text{m})$$
$$\sum F_y = 0, F_{Ay} + F_C - F_1 - F_2\sin60° = 0$$

得
$$F_{Ay} = 18.66 \text{ kN}$$

例 3-12 某刚架结构如图 3-23(a)所示，已知 $q=10$ kN/m，$F_1=15$ kN，$M=26$ kN·m，求解支座 A、B 及铰 C 的约束反力。

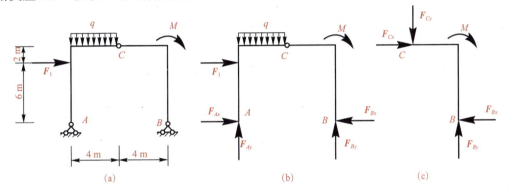

图 3-23 例 3-12 配图

解：该刚架结构是由左、右两个半刚架用中间铰 C 连接而成的物体系统。作用在每个半刚架上的力系都是平面任意力系，未知的反力有 6 个，而独立平衡方程也有 6 个，可以求解 6 个未知反力，这属于静定结构问题。

取整个刚架作为研究对象，受力图如图 3-23(b)所示，依据平衡方程可得：
$$\sum M_A = 0, -6F_1 - q \times 4 \times 2 - M + 8F_{By} = 0$$

得
$$F_{By} = \frac{1}{8} \times (6 \times 15 + 10 \times 4 \times 2 + 26) = 24.5(\text{kN})$$

$\sum F_y = 0, F_{Ay} + F_{By} - 4q = 0$，得 $F_{Ay} = 4 \times 10 - 24.5 = 15.5(\text{kN})$。

取右半刚架作为研究对象，受力图如图 3-23(c)所示，依据平衡方程可得：

$\sum F_y = 0, F_{By} - F_{Cy} = 0$，得 $F_{Cy} = 24.5$ kN。

$\sum M_C = 0, 4F_{By} - 8F_{Bx} - M = 0$，得 $F_{Bx} = \frac{1}{8} \times (4 \times 24.5 - 26) = 9(\text{kN})$。

$\sum F_x = 0, -F_{Bx} + F_{Cx} = 0$，得 $F_{Cx} = 9$ kN。

返回受力图[图 3-23(b)]中，可得：

$\sum F_x = 0, -F_{Bx} + F_{Ax} + F_1 = 0$，得 $F_{Ax} = 9 - 15 = -6(\text{kN})$。

习 题

3-1 一平面力系如图 3-24 所示,已知 $F_1=8$ N, $F_2=28$ N, $F_3=35$ N, $F_4=15$ N, $F_5=12$ N,求力系向 O 点简化的结果(图中每小格边长为 1 m)。

3-2 求图 3-25 所示各梁的支座反力。

3-3 求图 3-26 所示各梁的支座反力。

参考答案

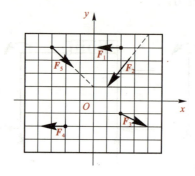

图 3-24 习题 3-1 配图

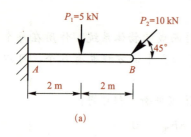
(a)

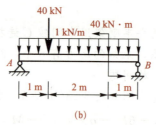
(b)

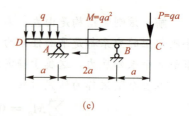
(c)

图 3-25 习题 3-2 配图

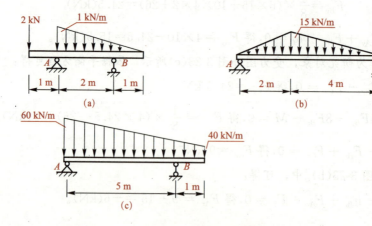

图 3-26 习题 3-3 配图

3-4 求图 3-27 所示刚架结构的支座反力。

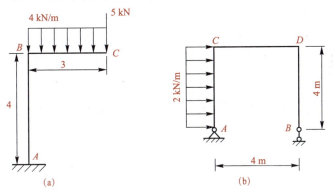

图 3-27 习题 3-4 配图

3-5 求图 3-28 所示各多跨静定梁的支座反力。

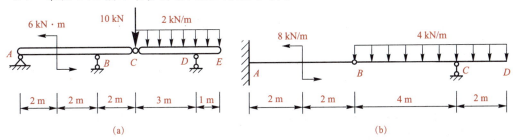

图 3-28 习题 3-5 配图

3-6 求图 3-29 所示三铰刚架的支座反力。

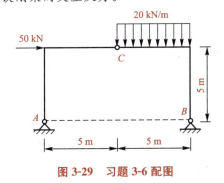

图 3-29 习题 3-6 配图

第四章 平面体系的几何组成分析

内容摘要

本章主要介绍刚片、自由度、几何不变体系、瞬变体系等基本概念,两刚片和三刚片几何不变体系的基本组成规则。

学习目标

1. 熟悉几何不变体系和几何可变体系的概念,了解几何组成分析的目的。
2. 了解刚片、自由度的概念。
3. 掌握几何不变体系的基本组成规则,并能熟练运用二刚片规则、三刚片规则以及二元体规则对结构几何组成进行分析。
4. 熟悉体系的几何组成与静定性的关系,能正确区分静定结构与超静定结构。

第一节 概 述

一、几何组成分析的目的

杆系结构是由若干杆件通过一定的互相连接方式所组成的几何不变体系,其与地基相互联系组成一个整体,以承受荷载的作用。当不考虑各杆件本身的变形时,它应能保持原有几何形状和位置不变,杆系结构的各个杆件之间以及整个结构与地基之间,不会发生相对运动。

很小的荷载 F 的作用,将引起几何形状的改变,这一类不能保持几何形状和位置不变的体系则为几何可变体系,如图 4-1(a)所示。图 4-1(b)所示则是另一类体系,其受到任意荷载的作用后,在不考虑材料变形的条件下,能保持几何形状和位置不变,称为几何不变体系。土木工程结构只能是几何不变

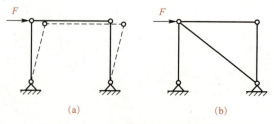

图 4-1 几何可变体系和几何不变体系
(a)几何可变体系;(b)几何不变体系

体系，不能采用任何几何可变体系的结构。

几何组成分析又称作几何构造分析，是对体系中各杆间及体系与基础之间的连接方式进行分析，从而确定体系是几何不变体系还是几何可变体系。几何组成分析的目的主要包括以下三个方面：

(1)判别某一结构体系的几何性质，确定该结构体系能否作为结构使用。

(2)研究几何不变体系的组成规律，保证所设计的结构是否能够承受相应的荷载并保持平衡。

(3)通过体系的几何组成分析，判定结构是静定结构还是超静定结构，以便确定正确的结构计算方法。

二、平面体系的自由度及约束

(一)自由度

为了便于对体系进行几何组成分析，先讨论平面体系的自由度的概念。所谓体系的自由度，是指该体系运动时，用来确定其位置所需的独立数目。平面内的某一动点 A，其位置由两个坐标 x 和 y 来确定，如图 4-2(a)所示，所以，一个点的自由度为 2，即点在平面内可以作两种相互独立的运动，通常用平行于坐标轴的两种移动来描述。

在平面体系中，由于不考虑材料的应变，所以，可认为各个构件没有变形。可以把一根梁、一根链杆或体系中已经肯定为几何不变的某个部分看作一个平面刚体，简称"刚片"。一个刚片在平面内运动时，其位置将由它上面的任一点 A 的坐标 x、y 和过 A 点的任一直线 AB 的倾角 α 来确定，如图 4-2(b)所示。因此，一个刚片在平面内的自由度为 3，即刚片在平面内不但可以自由移动，而且还可以自由转动。

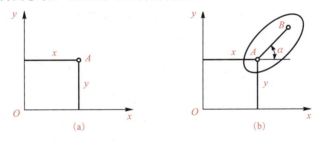

图 4-2 自由度

(二)约束

约束就是杆件体系与基础和支承物间、杆件与杆件间的连接装置，也称联系。当对刚片施加约束时，其运动受到限制，自由度将减少。对体系施加约束会限制体系中刚片间的相对运动。约束对杆件或杆件体系的几何位置起限制作用，即约束限制杆件与杆件间、体系与基础间、体系与支承物间的相对运动。因此，杆件体系中的约束使该体系的自由度减少。不同约束使体系自由度减少的程度是不同的。约束装置在对杆件体系产生位移约束的同时，还可能产生反力。常见的约束有链杆、铰和刚结点等。

对刚片加入约束装置，它的自由度将会减少，将能减少一个自由度的装置称为一个联系。例如，用一根链杆将刚片与基础相连，如图 4-3(a)所示，则刚片将不能沿链杆方向移动，因而减少了一个自由度，故一根链杆为一个联系。如果在刚片与基础之间再加一根链杆，如图4-3(b)所示，则刚片又减少了一个自由度。此时，它就只能绕A点作转动而丧失了自由移动的可能，即减少了两个自由度。

用一个圆柱铰将两刚片Ⅰ、Ⅱ在A点连接起来，如图4-3(c)所示。对刚片Ⅰ而言，其位置可由A点的坐标x、y和AB线的倾角φ_1来确定。因此，它仍有3个自由度。当刚片Ⅰ的位置被确定后，因为刚片Ⅱ与刚片Ⅰ在A点以铰连接，所以刚片Ⅱ只能绕A点作相对转动。刚片Ⅱ只保留了独立的相对转角φ_2。因此，由刚片Ⅰ、刚片Ⅱ所组成的体系在平面内的自由度为4。而2个独立的刚片在平面内的自由度总数应为$2\times 3=6$。因此，用一个圆柱铰将2个刚片连接起来后，就使自由度的总数减少了2个。这种连接两个刚片的圆柱铰称为单铰。由上述叙述可见，**一个单铰相当于两个联系，也相当于两根相交链杆的约束作用**，如图4-3(b)所示。

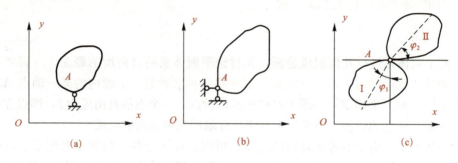

图4-3 单铰

连接3个或3个以上刚片的铰称为复铰。当n个刚片用一个复铰连接在一起时，从减少自由度的观点来看，**此复铰相当于$n-1$个单铰**。图4-4(a)所示的4个刚片由一个铰A连成一个体系，在平面中，A点的位置由x、y两个独立参数确定，各刚片的转动则由4个转角参数确定，此时的体系有6个自由度。而各自独立的4个刚片共计有12个自由度，增加复铰A后减少了6个自由度，复铰A相当于3个单铰的作用。由此可见，连接n个刚片的复铰相当于$n-1$个单铰，也相当于$2(n-1)$个约束。

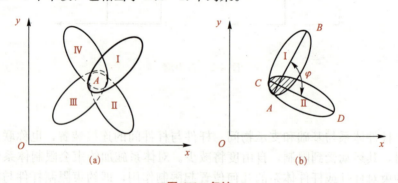

图4-4 复铰

图4-4(b)所示的两个刚片Ⅰ、Ⅱ通过刚性连接后，两刚片中的任意直线AB和CD的夹角φ将保持不变，这种刚性连接称为刚结点。两个刚片通过刚结点连接后，构成了一个整体刚片，自由度由连接前的6个减少为3个。所以，一个刚结点相当于3个约束。

一个铰相当于两个约束，也相当于两根不共线的链杆；反之，两根不共线的链杆可构成一个简单铰，但两根不共线的链杆构成一个铰的形式不是唯一的。图 4-5(a)所示的两个刚片用两根不共线的链杆连接，两根链杆交于刚片Ⅰ上的一点 A，这种由两根链杆交于一点构成的铰为实铰，它相当于一个单铰。图 4-5(b)所示的两个刚片用链杆 AB、CD 连接，但两根链杆不交于一点，只是其延长线交于 O 点。由于刚片Ⅰ上 A、B 两点会发生分别垂直于 AB、CD 两根链杆的位移，所以刚片Ⅰ的运动是绕 O 点的转动，它只有一个自由度。**O 点起到了一个铰的作用，称两根链杆延长线的交点为虚铰。虚铰相当于两个约束，这一点与实铰是相同的。** 随着图 4-5(b)中刚片Ⅰ发生微小位移，O 点的位置将发生改变，O 点也称为刚片Ⅰ、Ⅱ的瞬时转动中心或瞬铰。当连接两个刚片的两根链杆平行时，其虚铰位于无穷远处，如图 4-5(c)所示。

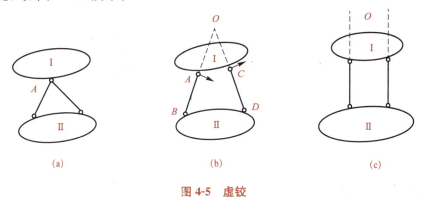

图 4-5 虚铰

当两根链杆用刚结点相互连接时，称之为刚性连接。如图 4-6(a)所示，当两个刚片用刚结点 C 相互连接时，此两个刚片间不能产生任何相对运动，这使两个刚片组成的体系减少了 3 个自由度，故刚结点相当于 3 个联系。同理，1 个固定端支座相当于 1 个刚结点，**即固定端支座相当于 3 个约束**，如图 4-6(b)所示。

如图 4-7(a)所示，若在点 A 与刚片Ⅰ之间再增加一根链杆[图 4-7(b)]，则刚片Ⅰ仍

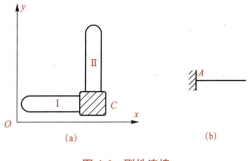

图 4-6 刚性连接

可绕刚片Ⅱ转动，即此两个刚片组成的体系的自由度减少的个数仍为 2，可见当两个刚片间的三根链杆杆交于同一点时并不使体系在图 4-7(a)的基础上继续减少自由度，这说明两个刚片Ⅰ、Ⅱ之间有 1 个多余约束。多余约束也可能在杆件体系内部出现[图 4-7(c)]。总之，**体系中多余约束的存在，不减少体系的自由度。**

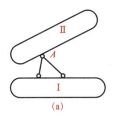 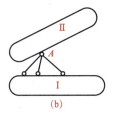 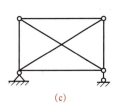

图 4-7 多余约束

第二节　几何不变体系的基本组成规则

如图 4-8 所示，若平面上的三根链杆用不在同一直线上的三个铰两两相连，则此三杆体系（三角形）几何不变。这一命题的正确性是不难理解的。这一规律也称为基本三角形规律。在几何组成分析中经常用到，由基本三角形规律出发，还可得到非常有用的三个规则。

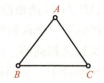

图 4-8　三角形规律

一、三刚片规则

链杆与仅有两个铰和外界连接的刚片间可进行等价代换，如将图 4-8 中的三根链杆当作三个刚片（图 4-9），则该体系几何不变，且无多余约束。于是，得到三刚片规则：**三个刚片用不在同一直线上的三个铰两两相连，则组成一个无多余约束的几何不变体系**。

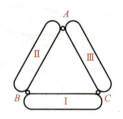

图 4-9　三刚片规则

二、两刚片规则

如将图 4-8 中的链杆 AB、BC 代换为刚片，铰 B 和链杆 AC 当作此两个刚片之间的约束则体系仍几何不变，且无多余约束，如图 4-10 所示。于是，得到两刚片规则：**两个刚片用一个铰和一根不过铰心的链杆相连接，组成无多余约束的几何不变体系**。

若将图 4-10 中连接两个刚片的铰 B 用虚铰代替，即用两根不共线、不平行的链杆代替，体系仍几何不变，且无多余约束。因此，可得到两刚片规则的另一表达形式：**两个刚片用不完全平行也不全交于一点的三根链杆相连接，组成无多余约束的几何不变体系**。

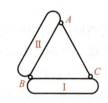

图 4-10　两刚片规则

三、二元体规则和瞬变体系

一个点和一个刚片用两根不共线的链杆相连，组成几何不变体系。这种几何不变体系称为二元体，如图 4-11(a) 所示。如果在图 4-11(a) 中依次增加二元体 ADC、AED，便可得到图 4-11(b) 所示的图形，它仍是无多余约束的几何不变体系，反之，撤去二元体 ADC、AED 可得到图 4-11(a) 所示体系。由此可知，在一个几何不变体系上依次增减二元体后，所得到的体系仍然几何不变。因此可得如下二元体规则：

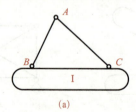
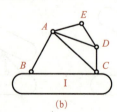

图 4-11　二元体

在一个体系中增加或撤去二元体，不改变体系的几何组成性质。

在二元体规则中强调用不共线的两根链杆相连方可组成几何不变体系，如图 4-12(a)所示，如果点 A 是由两根共线的链杆 BA、CA 与刚片Ⅰ相连，当 A 处受到竖向荷载的作用时，点 A 会沿竖向作微小的移动，这说明体系为几何可变体系。不过当 A 发生微小移动至 A' 点时，两根链杆将不再共线，运动也将不继续发生。这种在某一瞬时经过微小移动后不能再继续移动的体系称为瞬变体系。瞬变体系是由于约束布置不合理而发生瞬时运动的体系，它是几何可变体系的一种特殊情况。可以证明，**瞬变体系在很小荷载的作用下，可以产生无穷大的内力，导致结构发生破坏**，因此，瞬变体系不能作为结构使用。

除瞬变体系外的几何可变体系均可称为常变体系，图 4-12(b)所示的体系即常变体系。**瞬变体系和常变体系都是几何可变体系，都不能作为结构使用。**

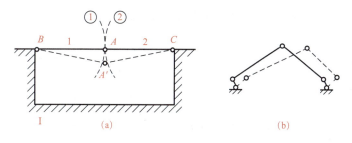

图 4-12　瞬变与常变体系

第三节　几何组成分析应用

几何不变体系的组成规则是进行平面体系几何组成分析的基础，在对较复杂的平面体系进行组成分析时，应灵活运用这些基本规则。分析步骤如下：

(1)合理选择刚片。**在体系中任选一杆件或某个几何不变的部分(如基础、铰接三角形)作为刚片。在选择刚片时，还应考虑连接刚片的约束。**在分析时，还应注意所确定的刚片数量最多为 3 个，一个刚片的范围应尽可能地大。

(2)先分析体系中可由观察确定为几何不变的部分，应用几何组成规则，逐步扩大几何不变部分直至整体。

复杂体系的简化技巧如下：

(1)当体系中有二元体时，应依次撤去二元体。

(2)当体系只用三根不全交于一点也不全平行的支座链杆与基础相连时，则可以拆除支座链杆与基础。

(3)利用约束的等效替换，如只有两个铰与其他部分相连的刚片可用直链杆代替，连接两刚片的两根链杆可用其交点处的虚铰代替。

例 4-1　对图 4-13(a)所示的结构进行几何组成分析。

解：对图 4-13(a)所示的结构进行几何组成分析时，因为此体系的支座链杆只有三根且不相交于同一点，所以根据两刚片规则，若体系本身为一个刚片，则它与地基将组成几何不变体系，因此只分析该体系本身即可。

如图 4-13(b)所示，1、2、3 杆组成几何不变的铰接三角形，然后分别依次增加由 (4, 5)、(6, 7)、(9, 10)、(8, 11)、(12, 13) 各对链杆组成的二元体，故此结构为无多余约束的几何不变体系。

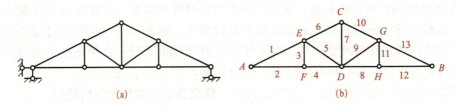

图 4-13　例 4-1 配图

例 4-2　对图 4-14(a)所示的结构进行几何组成分析。

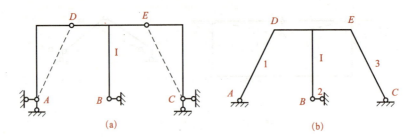

图 4-14　例 4-2 配图

解：观察可见：T 形杆 BDE 可作为刚片 I，折杆 AD 也是一个刚片，但由于它只用两个铰 A、D 分别与地基和刚片 I 相连，其约束作用与通过 A、D 两铰的一根链杆完全等效，如图 4-14(a)中虚线所示。因此，可用链杆 AD 等效代换折杆 AD，同时用 A 铰等效代换固定铰支座 A。同理可用链杆 CE 等效代换折杆 CE。于是图 4-14(a)所示的体系可由图 4-14(b)所示的体系等效代换。

由图 4-14(b)可见，刚片 I 与地基用不交于同一点的三根链杆 1、2、3 相连，组成无多余约束的几何不变体系。

例 4-3　对图 4-15 所示的结构进行几何组成分析。

解：将 AB 梁段看作刚片，它用铰 A 和链杆 1 与基础相连，组成几何不变体系，并将其看作扩大基础。将 BC 梁段看作链杆，则 CD 梁段可视为刚片，扩大基础与 CD 梁段用不交于同一点的链杆 BC、2、3 相连，组成无多余约束的几何不变体系。

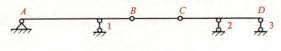

图 4-15　例 4-3 配图

例 4-4　对图 4-16 所示的结构进行几何组成分析。

解：可先拆除体系本身与地基相连的三支座链杆，只分析体系本身即可。将 AB 看成一个刚片，在刚片上增加用链杆 1、2 组成的二元体，再增加用链杆 3、4 组成的二元体，则链杆 5 是多余约束。因此，该体系是有一个多余约束的几何不变体系。

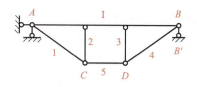

图 4-16 例 4-4 配图

例 4-5 对图 4-17 所示的结构进行几何组成分析。

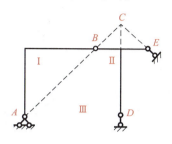

图 4-17 例 4-5 配图

解：将 AB、BED 和基础分别作为刚片Ⅰ、Ⅱ、Ⅲ。刚片Ⅰ和刚片Ⅱ用铰 B 相连；刚片Ⅰ和刚片Ⅲ用铰 A 相连；刚片Ⅱ和刚片Ⅲ用虚铰 C(D 和 E 两处支座链杆的交点)相连。三铰在同一直线上，故该体系为瞬变体系。

例 4-6 对图 4-18 所示的结构进行几何组成分析。

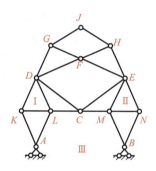

图 4-18 例 4-6 配图

解：根据二元体规则，先依次除去二元体 G-J-H、D-G-F、F-H-E、D-F-E，使体系简化，再分析剩下部分的几何组成。A-K-D-C-L-A 由铰接三角形 KLA 附加二元体 K-D-L 和 D-C-L 组成，因此可视为刚片Ⅰ，同理 C-E-N-B-M-C 可视为刚片Ⅱ，基础可视为刚片Ⅲ，此三刚片分别用铰 C、B、A 两两相连，且三铰不在同一直线上，故该体系是无多余约束的几何不变体系。

第四节　体系的静定性

用作结构的杆件体系必须是几何不变的，而几何不变体系又可分为无多余约束的和有多余约束的。有多余约束的体系的约束数目除满足几何不变性要求外仍有多余。对于图 4-19(a)所示的连续梁，如果将 C、D 两支座链杆去掉，如图 4-19(b)所示，剩下的支座链杆恰好满足两刚片规则的要求，所以它有两个多余约束。又如图 4-20(a)所示的组合梁，若将链杆 CD 去掉，如图 4-20(b)所示，则该结构就成为没有多余约束的几何不变体系，故该组合梁具有一个多余约束。

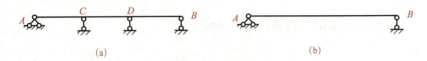

图 4-19　连续梁的静定性分析

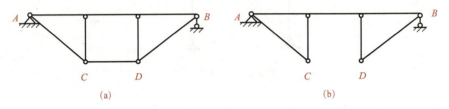

图 4-20　组合梁的静定性分析

无多余约束的几何不变体系为静定结构；有多余约束的几何不变体系为超静定结构；多余约束的数目称为超静定次数。

静定结构（如图 4-21 所示的简支梁）的全部反力和内力都可由静力平衡条件求得。但是对超静定结构不能只依靠静力平衡条件求得其全部反力和内力。例如图 4-22 所示的连续梁，其支座反力共有 5 个，而静力平衡条件只有 3 个，因此，仅利用 3 个静力平衡条件无法求得其全部反力，还需要考虑其变形条件，具体计算方法后续章节将有介绍。

图 4-21　简支梁　　　　　　　　图 4-22　连续梁

习　题

对图 4-23 所示的体系进行几何组成分析，如果是具有多余约束的几何不变体系，需指出其多余约束的数量。

参考答案

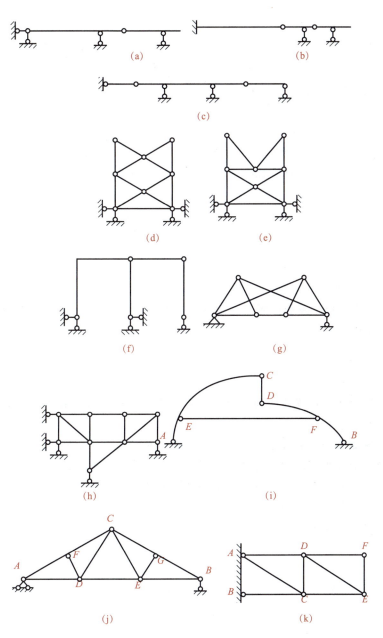

图 4-23 习题配图

第五章 静定结构的内力

内容摘要

本章主要介绍单跨、多跨静定梁，静定平面刚架，静定平面桁架，三铰拱等静定结构的内力分析和计算方法。

学习目标

1. 了解单跨梁在平面弯曲时的受力特点和变形特点，掌握其剪力和弯矩计算，以及剪力图和弯矩图的绘制方法。
2. 了解多跨静定梁的受力特性，掌握其内力计算和内力图绘制方法。
3. 了解静定平面刚架的受力特性，掌握其内力计算和内力图绘制方法。
4. 了解静定平面桁架的受力特性，掌握其内力计算。
5. 了解静定平面组合结构的受力特性。
6. 了解三铰拱的受力特性，了解合理拱轴的概念。

第一节 单 跨 梁

一、工程中梁弯曲的概念

工程结构中常用梁来承受荷载，图 5-1(a)和图 5-2(a)所示为房屋建筑中的楼面梁和阳台挑梁。这些荷载的方向都与梁的轴线垂直，在荷载的作用下，梁会变弯，其轴线由原来的直线变成曲线。以轴线变弯为主要特征的变形形式**称为弯曲变形，简称"弯曲"**。

以弯曲为主要变形的杆件称为梁，通常用轴线代表梁。图 5-1(b)和图 5-2(b)所示分别为楼面梁和阳台挑梁的简图。产生弯曲变形的构件称为受弯构件。

工程中梁的横截面通常采用对称形状，如矩形、"工"字形、T形以及圆形等。横截面一般有一竖向对称轴，该轴与梁轴线构成梁的纵向对称面。当梁上所有外力均作用在纵向对称面内时，变形后的梁轴线也仍在纵向对称平面内，如图 5-3 所示。这种变形后梁的轴线所在平面与外力作用面重合的弯曲称为平面弯曲。平面弯曲是弯曲变形中最简单和最基本的情况，也是工程中最常见的。本课程主要讨论平面弯曲问题。

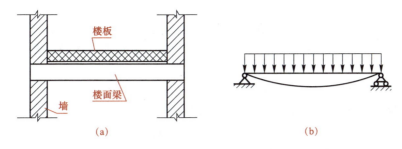

图 5-1 楼面梁

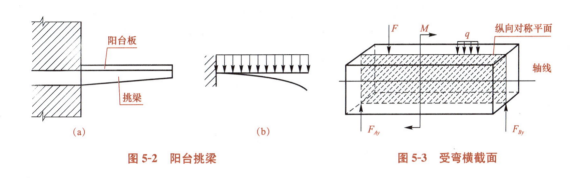

图 5-2 阳台挑梁　　　　　　　图 5-3 受弯横截面

二、梁的计算简图

图 5-4 所示为梁简化后的三种计算简图，作用在梁上的外力，包括梁上的荷载和支承梁的约束反力，一般是已知的，约束反力可由平衡方程求出，在求出这些外力后，就可以讨论梁的内力计算。**单跨静定梁有简支梁、外伸梁、悬臂梁三种常见形式。**

(1) 简支梁：梁的一端为固定铰支座，另一端为可动铰支座，如图 5-4(a)所示。

(2) 外伸梁：简支梁的一端或两端伸出支座之外，如图 5-4(b)所示。

(3) 悬臂梁：梁的一端固定，另一端自由，如图 5-4(c)所示。

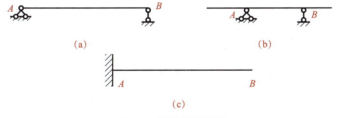

图 5-4 梁的计算简图

三、剪力和弯矩

梁在外力作用下，其任一横截面上的内力可用截面法来确定。图 5-5(a)所示的简支梁在外力作用下处于平衡状态，现分析距 A 端为 a 处的横截面 $m—m$ 上的内力。按截面法在横截面 $m—m$ 处假想将梁分为两段，因为梁原来处于平衡状态，被截取出的一段梁也应保持平衡状态。如取左半段梁为研究对象，则右半段梁对左半段梁的作用以截面上的内力代替。左、右半段梁要保持平衡，在其右端横截面 $m-m$ 上必定有一个与 F_A 大小相等、方向相反的内力存在，这个内力用 F_S 表示，**称为剪力**，如图5-5(b)所示。而此时的内力 F_S 与 F_A 不共线，构成一个力偶，根据力偶只能与力偶平衡的性质可知，在梁的截面 $m-m$ 上，除了剪力 F_S 以外，必定还存在一个内力组成的力偶与力偶(F_S, F_A)平衡，这个内力偶的力偶矩用 M 表示，**称为弯矩**，如图5-5(b)所示。

由此可见，梁发生弯曲时，横截面上同时存在两个内力——剪力 F_S 和弯矩 M。

剪力和弯矩的大小可由左段梁的静力平衡条件确定[图5-5(b)]：

$$\sum F_y = 0, F_A - F_S = 0, 得 F_S = F_A;$$

$$\sum M_O = 0, M - F_A a = 0, 得 M = F_A a。$$

如取右半段梁为研究对象[图5-5(c)]，同样可求得 F_S 与 M。根据作用力与反作用力原理，右半段梁在截面上的 F_S 及 M 应与左段梁在 $m-m$ 截面上的 F_S、M 大小相等、方向相反。

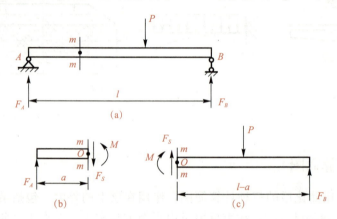

图5-5 剪力和弯矩

为了使取左半段梁和取右半段梁得到的同一横截面上的 F_S、M 不仅大小相等，而且正负号一致，可根据变形规定 F_S、M 的正负号。

通常对剪力作如下规定：在图5-6(a)所示的变形情况下，**梁横截面上的剪力对微段内任一点的矩为顺时针方向转动时为正；反之为负。**

通常对弯矩作如下规定：在图5-6(b)所示的变形情况下，**梁横截面上的弯矩使微段产生上部受压、下部受拉时为正；反之为负。**

根据上述正负号规定，图5-5(c)、(d)两种情况中，横截面 $m-m$ 上的剪力和弯矩均为正。

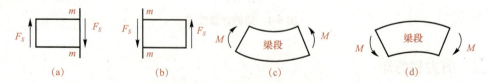

图5-6 剪力和弯矩的正负号

例5-1 简支梁受力如图5-7所示，试求截面1—1的剪力和弯矩。

解：(1)计算支座反力。由梁的整体平衡条件可求得 A、B 两处的支座反力为

$$F_A = 17.5 \text{ kN}, F_B = 12.5 \text{ kN}$$

(2)计算截面内力。用截面1—1将梁截成两段,取左段为研究对象,并先设剪力F_{S1}和弯矩M_1都为正,如图5-7(b)所示。由平衡条件

$$\sum F_y = 0, F_A - F_1 - F_{S1} = 0, 得 F_{S1} = F_A - F_1 = 17.5 - 15 = 2.5 \text{(kN)}。$$

$$\sum M_1 = 0, -F_A \times 3 + F_1 \times 2 + M_1 = 0, 得 M_1 = 17.5 \times 3 - 15 \times 2 = 22.5 \text{(kN)}。$$

F_{S1}和M_1均为正值,表示其假设方向与实际方向相同。实际方向按剪力和弯矩的符号规定均为正。

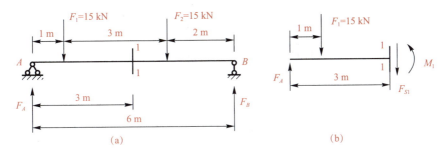

图5-7 例5-1配图

用截面法计算梁指定截面上的内力,是计算梁内力的基本方法。其规律如下:

(1)梁上任一横截面上的剪力在数值上等于此截面左侧(或右侧)梁上所有外力的代数和。横向外力与该截面上负号剪力的方向相反时为正;相同时为负。

(2)梁上任一横截面上的弯矩在数值上等于此截面左侧(或右侧)梁上所有外力对该截面形心的力矩的代数和。力矩与该截面上规定的正号弯矩的转向相反时为正;相同时为负。

利用上述规律,不需画出研究对象的受力图,也不需列平衡方程求解,可直接计算截面上的剪力和弯矩。

四、剪力图和弯矩图

(一)内力方程法

1. 剪力方程和弯矩方程

一般情况下,梁横截面的剪力和弯矩随截面位置的不同而变化,若以横坐标x来表示横截面在梁轴线上的位置,则各横截面的剪力和弯矩皆可表示为x的函数,即

$$F_S = F_S(x), M = M(x)$$

以上函数表达式分别称为梁的剪力方程和弯矩方程。写方程时,一般以梁的左端为x坐标的原点,也可以将坐标原点取在梁的右端。

根据剪力方程和弯矩方程分别绘制剪力和弯矩变化图,分别称为剪力图和弯矩图,统称为内力图。由内力图可直接找出梁上的最危险截面,以便进行强度和刚度计算。

2. 剪力图和弯矩图的绘制方法

绘图坐标系的坐标原点一般选择左端截面。作图时,将正剪力绘在x轴上方,将负剪力绘制在x轴下方,并标明正负号;将正弯矩绘在x轴下方,将负弯矩绘在x轴上方,即将弯矩图绘在梁的受拉一侧,不需标明正负号。

例 5-2 简支梁结构如图 5-8(a)所示,试列剪力方程和弯矩方程并作梁的剪力图和弯矩图。

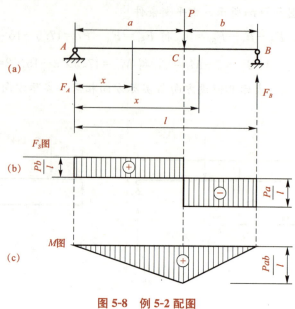

图 5-8 例 5-2 配图

解:(1)计算支座反力。取整个梁为研究对象,由平衡条件求得支座反力为

$$F_A = \frac{Pb}{l}, \quad F_B = \frac{Pa}{l}$$

(2)列出剪力方程和弯矩方程。由于剪力在集中力 P 的作用点 C 发生突变,梁的剪力和弯矩在 AC 段与 BC 段不能用同一方程表示。因此,必须分别建立 AC 段和 BC 段的剪力方程和弯矩方程。

AC 段的剪力方程和弯矩方程为

$$F_S(x) = F_A = \frac{Pb}{l} \quad (0 < x < a)$$

$$M(x) = F_A x = \frac{Pbx}{l} \quad (0 \leqslant x \leqslant a)$$

BC 段的剪力方程和弯矩方程为

$$F(x) = F_A - P = -\frac{Pa}{l} \quad (a < x < l)$$

$$M(x) = F_A x - P(x-a) = \frac{Pa}{l}(l-x) \quad (a \leqslant x \leqslant l)$$

(3)按方程分段作图。由剪力方程可知,AC 段与 BC 段的剪力均为常数,所以剪力图是平行于 x 轴的直线,AC 段的剪力为正,所以剪力图在 x 轴上方,BC 段的剪力为负,故剪力图在 x 轴的下方,如图 5-8(b)所示。

由弯矩方程可知,弯矩都是 x 的一次函数,所以弯矩图是两段斜直线。根据弯矩方程可确定三点:

$$x=0, \ M=0; \ x=a, \ M=\frac{Pab}{l}; \ x=l, \ M=0$$

由上述三点,可确定弯矩图,如图 5-8(c)所示。

例 5-3 悬臂梁结构如图 5-9(a)所示,在全梁上受集度为 q 的均布荷载作用。试列剪力方程和弯矩方程并作梁的剪力图和弯矩图。

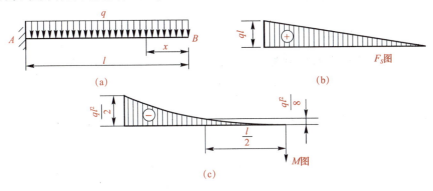

图 5-9 例 5-3 配图

解:剪力方程和弯矩方程如下:
$$F_S(x) = qx \quad (0 \leqslant x \leqslant l)$$
$$M(x) = -qx \cdot \frac{x}{2} = -\frac{qx^2}{2} \quad (0 \leqslant x \leqslant l)$$

由剪力方程可知,该梁的剪力图是一条直线,弯矩图是一段抛物线,因此剪力图如图 5-9(b)所示,弯矩图如图 5-9(c)所示。

例 5-4 简支梁结构受均布荷载作用,如图 5-10(a)所示,求梁的剪力方程和弯矩方程,并作梁的剪力图和弯矩图。

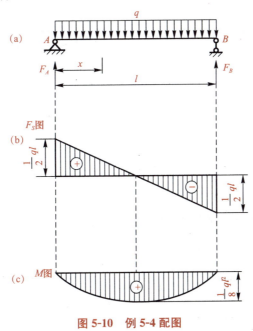

图 5-10 例 5-4 配图

解:由平衡方程可得支座反力:
$$F_A = F_B = \frac{ql}{2}$$

取任意截面 x，梁的剪力方程和弯矩方程为

$$F(x)=F_A-qx=\frac{1}{2}ql-qx(0<x<l)$$

$$M(x)=F_Ax-\frac{1}{2}qx^2=\frac{1}{2}qlx-\frac{1}{2}qx^2(0\leqslant x\leqslant l)$$

剪力方程为直线方程，两控制点为

$$x=0, F_S=\frac{1}{2}ql; \quad x=l, F_S=-\frac{1}{2}ql$$

根据两点的剪力值，将 x 轴的上方和下方的两点位置相连后得剪力图，如图 5-10(b) 所示。

弯矩方程为二次抛物线方程，应至少控制三个点，分别为

$$x=0, M=0; \quad x=\frac{1}{2}l, M=\frac{1}{8}ql^2; \quad x=l, M=0$$

弯矩图如图 5-10(c) 所示。

例 5-5 简支梁结构受集中力偶作用，如图 5-11(a) 所示，求梁的剪力方程和弯矩方程，并作梁的剪力图和弯矩图。

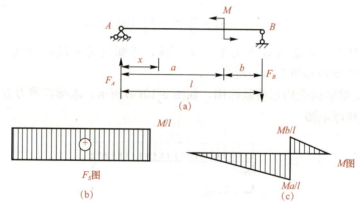

图 5-11 例 5-5 配图

解： 由平衡方程可得支座反力：

$$F_A=F_B=\frac{M}{l}$$

列剪力方程和弯矩方程：

在梁的 C 截面上有集中力偶 M 作用，分两段列方程。以 A 点为坐标原点，于是

AB 段：$F_S(x)=\frac{M}{l}(0<x<l)$

AC 段：$M(x)=F_Ax=\frac{M}{l}x(0\leqslant x\leqslant a)$

CB 段：$M(x)=F_Ax-M=\frac{M}{l}x-M(a<x\leqslant l)$

根据上面的方程绘出剪力图和弯矩图，分别如图 5-11(b)、(c) 所示。

由弯矩图看出，在集中力偶 M 的作用点 C 处，弯矩图发生突变，突变值为 M，即等于该集中力偶的力偶矩。

由上述例题可得出以下关于截面内力的几个特点：

(1)有集中力作用的横截面处，剪力 F_S 发生变化，左、右两侧发生突变。突变值的大小就是该处集中力的数值。从左往右画剪力图时，F_S 图突变的方向与集中力的指向一致，可简化为一条规律：**从左往右画剪力图，集中力向上图形向上升，集中力向下图形向下跳，突变值为集中力值。**

(2)**梁端的铰支座处**，只要该处无集中力偶作用，则梁端铰内侧截面的弯矩值一定等于 **0**；若该处有集中力偶作用，则弯矩值一定等于这个集中外力偶矩。应注意，外伸梁外伸处的铰支座与梁端的铰支座不同，无此特点。

(3)在有集中力偶作用的横截面处，弯矩发生变化，左、右两侧发生突变。突变值的大小就是该处集中力偶矩的值。**从左往右画弯矩图，当集中力偶为逆时针方向时，弯矩图由下向上突变；当集中力偶为顺时针方向时，弯矩图由上向下突变。**

(二)以微分关系作梁的剪力图和弯矩图

1. 弯矩、剪力与分布荷载集度间的微分关系

以例 5-4 为例，规定向下的分布荷载集度为负值，将弯矩 $M(x)$ 对 x 求导数，得到剪力 $F_S(x)$；将 $F_S(x)$ 对 x 求导数，可得荷载集度 $q(x)$。可以证明，直梁中普遍存在以下关系：

$$\frac{dF_S(x)}{dx}=q(x) \tag{5-1}$$

$$\frac{dM(x)}{dx}=F_S(x) \tag{5-2}$$

$$\frac{dM^2(x)}{dx^2}=q(x) \tag{5-3}$$

以上三式就是弯矩、剪力与分布荷载集度之间的微分关系，其具有以下规律：

(1)剪力图上某处的斜率等于梁在该处的分布荷载集度 q。
(2)弯矩图上某处的斜率等于梁在该处的剪力。
(3)弯矩图上某处的斜率变化率等于梁在该处的分布荷载集度 q。

根据上述微分关系和内力图特征，由梁上荷载的变化即可推知剪力图和弯矩图的形状有如下特征：

(1)**若某段梁上无分布荷载，即 $q(x)=0$**，则该段梁的剪力 $F_S(x)$ 为常量，剪力图为平行于 x 轴的直线；而弯矩 $M(x)$ 为 x 的一次函数，**弯矩图为斜直线。**

(2)**若某段梁上的分布荷载 $q(x)=q($常量$)$**，则该段梁的剪力 $F_S(x)$ 为 x 的一次函数，剪力图为斜直线；而 $M(x)$ 为 x 的二次函数，**弯矩图为抛物线。** 当 $q>0$(q 向下)时，弯矩图为向下凹的曲线；当 $q<0$(q 向上)时，弯矩图为向上凸的曲线。

(3)**若某截面的剪力 $F_S(x)=0$**，根据 $\frac{dM(x)}{dx}=0$，**该截面的弯矩为极值。**

(4)在梁上集中力作用处，剪力图有突变，突变值等于集中力值，此处弯矩图则形成一个尖角。

(5)**在梁上受集中力偶作用处，弯矩图有突变，突变值等于集中力偶值。**

为方便理解和掌握，将以上剪力图和弯矩图的图形规律整理成表 5-1。

表 5-1　各种载荷作用下剪力图与弯矩图的特征

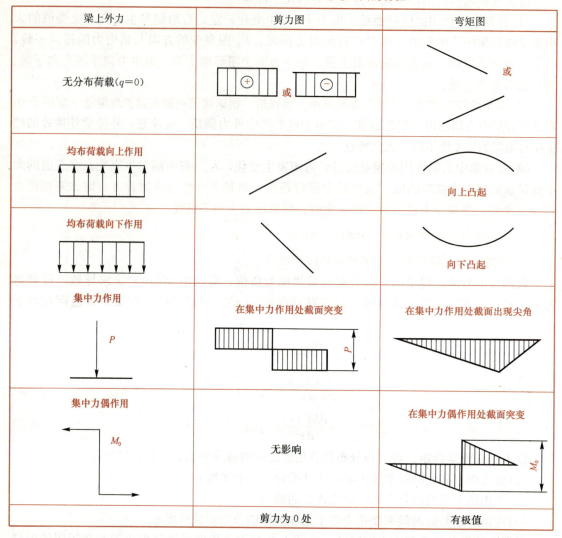

2. 微分关系法

结合上面总结的内力图的基本规律，可以根据作用在梁上的已知荷载简便、快捷地作出剪力图和弯矩图，或对内力图进行校核，而不必列出剪力方程和弯矩方程。这种直接利用规律作内力图的方法称为微分关系法。

例 5-6　请作图 5-12(a)所示结构的弯矩图和剪力图。

解：(1)由平衡方程计算支座反力，可得

$$F_A=8\text{ kN},\ F_C=20\text{ kN}$$

根据梁上的荷载作用情况，将梁分为 AB、BC 和 CD 三段作内力图。

(2)作剪力图。

AB 段：该段无分布荷载，剪力图为一条水平线，剪力值为 8 kN。

BC 段：该段无分布荷载，剪力图为一条水平线，B 点右端剪力为：$8-20=-12$(kN)，可画出该段水平线。

CD 段：该段均布荷载向下，剪力图为向下的斜直线，C 点右端剪力为：$-12+20=$

8(kN)，D 点剪力为 $8-4\times2=0$，由此可画出该段斜直线。

剪力图如图 5-12(b)所示。

(3)作弯矩图。

AB 段：该段无分布荷载，剪力大于 0，弯矩图为向下的斜直线，$M_A=0$，B 点左端的弯矩为：$8\times2=16(kN\cdot m)$，由此可作出该段斜直线。

BC 段：该段无分布荷载，剪力小于 0，弯矩图为向上的斜直线，C 点左端的弯矩为：$8\times4-20\times2=-8(kN\cdot m)$，由此可作出该段斜直线。

CD 段：梁上有向下的均布荷载，弯矩图为向下凸起的抛物线，$M_D=0$（铰结点如无外力偶作用，弯矩均为 0），由此可画出抛物线的大概形状。

弯矩图如图 5-12(c)所示。

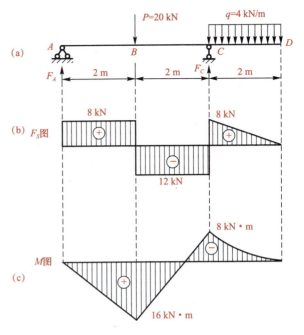

图 5-12 例 5-6 配图

例 5-7 请作图 5-13(a)所示结构的弯矩图和剪力图。

解： 由平衡方程计算支座反力，可得 $F_A=81$ kN，$F_B=29$ kN，$M_A=96.5$ kN·m。

根据梁上的荷载作用情况，将梁分为 AE、ED、DK 和 KB 四段作内力图。

(1)作剪力图。

AE 段：该段无分布荷载，剪力图为一条水平线，剪力为 81 kN，可画出该段水平线。

ED 段：该段无分布荷载，剪力图为一条水平线，E 点右端的剪力为：$81-50=31$(kN)，由此可画出该段水平线。

DK 段：该段有向下的均布荷载，剪力图为向下的斜直线，K 点左端的剪力为 $31-20\times3=-29$(kN)，由此可画出斜直线。

KB 段：该段无分布荷载，剪力图为一条水平线，K 点右端的剪力为 -29 kN，由此可画出该段水平线。

剪力图如图 5-13(b)所示。

(2)作弯矩图。

AE 段：该段无分布荷载，剪力大于 0，弯矩图为向下的斜直线，A 点的弯矩为 96.5 kN·m（上侧受拉），E 点左端的弯矩为 $M_E=-96.5+81\times1=-15.5(kN\cdot m)$（上侧受拉），由此可画出该段斜直线。

ED 段：该段无分布荷载，剪力大于 0，弯矩图为向下的斜直线，C 点为铰结点，因此弯矩为 0，D 点左端的弯矩为：$81\times2.5-50\times1.5-96.5=31(kN\cdot m)$（下侧受拉），由此可画出该段斜直线。

DK 段：该段有向下的均布荷载，弯矩图为向下凸起的抛物线，K 点左端的弯矩为：$5+29\times1=34(kN\cdot m)$（下侧受拉），距 K 点 1.45 m[$29/20=1.45(m)$]处的剪力为 0，M 存在极值：$5+29\times2.45-\dfrac{20\times1.45^2}{2}=55(kN\cdot m)$（下侧受拉），由此可画出抛物线的大概形状。

KB 段：该段无分布荷载，剪力小于 0，弯矩图为向上的斜直线，B 点的弯矩为 5 kN·m（下侧受拉），由此可画出该段斜直线。

弯矩图如图 5-13(c)所示。

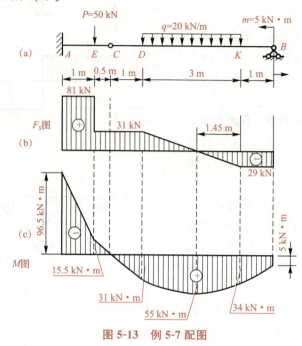

图 5-13 例 5-7 配图

3. 叠加法

在力学计算中，常运用叠加原理。所谓叠加原理是指：在线弹性、小变形条件下，由几种荷载共同作用所引起的某一参数(反力、内力、应力、变形)等于各种荷载单独作用时引起的该参数值的代数和。运用叠加原理作弯矩图的方法称为叠加法。

用叠加法作弯矩图的步骤是：**将作用在梁上的复杂荷载分成几组简单荷载**，分别作出梁在各简单荷载作用下的弯矩图(其弯矩图见表 5-2)；在梁上每一控制截面处，**将各简单荷载弯矩图相应的纵坐标代数值相加，就得到梁在复杂荷载作用下的弯矩图**。例如，在图 5-14(a)、(b)、(c)中，梁 AB 在荷载 q 和 M_0 的共同作用下的弯矩图就是荷载 q 和 M_0 单独作用下的弯矩图的叠加。

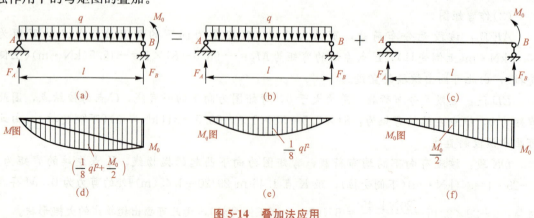

图 5-14 叠加法应用

由以上分析可知，当梁上有几项荷载共同作用时，作弯矩图时可先分别作出各项荷载单独作用下梁的弯矩图，对齐横坐标，将纵坐标叠加，即得到梁在所有荷载共同作用下的弯矩图。

表 5-2 所示是单跨梁在常见的简单荷载作用下的弯矩图，供初学者使用叠加法作图时查用。

表 5-2　单跨梁在常见的简单荷载作用下的弯矩图

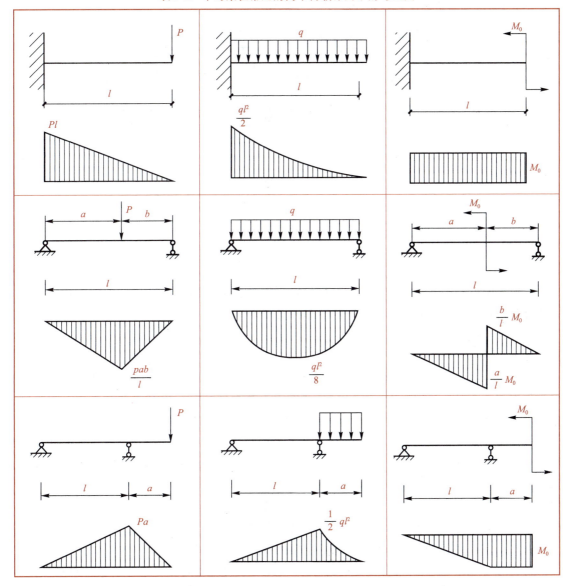

第二节　多跨静定梁

一、多跨静定梁的几何组成

多跨静定梁是由若干单跨梁通过铰连接而成，并由若干支座与基础连接而组成的静定梁,是桥梁和屋盖系统中常用的一种结构形式,在土木工程中有较广泛的应用。图 5-15(a) 所示为桥梁的一种结构形式,从几何组成分析,AB、CD 简支于基础上,可将其视为基础的一部分;现可将其视为简支于 AB 和 CD 上,ABCD 形成无多余联系的几何不变体系。BC 依赖其他部分而保持几何不变性,常称为附属部分;其余两杆能独立地维持其几何不变性,该部分称为基本部分。从上述传力关系分析,图 5-15(c)刚好体现了这种传递关系,因此,图 5-15(c)称为传力图,也称层叠图、层次图。

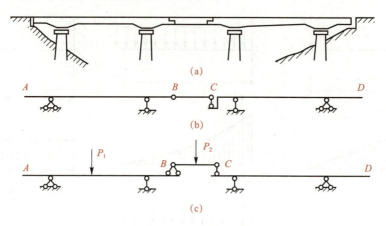

图 5-15 多跨静定梁

由层次图可知,基本部分一旦遭到破坏,附属部分的几何不变性也将随之失去;而附属部分遭到破坏,在竖向荷载作用下基本部分仍可维持平衡。

二、多跨静定梁的内力和内力图的绘制

计算多跨静定梁时首先应绘出该结构的层次图,通过层次图可以看出力的传递过程。因为基本部分直接与基础相连,所以当荷载作用于基本部分时,仅基本部分受力,附属部分不受力;当荷载作用于附属部分时,由于附属部分与基本部分相连,故基本部分也受力。

因此多跨静定梁在计算支座反力时,应先计算附属部分,再计算基本部分,也即从附属程度最高的部分算起,求出附属部分的约束力后,将其反向加于基本部分即得基本部分的荷载,再计算基本部分的约束力。

当求出每一段梁的约束力后,**其内力计算和内力图的绘制与第一节的单跨静定梁一致**,最后将各段梁的内力图连在一起即多跨静定梁的内力图。

例 5-8 请绘制图 5-16(a)所示多跨静定梁的内力图。

解:(1)作层次图。由梁的计算简图可知,ABC 梁为基本部分,而 CD 梁为附属部分。作出层次图,如图 5-16(b)所示。

(2)求解支座反力。计算分析图如图 5-16(c)所示,首先计算附属部分 CD 的支座反力,解得 $F_{Cx}=0$, $F_{Cy}=F_D=40$ kN。

计算基本部分 ABC 的支座反力,解得 $F_{Ax}=0$, $F_{Ay}=20$ kN, $F_B=140$ kN。

(3)作内力图。

弯矩图:C 点弯矩为 0,B 点弯矩为: $-40\times 2-\dfrac{1}{2}\times 20\times 2^2=-120$ (kN·m)(上侧受拉)。

对 AB 段可采用叠加法，叠加后两个控制点的弯矩为：$40 \times 2 - \frac{1}{3} \times 120 = 40 (\mathrm{kN \cdot m})$，$40 \times 2 - \frac{2}{3} \times 120 = 0$，由此可绘制 AB 段梁的弯矩图；CD 段梁为均布荷载作用下的简支梁，CD 段梁的弯矩图为抛物线，跨中弯矩为：$\frac{1}{8} \times 20 \times 4^2 = 40 (\mathrm{kN \cdot m})$，由此绘制该多跨梁的弯矩图，如图 5-16(d) 所示。

剪力图：AB 段梁的剪力图为水平线，BD 段梁的剪力图为向下的斜直线，控制点的剪力值分别为 20 kN，$-40 + 20 = -20 (\mathrm{kN})$，$-20 - 40 = -60 (\mathrm{kN})$，$-60 + 140 = 80 (\mathrm{kN})$，$80 - 20 \times 6 = -40 (\mathrm{kN})$。由此绘制该多跨梁的剪力图，如图 5-16(e) 所示。

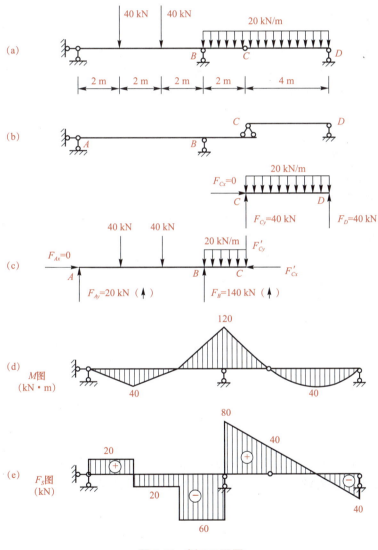

图 5-16　例 5-8 配图

多跨静定梁的内力图的绘制具有以下一般规律：
(1) 多跨静定梁中每根杆件的内力图仍然符合单跨静定梁内力图的规律。
(2) 由于铰不承受和传递力矩，除非有外力偶，**否则在每个铰结点处弯矩一定等于零。**

(3) 集中力作用于基本部分和附属部分相连的铰上时,此力只对基本部分起作用,而对附属部分不起作用,故在画梁的受力图时,既可将集中力画在附属部分上,也可将其画在基本部分上。

(4) 集中力偶作用于基本部分和附属部分相连的铰上时,此力不仅对基本部分起作用,也对附属部分起作用,故在画梁的受力图时,只能将其画在基本部分上。

第三节　静定平面刚架

一、静定平面刚架的特征

刚架是用刚结点将若干直杆连接而成的结构。当刚架的轴线和外力都在同一平面时,其称为平面刚架。由静力平衡条件可以求出全部约束反力和内力的平面刚架,称为静定平面刚架。刚结点的特性是在荷载作用下,各杆端不仅不能发生相对移动,而且也不能发生相对转动。因为刚结点具有约束杆端相对转动的作用,所以它能承受和传递弯矩。

静定平面刚架常见的类型有悬臂刚架、简支刚架、三铰刚架和组合刚架,如图 5-17 所示。凡由静力平衡条件即可确定全部反力和内力的平面刚架,称为静定平面刚架。静定平面刚架的分类如下:

(1) 悬臂刚架[图 5-17(a)],常用于火车站站台、雨棚等。
(2) 简支刚架[图 5-17(b)],常用于起重机的钢支架及渡槽横向计算所取的简图等。
(3) 三铰刚架[图 5-17(c)],常用于小型厂房、仓库、食堂等结构。
(4) 组合刚架[图 5-17(d)],常用于小型厂房、简易工棚等。

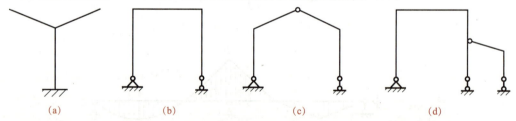

图 5-17　静定平面刚架
(a)悬臂刚架;(b)简支刚架;(c)三铰刚架;(d)组合刚架

在土建工程中,平面刚架用得很普遍,而静定平面刚架又是分析超静定刚架的基础,因此,掌握静定平面刚架的内力分析方法具有十分重要的意义。

二、静定平面刚架的内力和内力图的绘制

1. 静定平面刚架的内力

(1) 刚架的内力表示。刚架中的杆件多为梁式杆,杆截面内同时存在弯矩、剪力和轴力,为了明确表示各截面的内力,特别为了区别相交于同一刚结点的不同杆端截面的内力,在内力符号右下角采用两个脚标。其中,第一个脚标表示内力所属截面,第二个脚标是该截面所在杆的另一端。例如,F_{AB} 表示 AB 杆 A 端截面的剪力,F_{BA} 则表示 AB 杆 B 端截面

的剪力，其他以此类推。

(2) 刚架内力的正负号规定和绘图要求。在实际工程中，绘制内力图时，**通常将弯矩图画在杆件的受拉一侧，不必注明正负号。剪力以使所在杆段产生顺时针转动的趋势为正，反之为负；轴力仍以拉力为正，以压力为负。剪力图和轴力图可画在杆件的任一边，但需注明正负号。**

(3) 刚架的内力计算方法。刚架的内力计算方法与梁完全相同。只需将刚架的每根杆件看作梁，逐根用截面法计算控制截面的内力，便可作出内力图。具体运用时可用以下两种方法计算刚架的内力：

1) 方法一：简捷法。

① 弯矩的计算：刚架内任一横截面上的弯矩等于截面一侧（指整半部刚架上）所有外力对该截面形心矩的代数和。外力使刚架产生内侧受拉的变形时取正号，反之取负号。刚架变形的判定方法与单跨静定梁相同。

② 剪力的计算：杆件任一横截面上的剪力等于截面一侧（指整半部刚架上）所有与该杆件轴线垂直的外力的代数和。外力使该杆件产生顺时针转动的趋势时取正号，反之取负号。

2) 方法二：截面法。

将刚架在要求内力的杆端拆开，取结点或杆件为隔离体进行受力分析，画出受力图，再由平衡方程求解内力。这种方法主要用于超静定结构中已求出杆端弯矩后，需求杆端剪力和杆端轴力的情况。为便于计算，应注意以下几点：

① 已知杆端弯矩，欲求杆端剪力时，宜取杆件为隔离体；已知杆端剪力，欲求杆端轴力时，宜取结点为隔离体。

② 在画隔离体的受力图时，一般将已知的外力和内力按实际方向和正值画出，并注明大小，未知的内力先假设为正向画出，当计算结果为正值时，说明假设方向和实际方向相同；当计算结果为负值时，说明假设方向和实际方向相反。

③ 在画隔离体的受力图时，与所求的内力无关的其他内力可不必画。

2. 静定平面刚架内力图的绘制

刚架内力图的绘制方法与梁相同，将刚架每根杆件看作一根梁，也可用内力图的规律和叠加法逐杆绘制其内力图。

3. 静定平面刚架内力图的规律

刚架中每根杆件的内力图的规律和单跨梁基本相同。在刚结点处力矩应平衡，若交于刚结点的杆件只有两根，且结点上又无外力偶作用，则这两杆的杆端弯矩一定相等，同为外侧受拉或内侧受拉。

例 5-9 请作图 5-18(a) 所示刚架结构的内力图。

解：(1) 求解约束反力。受力分析如图 5-18(b) 所示，由平衡方程求解得
$$F_{Ay}=-4 \text{ kN}, F_{Bx}=12 \text{ kN}, F_{By}=4 \text{ kN}$$

(2) 计算控制截面内力。计算刚架内力，可采用"先两边，后中间"的计算顺序，即先从立柱 AC、BD 开始，然后再计算横梁 CD。以 AC 段为例说明，其隔离体的受力图如图 5-18(f) 所示，由平衡方程可得：

$$M_{CA}=-\frac{1}{2}\times 3\times 4^2=-24(\text{kN} \cdot \text{m})(左侧受拉)，N_{CA}=4 \text{ kN}, F_{CA}=3\times 4=-12(\text{kN})$$

同理可得立柱 BD 和横梁 CD 的内力，所有内力见表 5-3。

表 5-3　刚架控制截面内力

杆端	AC	CA	CD	DC	DB	BD
$M/(kN \cdot m)$	0	−24(左侧受拉)	−24(上侧受拉)	−48(上侧受拉)	−48(右侧受拉)	0
F_S/kN	0	−12	−4	−4	12	12
F_N/kN	4	4	−12	−12	−4	−4

(3)绘制内力图。依据表 5-3，弯矩图、剪力图、轴力图如图 5-18(c)、(d)、(e)所示。

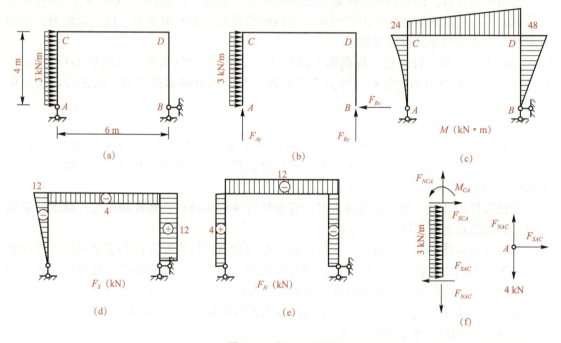

图 5-18　例 5-9 配图

例 5-10　请作图 5-19(a)所示刚架的内力图。

解：(1)由平衡方程求解得：
$F_{Ax} = -90$ kN，$F_{Ay} = -60$ kN，$F_{Bx} = 30$ kN，$F_{By} = 60$ kN

(2)计算控制截面内力。

AD 杆：$M_{AD} = 0$，$M_{DA} = 90 \times 6 - 20 \times 6 \times 3 = 180$ (kN·m)(内侧受拉)

$F_{AD} = 90$ kN，$F_{DA} = 90 - 20 \times 6 = -30$ (kN)；$F_{NAD} = F_{NDA} = 60$ kN

BE 杆：$M_{BE} = 0$，$M_{EB} = 30 \times 6 = 180$ (kN·m)(外侧受拉)；$F_{SBE} = F_{SEB} = 30$ kN

$F_{NBE} = F_{NEB} = -60$ kN

DC 和 CE 杆：$M_{DC} = 180$ kN·m(下侧受拉)，$F_{SDC} = F_{SEC} = -60$ kN，$F_{NDC} = F_{NEC} = -30$ kN

(3)绘制内力图。AD 杆的弯矩图以 M_{AD}、M_{DA} 的连线叠加简支梁在均布荷载作用下的弯矩值；C 点为铰结点，因此弯矩值为 0。根据内力的计算结果，利用内力图的相关规律，内力图如图 5-19(b)、(c)、(d)所示。

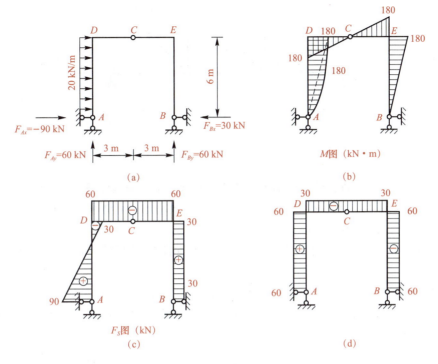

图 5-19 例 5-10 配图

第四节 静定平面桁架

一、概述

桁架是由若干根直杆用铰连接而成的几何不变体系。在工程中，桁架是一种常用于较大跨度的结构形式。在桁架的计算简图中，通常作如下假定：

(1) 各杆在结点处都是用光滑无摩擦的理想铰连接的。
(2) 各杆轴线均为直线，在同一平面内且通过铰的中心。
(3) 荷载都作用在桁架结点上。

值得注意的是，实际桁架与上述理想桁架存在一定的差距。**实际桁架结点的构造并非理想铰结**，如钢桁架或混凝土桁架的杆件采用结点板或预埋铁件焊接时，并不是铰结点，木桁架和钢桁架采用螺栓连接时，比较接近铰接；各杆的轴线也不一定是理想直线，结点上各杆的轴线也不一定全交于一点。要完全根据实际情形进行内力分析比较困难，另外**相关研究表明，实际情况下的内力值与理想情况下的计算值相差不大，其精度完全能满足工程需求**，因此在工程设计中，大多数情况下按理想桁架计算。

理想桁架的各杆内力只有轴力，杆件横截面上应力分布均匀，材料能得到充分利用。因此，桁架结构在建筑工程中得到广泛应用，如屋架、施工托架等。

如图 5-20 所示，组成的杆件依其所在位置的不同，可分为弦杆和腹杆两类。**弦杆又可分为上弦杆和下弦杆；腹杆又可分为竖杆和斜杆**。弦杆上相邻两结点的区间称为节间；桁架最高点到两支座连线的距离称为**桁高**。两支座之间的距离称为跨度。

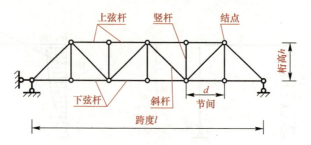

图 5-20 桁架结构简图

按几何组成方式,静定平面桁架可分为简单桁架、联合桁架和复杂桁架三类。

(1)简单桁架是由一个基本铰接三角形开始,逐次增加二元体所组成的几何不变且无多余联系的静定结构,如图 5-21(a)、(b)、(c)所示。

(2)联合桁架是由几个简单桁架,按两刚片或三刚片形成所组成的几何不变且无多余联系的静定结构,如图 5-21(d)所示。

(3)复杂桁架是指不按上述两种方式组成的桁架,如图 5-21(e)、(f)、(g)所示。

按外形桁架可分为折线形桁架、平行弦桁架、三角桁架、曲线形桁架,分别如图 5-21(b)、(c)、(d)、(g)所示。

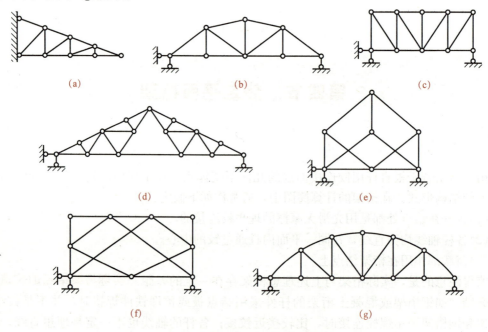

图 5-21 各种类型的桁架结构简图

二、平面静定桁架的内力计算

根据桁架的受力特点,静定平面桁架的内力计算可分为三种方法,即结点法、截面法和联合法。

1. 结点法

所谓结点法,就是取桁架的结点为隔离体,**利用结点的静力平衡条件来计算杆件的内**

力或支座反力。因为桁架的各杆只承受轴力，作用于任一结点的各力组成一个平面汇交力系，所以可就每一个结点列出两个平衡方程进行计算。

在计算中，选取的结点应力求使作用于该结点的未知力不超过两个，因为平面汇交力系的独立平衡方程只有两个。分析简单桁架时，可先由整体平衡条件求出它的反力，然后再从最后一个结点开始，依次考虑各结点的平衡，即可使每个结点出现的未知内力不超过两个，从而顺利地求出各杆的内力。因此这种方法适用于简单桁架的计算。

桁架中内力为零的杆件称为**零杆**，可利用某些结点平衡的特殊情况判断零杆。对于没有外力作用的两杆结点，则两杆均为零杆，如图 5-22(a) 所示。对于无外力作用的三杆结点，若其中两杆共线，则第三杆为零杆，其余两杆内力相等，且内力性质相同（均为拉力或压力），如图 5-22(b) 所示。对于四杆结点，当杆件两两共线呈"X"形，且无外力作用时，则共线的各杆内力相等，且性质相同，如图 5-22(c) 所示；当杆件两两共线呈"K"形时，不共线的两杆内力相等，性质相反，如图 5-22(d) 所示。在实际工程中，零杆是不能去掉的，但是在计算中可以假想零杆不存在，以简化计算。

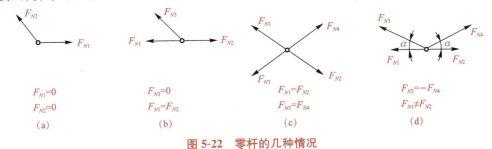

图 5-22 零杆的几种情况

在计算中，可用水平轴和竖直轴作为投影轴，也可采用既不水平也不竖直的投影轴。在计算时根据情况选择最方便的一种使用。

杆件的轴力以 F_{Nij} 表示，i、j 为该杆两端结点号。在进行桁架内力分析时，一般先假定杆件的未知轴力为拉力，若计算结果为正值，说明该力为拉力；若为负值，则为压力。

另外，在建立结点平衡方程时，常需要将斜杆轴力 F_N 分解为水平分力 F_x 和竖直分力 F_y，若该斜杆杆长 L 的水平投影为 L_x，竖向投影为 L_y，则根据相似三角形的比例关系可得式(5-4)。

$$\frac{F_N}{L}=\frac{F_{Nx}}{L_x}=\frac{F_{Ny}}{L_y} \tag{5-4}$$

应用上述比例关系，可避免计算斜杆的倾角及其三角函数，减少计算量。

例 5-11 试求图 5-23 所示桁架结构各杆的内力。

解： 由于桁架和荷载都对称，只需计算半桁架各杆内力，另一半利用对称关系即可确定。

(1) 求解支座反力。对整体进行分析，如图 5-23(a) 所示，由力矩平衡方程可得支座反力：

$$F_1 = F_8 = 40 \text{ kN}$$

(2) 杆 23、杆 54 和杆 67 是零杆，$F_{N23} = F_{N54} = F_{N67} = 0$。

取结点 1 为研究对象，受力分析如图 5-23(b) 所示，由平衡方程可得

$$\sum F_y = 0,\ 40 - F_{N13y} = 0,\ F_{N13y} = 40 \text{ kN}$$

由式(5-4) 可得

$$F_{N13}=5\times\frac{40}{3}=66.67(\text{kN}), F_{N13x}=4\times\frac{40}{3}=53.33(\text{kN})。$$

$$\sum F_x=0, F_{N12}+F_{N13x}=0, 得 F_{N12}=-53.33 \text{ kN}。$$

取结点 2 为研究对象，由平衡方程可得 $F_{N24}+53.33=0, F_{N24}=-53.33$ kN。

取结点 3 为研究对象，由平衡方程可得

$$\sum F_y=0, F_{N34y}+F_{N31y}-30=0, F_{N34y}=-10 \text{ kN},$$

$$F_{N34}=5\times\frac{-10}{3}=-16.67(\text{kN}); F_{N34x}=4\times\frac{-10}{3}=-13.33(\text{kN}),$$

$$\sum F_x=0, F_{N35}+F_{N34x}-F_{N31x}=0, F_{N35}=66.67 \text{ kN}$$

由对称性可知，桁架结构的内力如图 5-23(e)所示。

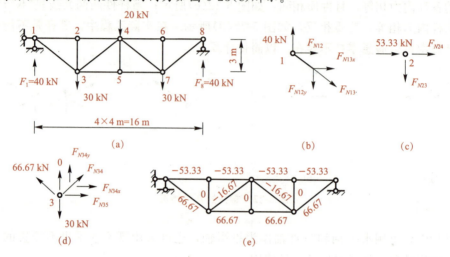

图 5-23　例 5-11 配图

2. 截面法

所谓截面法，就是用一个适当的截面，截取桁架的某一部分（至少包括两个结点）为隔离体，根据平衡条件求解未知的杆件内力。由于隔离体包含两个以上的结点，故作用在截面任一侧的各力，在通常情况下，将构成平面一般力系。因此，若隔离体上未知力个数不多于三个，且它们既不相交于一点，也不平行，则可利用平面一般力系的三个平衡方程直接求解这一截面上的全部未知力。使用截面法时，**隔离体上未知力个数最好不多于三个**，选择合适的截面截开桁架是解题的关键。截面法一般适用于联合桁架的计算以及简单桁架中求解指定杆件内力的情况。

例 5-12　试用截面法求解图 5-24(a)中 a、b、c 杆的内力。

解：(1)求解支座反力。由力矩平衡方程可得支座反力：

$$F_{Ax}=0, F_{Ay}=F_B=20 \text{ kN}$$

(2)求解内力。如图 5-24(a)所示，以截面 1—1 截断 a、b、c 三杆，并取左半部分为隔离体，受力分析如图 5-24(b)所示。

由 $\sum M_C=0$,可得 $-20\times 6+10\times 3-F_{Na}\times 4=0, F_{Na}=-22.5$ kN。

由 $\sum M_F=0$,可得 $-20\times 9+10\times 6+F_{Nc}\times 4=0, F_{Nc}=30$ kN。

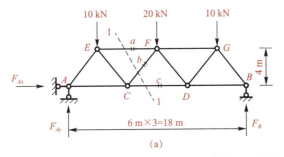
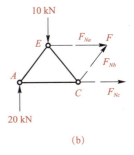

图 5-24 例 5-12 配图

由 $\sum F_y = 0$,可得 $4 \times \dfrac{F_{Nb}}{5} + 20 - 10 = 0, F_{Nb} = -12.5$ kN。

因此 a、b、c 杆的内力分别为 -22.5 kN、-12.5 kN、30 kN,正值表示拉力,负值表示压力。

3. 联合法

联合法即联合使用截面法与结点法求解桁架内力的方法,其适合在单独用截面法或结点法不能求解桁架内力的情况下使用。

例 5-13 请用合适的方法求解图 5-25(a)中 a、b 杆的内力。

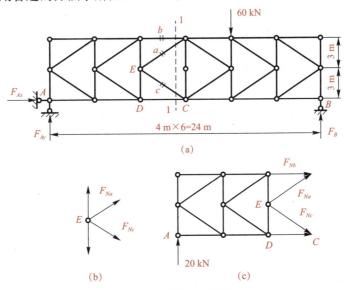

图 5-25 例 5-13 配图

解: 由平衡方程可得 $F_{Ay} = 20$ kN,$F_B = 40$ kN。

取 E 点为研究对象,受力分析如图 5-25(b)所示。

由 $\sum F_x = 0$,得 $\dfrac{4}{5} \times F_{Na} + \dfrac{4}{5} \times F_{Nc} = 0, F_{Na} = -F_{Nc}$。

以截面 1—1 截开图示结构,取左半部分作受力分析,如图 5-25(c)所示。

由 $\sum F_y = 0$,得 $20 - F_{Nc} \times \dfrac{3}{5} + F_{Na} \times \dfrac{3}{5} = 0$,由上述两式可得 $F_{Na} = -16.67$ kN。

由 $\sum M_C = 0$,得 $-20 \times 12 - F_{Na} \times \dfrac{4}{5} \times 3 - F_{Na} \times \dfrac{3}{5} \times 4 - 6F_{Nb} = 0, F_{Nb} = -53.34$ kN。

第五节　静定平面组合结构

一、概述

组合结构由只承受轴力的二力杆（即链杆）和承受弯矩、剪力、轴力的梁式杆组合而成，它常用于房屋建筑中的屋架、吊车梁以及桥梁的承重结构。例如，图 5-26(a) 所示的下撑式五角形屋架就是较为常见的静定组合结构，其上弦杆由钢筋混凝土制成，主要承受弯矩和剪力；下弦杆和腹杆则用型钢做成，主要承受轴力。其计算简图如图 5-26(b) 所示。

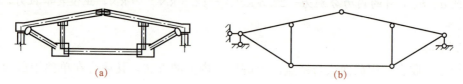

图 5-26　静定平面组合结构

二、静定平面组合结构的内力计算

计算组合结构的内力时，一般都是先求出支座反力和各链杆的轴力，然后再计算梁式杆的内力，并作出其内力图。在分析与计算中，必须特别注意区分链杆和梁式杆。链杆截面上只有轴力；梁式杆截面上一般作用有三个内力，即轴力、剪力和弯矩。组合结构中的链杆可以使梁式杆的支点间距减小或产生负弯矩，改善受弯杆的工作状态。

第六节　三　铰　拱

一、概述

在竖向荷载的作用下，会产生水平推力的曲杆结构称为拱。拱是一种重要的结构形式，在房屋建筑、桥涵建筑、水工建筑中应用比较广泛。根据支承和连接形式的不同，拱可以分为三种，如图 5-27 所示。其中，无铰拱和两铰拱属于超静定拱，三铰拱则属于静定拱。本节只讨论三铰拱。

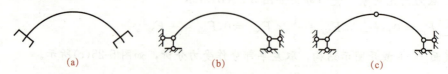

图 5-27　三类拱结构
(a) 无铰拱；(b) 两铰拱；(c) 三铰拱

拱和梁的主要区别是：**拱在竖向荷载的作用下，支座会产生水平反力，这种水平反力指向拱内侧，故又称推力**。拱的主要优点是在相同跨度和荷载条件下，由于推力的存在，拱的弯矩比梁小得多，主要承受压力，因而更能发挥材料的作用，并能利用抗拉性能较差而抗压性能较好的砖、石、混凝土等价格相对较低的材料来建造。**拱的主要缺点是要求比梁具有更为坚固的基础或支承结构(墙、柱、墩、台等)来承受水平推力**。可见，推力存在与否是区别拱与梁的主要标志。

三铰拱是由两个曲杆刚片与基础由三个不共线的铰两两相连组成的静定结构，如图 5-28(a)所示，由于该结构的内力不受温度变化和支座移动的影响，在实际工程中应用广泛，如某些大跨度房屋中的三铰拱屋架等。有时为减小支座承受的水平力，**可以在三铰拱支座间连以水平拉杆，由该拉杆承受水平力**，如图 5-28(b)所示。这种结构改善了支座的受力状况，使支座在结构承受竖向荷载作用的情况下只产生竖向的支座反力，这种结构叫作带拉杆的三铰拱。**为了减小水平拉杆在自重作用下的垂度，往往在拱内设吊杆**，如图 5-28(c)所示。

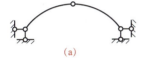
(a)
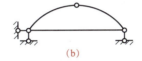
(b)
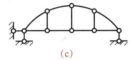
(c)

图 5-28 三铰拱

常见的三铰拱多是对称形式，如图 5-29 所示。三铰拱各截面形心的连线称为拱轴线；顶铰设于跨中称为**拱顶**；**两端支座处称为拱趾(或拱脚)**；两拱趾的连线称为起拱线；两拱趾间的距离称为拱的跨度(l)；起拱线至拱顶的距离称为**拱高**(或拱矢)(f)；拱高(f)与跨度(l)之比称为拱的**矢跨比**。矢跨比是拱的一个重要参数，工程中常用的拱结构，其矢跨比一般为 1/10～1/20。

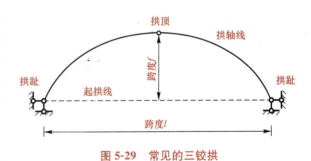

图 5-29 常见的三铰拱

二、拱的合理轴线

若在某种荷载下，拱的所有截面的弯矩均为零，即 $M=0$，这时该**拱的轴线称为合理拱轴线**。在不同类型荷载的作用下，拱具有不同的合理拱轴线。

(1)在满跨竖向均布荷载的作用下，三铰拱的合理拱轴线为二次抛物线，如图 5-30 所示。因此，房屋建筑中拱的轴线常采用抛物线。

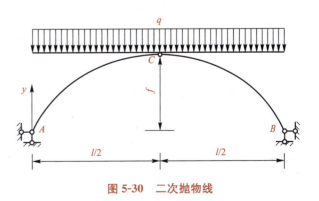

图 5-30 二次抛物线

(2) 三铰拱在径向均布荷载的作用下的合理拱轴线为圆弧线，如图 5-31(a)所示，污水管的合理拱轴线与三铰拱在径向均布荷载作用下的合理拱轴线相似，故经常采用圆形截面。

(3) 对称三铰拱在填土荷载作用下的合理拱轴线为悬链线，如图 5-31(b)所示。

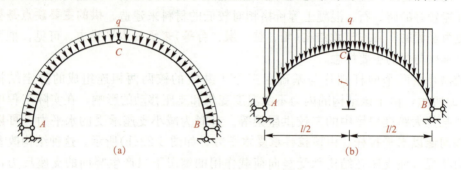

图 5-31　圆弧形与悬链线

只有在荷载确定的情况下才能确定三铰拱的合理拱轴线。而实际情况中荷载是变化的，因而不能得到真正的合理拱轴线，只能使拱轴线相对合理些，以减小拱内的弯矩。在拱式结构中，如果拱轴线选择合理，截面弯矩可以为零，而截面内产生的轴力较大。

在实际工程中的拱一般都是由砖、石、混凝土等材料制成的，这些材料的抗拉强度较低，但抗压强度较高，通过调整拱的轴线为合理拱轴线，使拱在任何确定的荷载作用下各截面上的弯矩值为零，这时拱截面上只有通过截面形心的轴向压力，使其压应力沿截面均匀分布，才能充分发挥材料的力学性能。但在设计、施工及使用过程中，必须保证拱的基础坚固可靠，能为拱提供足够的水平推力，否则将由于支座不能承受水平作用力而导致拱的破坏。

习　题

5-1　求图 5-32 所示各梁中指定截面上的剪力和弯矩。

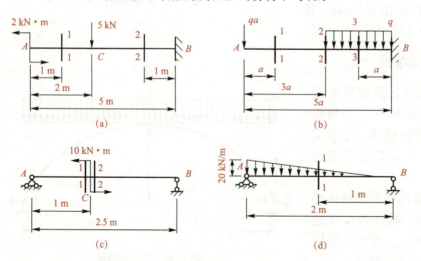

图 5-32　习题 5-1 配图

5-2 请用内力方程法作出图 5-33 所示各梁的内力图。

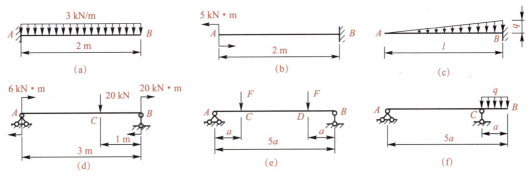

图 5-33 习题 5-2 配图

5-3 请用微分法作出图 5-34 所示各梁的内力图。

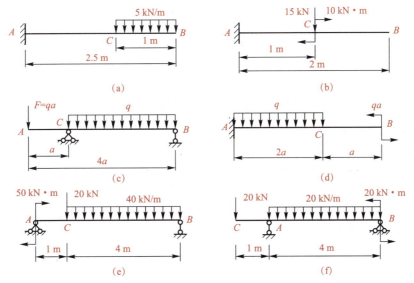

图 5-34 习题 5-3 配图

5-4 作出图 5-35 所示多跨静定梁的内力图。

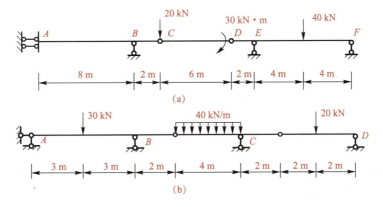

图 5-35 习题 5-4 配图

5-5 作出图 5-36 所示刚架的内力图。

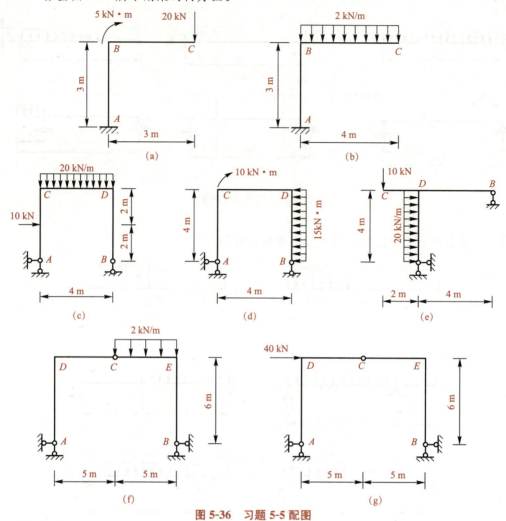

图 5-36 习题 5-5 配图

5-6 请判断图 5-37 所示结构中的零杆。

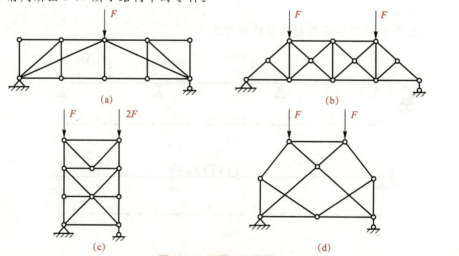

图 5-37 习题 5-6 配图

5-7 求图 5-38 所示桁架各杆的轴力。

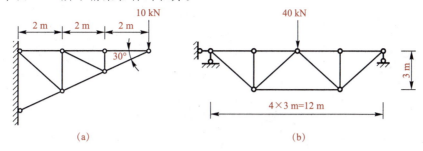

图 5-38 习题 5-7 配图

5-8 求图 5-39 所示桁架结构中指定杆件的内力。

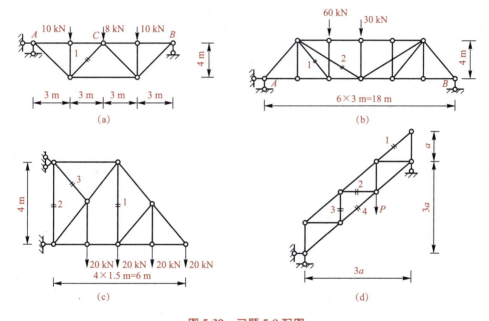

图 5-39 习题 5-8 配图

第六章 静定结构的位移

📌 内容摘要

本章在虚功原理的基础上建立了结构位移计算的公式,重点介绍静定结构在荷载作用、支座移动时所引起的位移计算。静定结构的位移计算是结构刚度计算以及超静定结构内力、位移计算的基础。

💡 学习目标

1. 了解结构位移的概念,了解结构位移计算的目的。
2. 了解结构在荷载作用下位移计算的公式。
3. 掌握用单位荷载法计算静定结构在荷载作用下的位移。
4. 熟练掌握用图乘法计算超静定梁和静定平面刚架在荷载作用下的位移。
5. 掌握静定结构由于支座移动引起的位移计算。

第一节 概 述

一、结构的位移

结构都是由变形材料制成的,当结构受到外部因素的作用时,它将产生变形和位移。变形是指形状的改变,位移是指某点位置或某截面位置和方位的移动。

图 6-1 所示的刚架,在荷载作用下发生了虚线所示的变形,杆端截面形心 A 移到了 A' 点,AA' 称为 A 点的**线位移**,记为 Δ_A。若将 Δ_A 沿水平和竖向分解,则其分量 Δ_{AH} 和 Δ_{AV} 分别称为 A 点的水平线位移和竖向线位移。同时,截面 A 还转动了一个角度,此角度称为截面 A 的**角位移**,用 φ_A 表示。

图 6-2 所示的刚架,在荷载作用下发生了虚线所示的变形,C、D 两点的水平线位移分别为 Δ_{CH} 和 Δ_{DH},两者之和称为 C、D 两点的水平相对线位移。A、B 两个截面的转角分别为 φ_A 和 φ_B,两者之和称为 A、B 两个截面的相对角位移。

将以上线位移、角位移、相对线位移及相对角位移统称为广义位移。

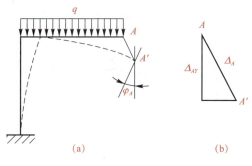
图 6-1 刚架位移

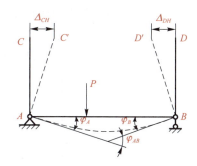
图 6-2 刚架相对位移

二、计算结构位移的目的

在工程设计和施工过程中,结构位移的计算较为重要,主要有下列目的:

(1) **校核结构的刚度**。结构在荷载作用下如果变形太大,即缺乏足够的刚度,即使不破坏也不能正常使用。例如,列车通过桥梁时,若桥梁的挠度(即竖向线位移)太大,则线路将不平顺,容易引起过大的冲击、振动,影响行车。

(2) **在结构的制作、架设、养护过程中,有时需预先知道结构的变形情况**,以便采取一定的施工措施,因而也需进行位移计算。图 6-3 所示为悬臂拼装架梁的示意图。在正常使用时,该简支梁的最大挠度在跨中,而在施工时悬臂端 B 处的挠度最大,该挠度值也成为结构设计时的控制因素之一。

图 6-3 悬臂拼装架梁的示意图

(3) 为超静定结构的弹性分析打下基础。在弹性范围内分析超静定结构时,除利用静力平衡条件外,还需要考虑变形协调条件,因此需计算结构的位移。

另外,在结构的动力计算和稳定计算中,也需计算结构的位移。因此,结构位移的计算在工程中具有非常重要的意义。

第二节 静定结构在荷载作用下的位移计算

一、荷载作用下的位移计算公式

图 6-4(a)所示的结构,在给定的荷载作用下发生了图中虚线所示的变形,图 6-4(b)所示为虚拟力状态,即在该结构的 K 点处沿水平方向加上一个单位荷载 $\overline{F}$, F 加一杠表示虚

拟荷载。结构在荷载作用下的状态作为位移的实际状态。由虚功原理可得(推导略)

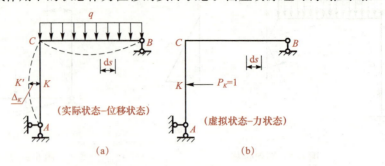

图 6-4 位移状态与力状态

$$\Delta_K = \sum \int_l \frac{M\overline{M}}{EI}ds + \sum \int_l \frac{kF_s\overline{F_s}}{GA}ds + \sum \int_l \frac{F_N\overline{F_N}}{EA}ds \tag{6-1}$$

式中 M，F_s，F_N——实际位移状态中由荷载引起的结构内力；

$\overline{M}$，$\overline{F_s}$，$\overline{F_N}$——虚拟力状态中由荷载引起的结构内力；

EI，GA，EA——杆件的弯曲刚度、剪切刚度、抗压刚度；

k——切应力分布不均匀系数，与截面的形状有关。

式(6-1)为结构在荷载作用下的位移计算公式。**上述计算结构位移的方法称为单位荷载法。**

对于梁和刚架，轴向变形和剪切变形的影响甚小，**其位移的计算只考虑弯曲变形一项**的影响已足够。式(6-1)可简化为

$$\Delta = \sum \int_l \frac{\overline{M}Mds}{EI} \tag{6-2}$$

对于平面桁架，杆内只有轴力，且同一杆件的轴力 $\overline{F_N}$、F_N 和 EA 沿杆长 l 均为常数，故式(6-1)可简化为

$$\Delta = \sum \int_l \frac{\overline{F_N}F_N}{EA}ds = \sum \frac{\overline{F_N}F_N l}{EA} \tag{6-3}$$

对于组合结构，**只考虑受弯杆的弯曲变形影响和链杆的轴向变形影响**，式(6-1)可简化为

$$\Delta = \sum \int_l \frac{\overline{M}Mds}{EI} + \sum \frac{\overline{F_N}F_N l}{EA} \tag{6-4}$$

二、虚单位荷载的设置

应特别强调的是，单位荷载必须根据所求位移而假设，也即虚设单位荷载必须是与所求广义位移相应的广义力。图 6-5(a)所示的悬臂刚架，横梁上作用有竖向荷载 q，当求此荷载作用下的不同位移时，其虚设单位荷载有以下几种不同情况：

(1)求 A 点的水平线位移时，应在 A 点沿水平方向加一单位集中力，如图 6-5(b)所示。

(2)求 A 点的角位移时，应在 A 点加一单位力偶，如图 6-5(c)所示。

(3)求 A、B 两点的相对线位移(即 A、B 两点之间相互靠拢或拉开的距离)时，应在 A、B 两点沿 AB 连线方向加一对反向的单位集中力，如图 6-5(d)所示。

(4)求 A、B 两截面的相对角位移时，应在 A、B 两截面处加一对反向的单位力偶，如图 6-5(e)所示。

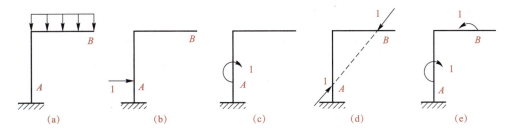

图 6-5 虚单位荷载

利用单位荷载法计算结构位移的步骤如下：
(1)根据欲求位移选定相应的虚拟状态。
(2)列出结构各杆段在虚拟状态下和实际荷载作用下的内力方程。
(3)将各内力方程分别代入位移计算公式，分段积分求总和即可计算出所求位移。

例 6-1 求图 6-6(a)所示悬臂梁 B 端的竖向位移 Δ_{BV}。设 EI 为常数。

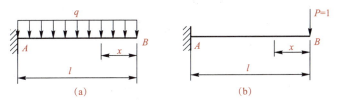

图 6-6 例 6-1 配图

解： 在 B 截面加一单位力 $P=1$，建立图 6-6(b)所示的虚拟状态。
以 B 点为坐标原点，分别列出实际荷载作用和单位荷载作用下的弯矩方程：

$$M=-\frac{1}{2}qx^2 \quad (0\leqslant x\leqslant l)$$

$$\overline{M}=-x \quad (0\leqslant x\leqslant l)$$

由式(6-2)可得

$$\Delta_{BV}=\sum\int_0^l \frac{M\overline{M}}{EI}\mathrm{d}s=\frac{1}{EI}\int_0^l\left(-\frac{1}{2}qx^2\right)(-x)\mathrm{d}x=\frac{ql^4}{8EI}(\downarrow)$$

计算结果为正值，表明 Δ_{BV} 方向与假设方向相同。

例 6-2 求图 6-7(a)所示的桁架 C 点的竖向位移 Δ_{CV}。设各杆材料相同，$E=2\times 10^6 \text{ kN/m}^2$，$A=3\times 10^{-3} \text{ m}^2$。

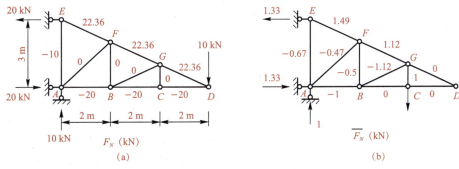

图 6-7 例 6-2 配图

解：在 C 点加一单位力，建立图 6-7(b) 所示的虚拟状态。

作出荷载作用下的桁架内力图，如图 6-7(a) 所示；作出单位力作用下的桁架内力图，如图 6-7(b) 所示。

将 F_P、F 代入式(6-3)可得

$$\Delta_{CV} = \sum \frac{\overline{F_N}F_N l}{EA}$$

$$= \frac{1}{EA}[(-0.67)\times(-10)\times 3 + 1.49\times 22.36\times\sqrt{5} + 1.12\times 22.36\times\sqrt{5} + (-1)\times(-20)\times 2]$$

$$= \frac{190.59}{2\times 10^6\times 3\times 10^{-3}} = 0.03(\text{m})(\downarrow)$$

第三节 图 乘 法

一、图乘法原理

(一)计算公式

在计算梁及刚架在荷载作用下的位移时，需要计算积分：

$$\Delta = \sum\int_l \frac{\overline{M}M\mathrm{d}s}{EI}$$

计算过程往往较为繁杂。

如果所考虑的问题满足下述条件——杆轴为直线；$EI=$ 常数；$\overline{M}$、M 两个弯矩图中至少有一个是直线图形(不含折线)，**则可用图乘法来代替积分运算**，从而使计算得到简化。

图 6-8 所示的等截面直杆 AB 上的两个弯矩图，$\overline{M}$ 图为一段直线，而 M 图为任意形状。现以 $\overline{M}$ 图的基线为 x 轴，以 $\overline{M}$ 图的延长线与 x 轴的交点 O 为原点，建立 xOy 坐标系，则积分式可写成 $\Delta = \int_A^B \frac{\overline{M}M\mathrm{d}s}{EI}$。由 $\overline{M}$ 图可知 $\overline{M} = x\cdot\tan\alpha$，代入上式中可得

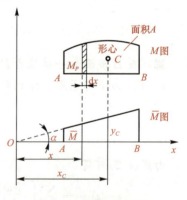

图 6-8 等截面直杆

$$\Delta = \int_A^B \frac{\overline{M}M\mathrm{d}s}{EI} = \frac{\tan\alpha}{EI}\int_A^B x\cdot M\mathrm{d}x = \frac{\tan\alpha}{EI}\int_A^B x\cdot \mathrm{d}A$$

上式中 $\mathrm{d}A = M\cdot\mathrm{d}x$ 为 M 图中阴影部分的微面积，而 $x\cdot\mathrm{d}A$ 就是这个微面积对 x 轴的静矩，整个 M 图的面积对 y 轴的静矩可写成 $\int_A^B x\cdot\mathrm{d}A = A\cdot x_C$，代入上式中可得

$$\Delta = \int_A^B \frac{\overline{M}M\mathrm{d}s}{EI} = \frac{\tan\alpha}{EI}\cdot A\cdot x_C$$

又因 $x_C\cdot\tan\alpha = y_C$，而 y_C 为 M 图的形心 C 处所对应的 $\overline{M}$ 图的竖标，故可将上式写成

$$\Delta = \int_A^B \frac{\overline{M}M\mathrm{d}s}{EI} = \frac{1}{EI}\cdot A\cdot y_C$$

由此可知，计算位移的积分就等于一个弯矩图的面积 A 乘以其形心所对应的另一个直

线弯矩图上的竖标 y_C，再除以杆段弯曲刚度 EI，此法即图乘法。

如果结构上所有各杆段均可图乘，则位移计算公式为

$$\Delta = \sum \int_l \frac{\overline{M}M\mathrm{d}s}{EI} = \sum \frac{Ay_C}{EI} \tag{6-5}$$

用图乘法进行计算时应注意以下几点：

(1) 在图乘前应先对图形进行分段处理，保证 $\overline{M}$ 图、M 图中至少有一个是直线图形。

(2) 面积 A 与竖标 y_C 分别取自两个弯矩图，y_C 必须从直线图形上取得。若 $\overline{M}$ 图、M 图均为直线图形，也可用 $\overline{M}$ 图的面积乘以其形心所对应的 M 图的竖标计算。

(3) 当面积 A 与竖标 y_C 在杆件的同一侧时，乘积 Ay_C 取正号，在异侧时取负号。

(二)图乘法应用技巧

在应用图乘法时，需要计算图形的面积 A 及该图形形心 C 的位置。常见简单图形的面积及形心位置如图 6-9 所示。在应用抛物线图形的公式时，必须注意抛物线在顶点处的切线必须与基线平行，即所谓标准抛物线。

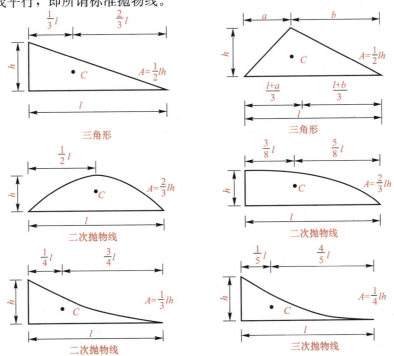

图 6-9 常见图形的面积及形心位置

利用图乘法计算时，如果两个弯矩图一个是曲线，另一个是折线，可从转折点处分段再相加，如图 6-10(a)所示，可分三段计算；如果杆件各段的 EI 不同，则从 EI 变化处分段，如图 6-10(b)所示，可分两段计算。

根据图 6-10(a)有

$$\Delta = \frac{1}{EI}(A_1 y_1 + A_2 y_2 + A_3 y_3)$$

根据图 6-10(b)有

$$\Delta = \frac{1}{EI}(A_1 y_1 + A_2 y_2)$$

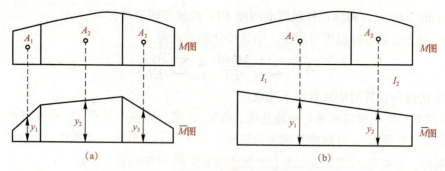

图 6-10 图乘分段

当图形构成复杂时，则可将复杂图形分解成若干简单图形，然后再进行图乘，如图 6-11 所示。

$$\Delta = \frac{1}{EI}[A_1(y_1+y_2)+A_2(y_3+y_4)]$$

上式中，$A_1=\frac{al}{2}$，$A_2=\frac{bl}{2}$，$y_1=\frac{2c}{3}$，$y_2=\frac{d}{3}$，$y_3=\frac{c}{3}$，$y_4=\frac{2d}{3}$。

代入上式可得 $\Delta = \frac{1}{EI}\left[\frac{al}{2}\left(\frac{2c}{3}+\frac{d}{3}\right)+\frac{bl}{2}\left(\frac{c}{3}+\frac{2d}{3}\right)\right]=\frac{l}{6EI}(2ac+2bd+ad+bc)$。

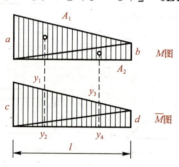

图 6-11 图乘分解图形

对于图 6-12 所示由均布荷载 q 所引起的 M 图，可以将其看成由三角形与相应简支梁在均布荷载作用下的弯矩图叠加而成，后者即虚线与曲线之间所围部分，故有

$$\Delta = \frac{1}{EI}\left[\left(\frac{al}{2}\right)\times\left(\frac{2c}{3}+\frac{d}{3}\right)-\left(\frac{2}{3}\cdot l\cdot\frac{ql^2}{8}\right)\times\left(\frac{c+d}{2}\right)\right]$$

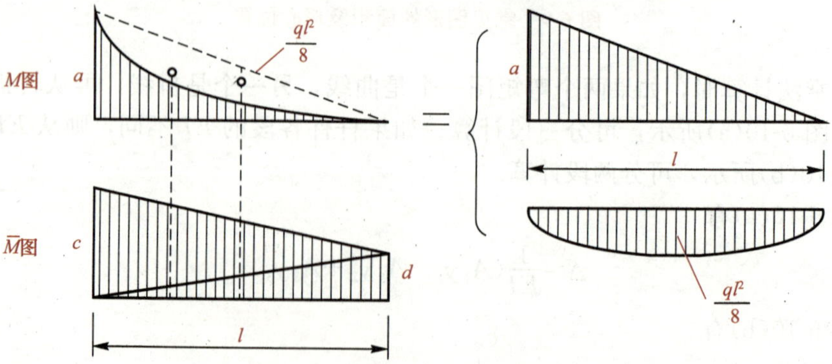

图 6-12 图乘法叠加案例

二、图乘法计算应用

用图乘法计算位移的步骤如下：

(1) 画出结构在实际荷载作用下的弯矩图。

(2) 根据所求位移设定相应的虚拟状态，画出结构在虚拟状态下的单位弯矩图。

(3) 分段计算一个弯矩图形的面积 A 及其形心所对应的另一个弯矩图形的竖标 y_C。

(4) 将 A 与 y_C 代入图乘法公式计算所求位移。

例 6-3 求图 6-13(a)所示的简支梁 A 端角位移 φ_A，EI 为常数。

解：(1)实际荷载作用下的弯矩图 M 如图 6-13(b)所示。

(2)在 A 端加单位力偶 $m=1$，其单位弯矩图 $\overline{M}$ 如图 6-13(c)所示。

(3)M 图的面积及其形心对应 $\overline{M}$ 图的竖标分别为

$$A=\frac{2}{3}\times\frac{1}{8}ql^2\times l=\frac{ql^3}{12},\quad y_C=\frac{1}{2}$$

(4)计算 φ_A。

$$\varphi_A=\frac{1}{EI}Ay_C=\frac{1}{EI}\times\frac{1}{12}ql^3\times\frac{1}{2}=\frac{ql^3}{24EI}$$

图 6-13 例 6-3 配图

例 6-4 求图 6-14(a)所示外伸梁 C 点的竖向位移 Δ_{CV}，EI 为常数。

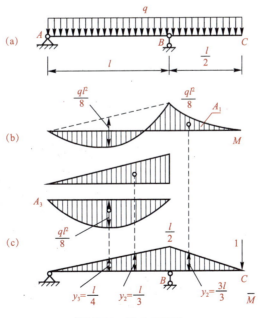

图 6-14 例 6-4 配图

解：(1)实际荷载作用下的弯矩图如图 6-14(b)所示。

(2)在 C 端加竖向单位力 1，其单位弯矩图如图 6-14(c)所示。

(3)计算 A 和 y_C。计算 M 图的面积时,BC 段的 M 图是标准二次抛物线,而 AB 段的 M 图不是标准二次抛物线,但可将其分解为一个三角形和一个标准二次抛物线图形,如图 6-14(b)所示。

BC 段:$A_1 = \frac{1}{3} \times \frac{l}{2} \times \frac{1}{8}ql^2 = \frac{1}{48}ql^3$,$y_1 = \frac{3}{4} \times \frac{l}{2} = \frac{3l}{8}$

AB 段:$A_2 = \frac{1}{2}l \times \frac{1}{8}ql^2 = \frac{1}{16}ql^3$,$y_2 = \frac{2}{3} \times \frac{l}{2} = \frac{l}{3}$;

$A_3 = \frac{2}{3}l \times \frac{1}{8}ql^2 = \frac{1}{12}ql^3$,$y_2 = \frac{1}{2} \times \frac{l}{2} = \frac{l}{4}$

(4)计算位移。

$$\Delta_{CV} = \frac{1}{EI}(A_1 y_1 + A_2 y_2 - A_3 y_3) = \frac{1}{EI}\left(\frac{ql^3}{48} \times \frac{3}{8}l + \frac{ql^3}{16} \times \frac{l}{3} - \frac{ql^3}{12} \times \frac{l}{4}\right) = \frac{ql^4}{128EI}(\downarrow)$$

例 6-5 求图 6-15(a)所示刚架 B 点的水平位移,EI 为常数。

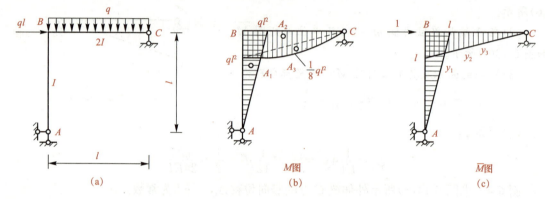

图 6-15 例 6-5 配图

解:(1)实际荷载作用下的弯矩图如图 6-15(b)所示。
(2)在 B 端加横向单位力 1,其单位弯矩图如图 6-15(c)所示。
(3)计算 A 和 y_C。

$A_1 = \frac{1}{2} \cdot l \cdot ql^2 = \frac{ql^3}{2}$,$y_1 = \frac{2}{3}l$;

$A_2 = \frac{1}{2} \cdot l \cdot ql^2 = \frac{ql^3}{2}$,$y_2 = \frac{2}{3}l$;

$A_3 = \frac{2}{3} \cdot l \cdot \frac{ql^2}{8} = \frac{ql^3}{12}$,$y_3 = \frac{1}{2}l$。

(4)位移计算。

$$\Delta_{BH} = \frac{1}{EI}A_1 y_1 + \frac{1}{E \cdot 2I}(A_2 y_2 + A_3 y_3) = \frac{25ql^4}{48EI}(\rightarrow)$$

第四节 静定结构由于支座移动引起的位移计算

静定结构由于支座移动或制造误差,不引起任何内力且其内部也不产生变形,但整个结构产生刚体位移。例如图 6-16(a)所示的刚架，其支座发生竖向位移 C_1、水平位移 C_2 和转角 C_3，致使整个结构移动到了虚线所示位置。

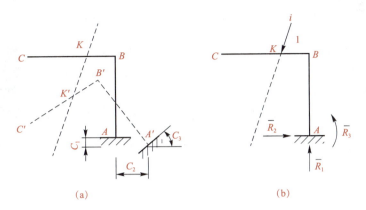

图 6-16 支座移动的位移
(a)实际状态；(b)虚拟状态

在 K 点沿 $i-i$ 方向加一虚拟单位力 1，由虚功原理可得（推导略）

$$\Delta_{Ki} = -\sum \overline{R} C \tag{6-6}$$

式中　$\overline{R}$——虚拟状态下的支座反力；
　　　C——实际状态下的支座位移。

式(6-6)就是静定结构在支座移动时的位移计算公式。当 $\overline{R}$ 与 C 方向一致时，两者乘积取正号，否则取负号。

例 6-6　图 6-17(a)所示为静定刚架，若支座 A 发生图示的位移：$a=1$ cm, $b=1.5$ cm。求 C 点的水平位移 Δ_{CH}。

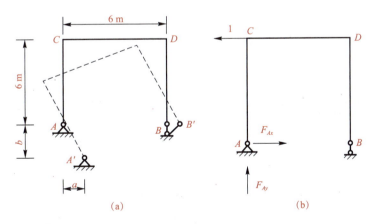

图 6-17　例 6-6 配图

解：在 C 点加单位力 1，虚拟状态如图 6-17(b)所示，由静力平衡方程可得：$F_{Ax}=1$，$F_{Ay}=1$。由式(6-6)可得 C 点的水平位移：

$$\Delta_{CH} = -[1 \times 1 + 1 \times (-1.5)] = 0.5 (\text{cm})(\leftarrow)$$

习 题

6-1 求图 6-18 所示结构 C 点的竖向位移,EI 为常数。

6-2 求图 6-19 所示悬臂梁自由端的竖向位移,EI 为常数。

6-3 求图 6-20 所示结构 C 截面的转角。

6-4 如图 6-21 所示,桁架各杆截面均为 $A=24 \text{ cm}^2$,$E=2.2\times 10^4 \text{ kN/cm}^2$,$F=30 \text{ kN}$,$d=2 \text{ m}$。求结点 C 的竖向位移 Δ_{CV}。

6-5 计算图 6-22 所示刚架截面 D 的竖向位移 Δ_{DV},刚架各杆的 EI 为常数。

参考答案

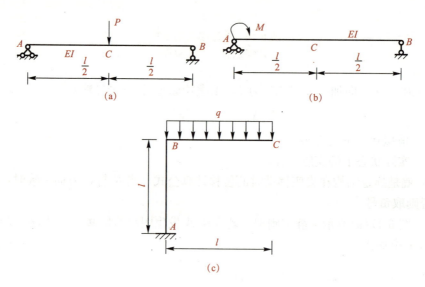

图 6-18 习题 6-1 配图

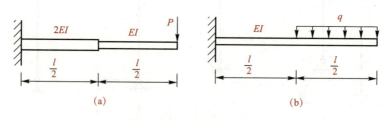

图 6-19 习题 6-2 配图

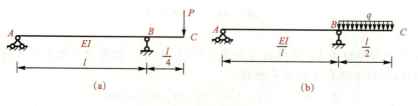

图 6-20 习题 6-3 配图

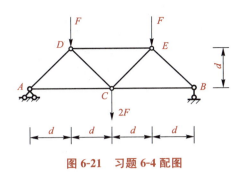

图 6-21 习题 6-4 配图

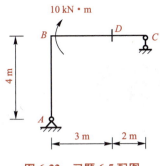

图 6-22 习题 6-5 配图

6-6 图 6-23 所示为刚架，若支座 A 发生如图所示的位移：$a=1.2$ cm，$b=1.4$ cm，求 B 点的水平位移 Δ_{BH}、竖直位移 Δ_{BV}。

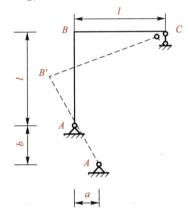

图 6-23 习题 6-6 配图

第七章 力 法

内容摘要

本章主要介绍计算超静定结构的基本方法——力法。在力法计算中,把多余的未知力作为基本未知量,以解除多余约束的静定结构作为力学分析的基础,由位移条件建立力法方程,从而求出多余未知力。

学习目标

1. 掌握超静定次数的确定方法。
2. 掌握力法的基本原理和计算步骤,熟练掌握用力法计算简单超静定梁和刚架的内力。
3. 了解对称结构与对称荷载的概念,掌握对称结构的计算方法。

第一节 概 述

一、超静定结构的概念

超静定结构与静定结构是两种不同类型的结构。若结构的支座反力和各截面的内力都可以用静力平衡条件唯一确定,这种结构称为静定结构,图 7-1(a)所示的结构即静定结构;**若结构的支座反力和各截面的内力不能完全由静力平衡条件唯一确定,则称之为超静定结构**,图 7-1(b)所示的结构即超静定结构。

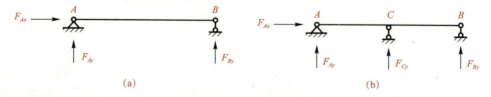

图 7-1 静定结构与超静定结构
(a)静定结构;(b)超静定结构

二、超静定次数的确定

从几何构造上来看,超静定次数即超静定结构中多余约束的个数。在图 7-1(b)中,多余约束数为一个,则该结构为一次超静定结构。

在分析结构超静定次数时,可以逐步将超静定结构中的多余约束去除,使其变为静定结构,拆除的多余约束数即原超静定结构的超静定次数。另外,需要注意以下几点:

(1)拆除一根链杆,等于去掉一个约束,如图 7-2(a)、(b)所示。

(2)拆除一个铰支座或撤去一个单铰,等于去掉两个约束,如图 7-2(c)、(d)所示。

(3)拆除一个固定端或切断一个梁式杆,等于去掉三个约束,如图 7-2(e)所示。

(4)将一刚结点改为单铰联结,或将一个固定支座改为固定铰支座等于去掉一个约束,如图 7-2(f)所示。

(5)不能将原结构拆成一个几何可变体系。

(6)要将多余约束全部拆除。

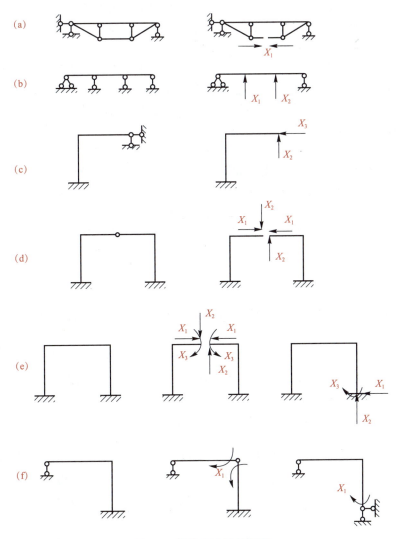

图 7-2 超静定次数的确定

简而言之，超静定次数＝多余联系的个数＝把原结构变成静定结构时所需撤除的联系的个数，而力法的基本结构即去掉多余联系代以多余未知力后所得到的静定结构。

第二节　力法的基本原理和典型方程

一、力法的基本原理

力法是分析超静定结构的最基本的方法，其实质是先求出多余约束的约束反力，从而将超静定结构转化为静定结构。对静定结构可通过静力平衡方程求解结构的约束反力，进而求解结构的内力。但是超静定结构中由于有多余约束，已不可能通过静力平衡方程求解结构的所有约束反力和内力。如果通过某种渠道能先计算出多余约束反力，在此基础上将多余约束反力视为已知外力，也就相当于没有多余约束的静定问题了，超静定结构随之转化为静定结构。但是，求解多余约束力仅用静力平衡条件是不够的，因为约束不仅有产生约束反力的问题，而且约束对被约束结构还有位移限制。显然，应从被限制的位移的角度着手，去寻求多余约束的约束反力的计算方法。

下面通过图 7-3(a)所示单跨超静定梁的求解说明用力法求解的基本原理和步骤。

首先将 B 端支座链杆截断，并代之以未知反力 X_1，如图 7-3(b)所示，**其称为力法的基本结构**，基本结构的受力情况和变形情况与原结构完全相同，因此 B **点的竖向位移应满足原结构的约束条件**，即

$$\Delta_1 = 0 \tag{a}$$

将基本体系分解为 P 单独作用，如图 7-3(c)所示，以及多余未知力 X_1 单独作用，如图 7-3(d)所示，这时 B 端的竖向位移分别为 Δ_{1P}、Δ_{11}，存在以下关系：

$$\Delta_1 = \Delta_{11} + \Delta_{1P} \tag{b}$$

又因假定了图中结构满足线弹性条件，于是 Δ_{11} 与 X_1 满足下列线性关系：

$$\Delta_{11} = \delta_{11} X_1 \tag{c}$$

将式(b)和式(c)代入式(a)可得

$$\delta_{11} X_1 + \Delta_{1P} = 0 \tag{7-1}$$

式(7-1)即用力法求解图 7-3(a)所示问题的力法方程，将 δ_{11} 和 Δ_{1P} 计算出来后便可解出未知力 X_1。式中，Δ_{1P} 称为**自由项**；X_1 **为多余未知力，也称为力法的基本未知量**。

方程中的自由项 Δ_{1P} 和系数 δ_{11} 一般采用位移计算公式来计算。系数 δ_{11} 为基本结构的 B 端在竖向单位力 $\overline{X_1}=1$ 的作用下产生的位移，$\overline{X_1}$ 作用下的弯矩图如图 7-3(e)所示，应用图乘法由该图图乘(自乘)可得

$$\delta_{11} = \frac{1}{EI} \cdot \frac{1}{2} \cdot l \cdot \frac{2}{3} l = \frac{l^3}{3EI}$$

由 Δ_{1P} 的物理含义可知，它是图 7-3(c)中荷载 P 在 B 端沿 $\overline{X_1}$ 方向引起的位移，作相应的 M 图，如图 7-3(f)所示，应用图乘法将图 7-3(e)与图 7-3(f)相乘得

$$\Delta_{1P} = \frac{1}{EI}\left[-\frac{1}{2} \cdot \frac{l}{2} \cdot \frac{Pl}{2}\left(\frac{2}{3}l + \frac{1}{3} \cdot \frac{l}{2}\right)\right] = -\frac{5Pl^3}{48EI}$$

由式(7-1)可得 $X_1 = -\dfrac{\Delta_{1P}}{\delta_{11}} = \dfrac{5}{16}P(\uparrow)$。

多余未知力 X_1 算出后，可按下列叠加公式作原结构的弯矩图：

$$M = X_1 \overline{M_1} + M_P$$

例如，原结构 A 端的弯矩如下：

$$M_{AC} = X_1 \overline{M_1}^{AC} + M_P^{AC} = \frac{5}{16} P \cdot l + \left(-\frac{1}{2} Pl\right) = -\frac{3}{16} Pl（上侧受拉）$$

用同样的方法可计算跨中弯矩的数值，最后得到原结构的弯矩图，如图 7-3(g) 所示，其称为最后弯矩图。作出最后弯矩图后，便可进一步作出最后剪力图与最后轴力图(本例中 $F_N = 0$)。

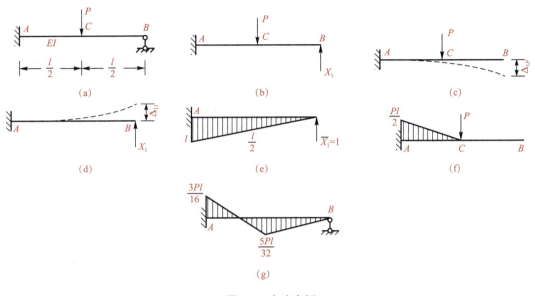

图 7-3 力法案例

二、力法的典型方程

用力法计算超静定结构的关键在于根据位移条件建立力法的基本方程，以求解多余力。对于多次超静定结构，其计算原理与一次超静定结构完全相同。下面对用力法求解多次超静定结构的基本原理作进一步说明。

图 7-4(a) 所示为一个三次超静定结构，在荷载作用下结构的变形如图中虚线所示。用力法求解时，去掉支座 C 的三个多余约束，并以相应的多余力 X_1、X_2 和 X_3 代替所去掉约束的作用，则得到图 7-4(b) 所示的**基本结构**。由于原结构在支座 C 处不可能有任何位移，因此，在承受原荷载和全部多余力的基本结构上，也必须与原结构变形相符，**在 C 点处沿多余力 X_1、X_2 和 X_3 方向的相应位移 Δ_1、Δ_2 和 Δ_3 都应等于零**。

根据叠加原理，在基本结构上可分别求出位移 Δ_1、Δ_2 和 Δ_3。基本结构在单位力 $\overline{X_1} = 1$ 的单独作用下，C 点沿 X_1、X_2 和 X_3 方向所产生的位移分别为 δ_{11}、δ_{21} 和 δ_{31}，如图 7-4(c) 所示，事实上 X_1 并不等于 1，因此将图 7-4(c) 乘上 X_1 倍后，即得 X_1 作用时 C 点的水平位移 $\delta_{11} X_1$、竖向位移 $\delta_{21} X_1$ 和角位移 $\delta_{31} X_1$。同理，由图 7-4(d) 得 X_2 单独作用时 C 点的水平位移 $\delta_{12} X_2$、竖向位移 $\delta_{22} X_2$ 和角位移 $\delta_{32} X_2$；由图 7-4(e) 得 X_3 单独作用时 C 点的水平位移 $\delta_{13} X_3$、竖向位移 $\delta_{23} X_3$ 和角位移 $\delta_{33} X_3$；在图 7-4(f) 中，Δ_{1P}、Δ_{2P} 和 Δ_{3P} 依次表示在荷载作用下基本结构在 C 点产生的水平位移、竖向位移和角位移。

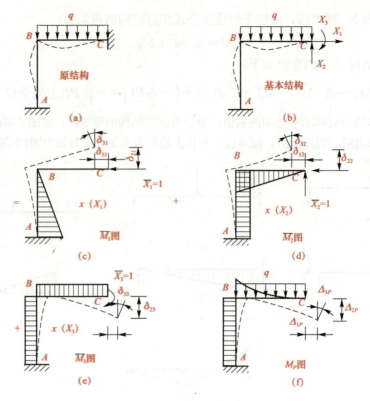

图 7-4 三次超静定结构

根据叠加原理，可将基本结构满足的位移条件表示为

$$\left.\begin{aligned}\Delta_1 &= \delta_{11}X_1 + \delta_{12}X_2 + \delta_{13}X_3 + \Delta_{1P} = 0\\ \Delta_2 &= \delta_{21}X_1 + \delta_{22}X_2 + \delta_{23}X_3 + \Delta_{2P} = 0\\ \Delta_3 &= \delta_{31}X_1 + \delta_{32}X_2 + \delta_{33}X_3 + \Delta_{3P} = 0\end{aligned}\right\} \tag{7-2}$$

这就是求解多余力 X_1、X_2 和 X_3 所要建立的**力法方程**。其物理意义是：在基本结构中由于全部多余力和已知荷载的共同作用，去掉多余约束的位移应与原结构中相应的位移相等。

用同样的分析方法，可以建立力法的一般方程。对于 n 次超静定结构，用力法计算时，可去掉 n 个多余约束得到静定的基本结构，将去掉的 n 个多余约束代之以 n 个多余未知力。当原结构在去掉多余约束处的位移为零时，相应地有 n 个已知的位移条件：$\Delta_i = 0 (i = 1, 2, \cdots, n)$。其力法方程为

$$\left.\begin{aligned}\Delta_1 &= \delta_{11}X_1 + \delta_{12}X_2 + \delta_{13}X_3\Delta_{1P} + \cdots + \delta_{1n}X_n + \Delta_{1P} = 0\\ \Delta_2 &= \delta_{21}X_1 + \delta_{22}X_2 + \delta_{23}X_3\Delta_{2P} + \cdots + \delta_{2n}X_n + \Delta_{2P} = 0\\ &\cdots\\ \Delta_n &= \delta_{n1}X_1 + \delta_{n2}X_2 + \delta_{n3}X_3\Delta_{3P} + \cdots + \delta_{nn}X_n + \Delta_{nP} = 0\end{aligned}\right\} \tag{7-3}$$

在式(7-3)中，从左上方至右下方的主对角线（自左上方的 δ_{11} 至右下方的 δ_{nn}）上的系数 δ_{ii} 称为**主系数**，δ_{ii} 表示当单位力 $\overline{X}_i = 1$ 单独作用在基本结构上时，沿其 X_i 自身方向所引起的位移，它可利用 $\overline{M}_i$ 图自乘求得，其值恒为正且不会等于零。位于主对角线两侧的其他系数

$δ_{ij}(i≠j)$称为**副系数**，它们是单位力$\overline{X_j}=1$单独作用在基本结构上时，沿未知力X_i方向上所产生的位移，可利用$\overline{M_i}$图与$\overline{M_j}$图图乘求得。**根据位移互等定理可知，副系数$δ_{ij}$与$δ_{ji}$是相等的**，即$δ_{ij}=δ_{ji}$。方程组中最后一项$Δ_{iP}$不含未知力，称为自由项，它是荷载单独作用在基本结构上时，沿多余力X_i方向上产生的位移，可通过M_P图与$\overline{M_i}$图图乘求得。**副系数和自由项可能为正值，可能为负值，也可能为零。**

上列方程组在组成上具有一定的规律，而且无论基本结构如何选取，只要是n次超静定结构，它们在荷载作用下的力法方程都与式(7-2)相同，**故称为力法的典型方程**。

按前面求静定结构位移的方法求得典型方程中的系数和自由项后，即可解得多余力X_i，然后可按静定结构的分析方法求得原结构的全部反力和内力，**或按下述叠加公式求出弯矩**：

$$M=X_1\overline{M_1}+X_2\overline{M_2}+\cdots+X_n\overline{M_n}+M_P \tag{7-4}$$

再根据其平衡条件，可求得其剪力和轴力。

三、力法的计算步骤

综上所述，用力法计算超静定结构的步骤可概括如下：

(1)选取基本结构。判断结构的超静定次数，**将结构的某些约束支座指定为多余约束并截断，得到一个静定结构，即基本结构**。

(2)建立力法典型方程。**写出原结构多余约束处沿多余约束方向的位移约束条件，建立力法方程**。

(3)计算力法方程中的系数与自由项。需分别绘出基本结构在单位多余未知力作用下的内力图和在荷载作用下的内力图，或写出内力表达式，然后按求**静定结构位移的方法计算各系数和自由项**。

(4)解力法方程。将计算所得各系数和自由项代入力法方程，解出多余未知力。

(5)利用平衡条件作最后内力图。

四、力法的计算应用

例7-1 以力法计算图7-5(a)所示刚架结构的内力，并绘制内力图。

解：(1)确定超静定次数，选取基本结构。此刚架具有一个多余约束，是一次超静定结构，去掉支座链杆C即静定结构，并用X_1代替支座链杆C的作用，得基本结构如图7-5(b)所示。

(2)建立力法方程。原结构在支座C处的竖向位移$Δ_1=0$，根据位移条件可得力法的典型方程如下：

$$δ_{11}X_1+Δ_{1P}=0$$

(3)求系数和自由项。作$\overline{X_1}=1$单独作用于基本结构的弯矩图($\overline{M_1}$图)如图7-5(c)所示。再作荷载单独作用于基本结构时的弯矩图(M_P图)，如图7-5(d)所示，然后利用图乘法计算系数和自由项：

$$δ_{11}=\frac{1}{EI}\left(\frac{1}{2}×4×4×\frac{2}{3}×4+4×4×4\right)=\frac{256}{3EI}$$

$$Δ_{1P}=-\frac{1}{EI}\left(\frac{1}{3}×80×4×4\right)=-\frac{1280}{3EI}$$

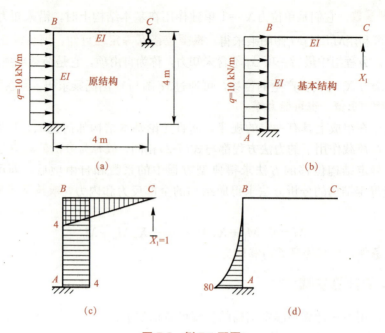

图 7-5 例 7-1 配图

(a)原结构;(b)基本结构;(c)M_1 图;(d)M_P 图

(4)求解多余未知力。

$$\frac{256}{3EI}X_1 - \frac{1\,280}{3EI} = 0$$

解方程得 $X_1 = 5$ kN(↑)。

(5)根据叠加法：$M = \overline{M}_1 X_1 + M_P$。作弯矩内力图，如图 7-6(a)所示。轴力图和剪力图可依据杆端弯矩确定或按静定结构作剪力图和轴力图的方法确定，如图 7-6(b)、(c)所示。

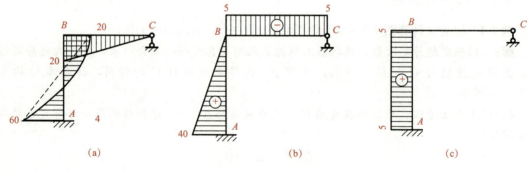

图 7-6 例 7-1 内力图

(a)M 图;(b)F_S 图(kN);(c)F_N 图(kN)

例 7-2 以力法计算图 7-7(a)所示刚架结构的内力，并绘制内力图。

解：(1)确定超静定次数，选取基本结构。此刚架有两个多余约束，是两次超静定结构，去掉刚架 B 处的两根支座链杆即静定结构，并用 X_1 和 X_2 代替刚架 B 处的约束作用，得基本结构如图 7-7(b)所示。

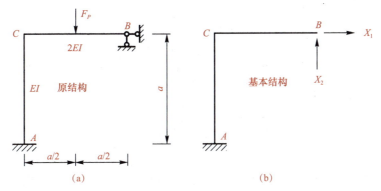

图 7-7 例 7-2 配图

(2)建立力法典型方程。

$$\left.\begin{array}{l}\delta_{11}X_1+\delta_{12}X_2+\Delta_{1P}=0\\ \delta_{21}X_1+\delta_{22}X_2+\Delta_{2P}=0\end{array}\right\}$$

(3)给出各单位弯矩和荷载弯矩图,如图 7-8(a)、(b)、(c)所示,由图乘法可得各系数和自由项。

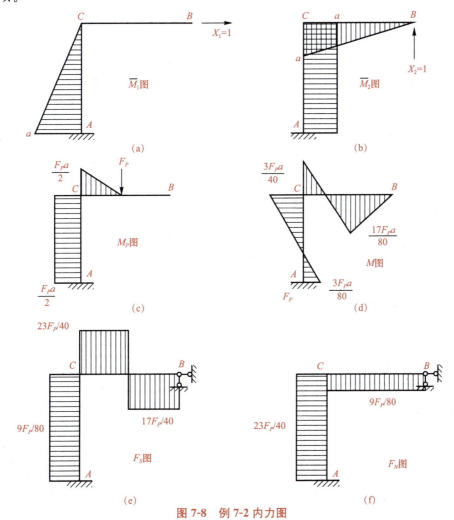

图 7-8 例 7-2 内力图

$$\delta_{11}=\frac{1}{EI}\left(\frac{a^2}{2}\times\frac{2a}{3}\right)=\frac{a^3}{3EI}$$

$$\delta_{22}=\frac{1}{2EI}\left(\frac{a^2}{2}\times\frac{2a}{3}\right)+\frac{1}{EI}(a^2\times a)=\frac{7a^3}{6EI}$$

$$\delta_{12}=\delta_{21}=-\frac{1}{EI}\left(\frac{a^2}{2}\times a\right)=-\frac{a^3}{2EI}$$

$$\Delta_{1P}=\frac{1}{EI}\left(\frac{a^2}{2}\times\frac{F_Pa}{2}\right)=\frac{F_Pa^3}{4EI}$$

$$\Delta_{2P}=-\frac{1}{2EI}\left(\frac{1}{2}\times\frac{F_Pa}{2}\times\frac{a}{2}\times\frac{5a}{6}\right)-\frac{1}{EI}\left(\frac{F_Pa^2}{2}\times a\right)=-\frac{53F_Pa^3}{96EI}$$

(4) 求解多余未知力。将以上系数和自由项代入力法方程可得

$$\frac{1}{3}X_1-\frac{1}{2}X_2+\frac{F_P}{4}=0$$

$$-\frac{1}{2}X_1+\frac{7}{6}X_2-\frac{53F_P}{96}=0$$

解方程得 $X_1=-\frac{9}{80}F_P(\leftarrow)$，$X_2=\frac{17}{40}F_P(\uparrow)$。

(5) 内力图如图 7-8(d)、(e)、(f)所示。

例 7-3 以力法计算图 7-9(a)所示桁架结构的内力，并绘制内力图。

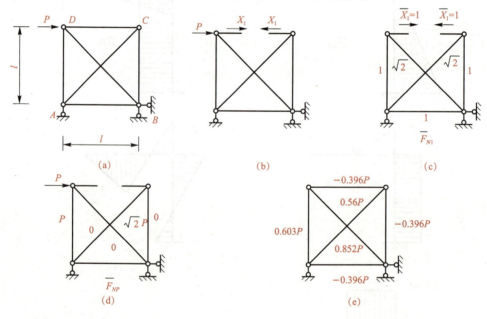

图 7-9 例 7-3 配图

解：(1) 确定超静定次数，选取基本结构。此桁架支座处没有多余约束，桁架内部以任意铰接三角形为一个刚片，增加一个二元体得到静定桁架后多余一根链杆，因此超静定次数为一次，切断链杆 CD 后代之以多余未知力 X_1 得到基本结构，如图 7-9(b)所示。

(2) 建立力法典型方程。基本结构切口后两侧截面在 X_1 和荷载共同作用下沿杆轴方向的相对线位移与原桁架相应线位移相同，即 $\Delta_1=0$（切口两侧原来是同一截面）。

力法典型方程为：$\delta_{11}X_1+\Delta_{1P}=0$。

(3)求系数和自由项。分别求出 $X_1=1$、荷载 P 单独作用下基本结构的各杆轴力,如图 7-9(c)、(d)所示,然后利用桁架的位移公式求出系数和自由项。

$$\delta_{11}=\frac{l}{EA}(1\times1\times4)+\frac{\sqrt{2}}{EA}l\times[(-\sqrt{2})^2\times2]=\frac{4}{EA}(1+\sqrt{2})$$

$$\Delta_{1P}=\frac{l}{EA}(1\times P)+\frac{\sqrt{2}}{EA}l[(-\sqrt{2})(-\sqrt{2}P)]=\frac{Pl}{EA}(1+2\sqrt{2})$$

(4)求解多余未知力。

$$\frac{4}{EA}(1+\sqrt{2})X_1+\frac{Pl}{EA}(1+2\sqrt{2})=0$$

解方程得 $X_1=-0.396P$。

(5)内力图。由叠加法可得轴力图如图 7-9(e)所示。

第三节　结构对称性的利用

一、对称结构和对称荷载

用力法求解超静定结构时,结构的超静定次数越高,多余未知力就越多,计算工作量也就越大。但在实际的建筑结构工程中,很多结构是对称的,可以利用结构的对称性适当选取基本结构,使计算工作得到简化。

图 7-10(a)所示的对称单跨刚架,有一根竖向对称轴。符合下列条件的即可称为对称结构:

(1)结构的几何形状和支座关于某轴对称。
(2)杆件截面和材料性质也关于此轴对称。

作用在对称结构上的任何荷载,如图 7-10(b)所示,都可分解为两组:**一组是对称荷载**,如图 7-10(c)所示;**另一组是反对称荷载**,如图 7-10(d)所示。**对称荷载绕对称轴对折后,左、右两部分的荷载彼此重合(作用点相对应、数值相等、方向相同);反对称荷载绕对称轴对折后,左、右两部分的荷载正好相反(作用点相对应、数值相等、方向相反)。**

计算超静定对称结构时,为简化计算,应选择对称的基本体系,并取对称力或反对称力作为多余未知力。以图 7-10(b)所示的刚架为例,可沿对称轴上梁的中间截面切开,得到对称的基本体系,如图 7-11(a)所示。多余未知力包括三个未知力 X_1、X_2、X_3,分别是一对弯矩、一对轴力和一对剪力。其中,X_1、X_2 是对称力,X_3 是反对称力。显然 $\overline{M}_1$ 图、$\overline{M}_2$ 图是对称图形,$\overline{M}_3$ 图是反对称图形,如图 7-11(b)、(c)、(d)所示。图形相乘可得:

$$\delta_{13}=\delta_{31}=\sum\int\frac{\overline{M}_1\overline{M}_3\mathrm{d}s}{EI}=0$$

$$\delta_{23}=\delta_{32}=\sum\int\frac{\overline{M}_2\overline{M}_3\mathrm{d}s}{EI}=0$$

力法典型方程可简化为

$$\delta_{11}X_1+\delta_{12}X_2+\Delta_{1P}=0$$

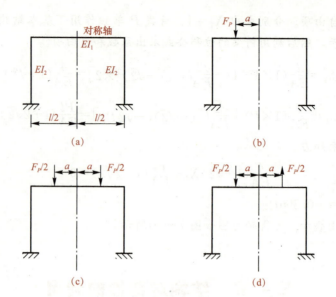

图 7-10 对称结构

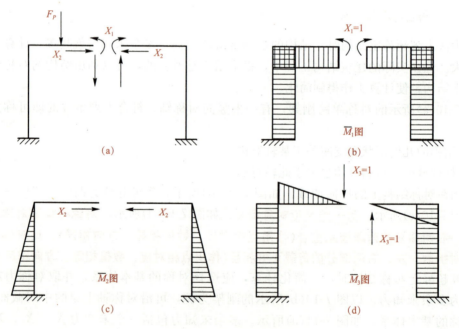

图 7-11 对称结构应用

$$\delta_{21}X_1+\delta_{22}X_2+\Delta_{2P}=0$$
$$\delta_{33}X_3+\Delta_{3P}=0$$

由此可知，力法典型方程将分成两组：一组只包含对称的未知力，即 X_1、X_2；另一组包含反对称的未知力，即 X_3。因此，解方程组的工作得到简化。

若将此荷载分解为对称和反对称两种情况，则计算还可进一步得到简化，如图 7-12(a)、(b)所示。

(1)外荷载对称时，使基本结构产生的弯矩图 M'_P 是对称的，则得

$$\Delta_{3P} = \sum \int \frac{\overline{M}_3 M'_P \mathrm{d}s}{EI} = 0$$

从而得 $X_3=0$。这时，只需计算对称多余未知力 X_1 和 X_2，如图 7-12(b)所示。

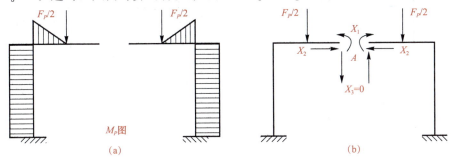

图 7-12 正对称

(2)外荷载反对称时，如图 7-13(a)所示，使基本结构产生的弯矩图 M'_P 是反对称的，则得

$$\Delta_{1P} = \sum \int \frac{\overline{M}_1 M'_P \mathrm{d}s}{EI} = 0$$

$$\Delta_{2P} = \sum \int \frac{\overline{M}_2 M'_P \mathrm{d}s}{EI} = 0$$

从而得 $X_1=X_2=0$。这时，只需计算对称多余未知力 X_3，如图 7-13(b)所示。

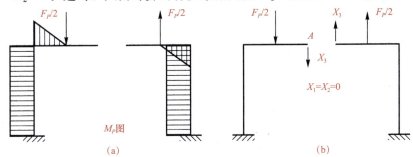

图 7-13 反对称

从上述分析可得到如下结论：

(1)在计算对称结构时，如果选取的多余未知力中一部分是对称的，另一部分是反对称的，则力法方程将分成两组：一组只包含对称未知力，另一组只包含反对称未知力。

(2)结构对称时，若外荷载不对称，可将外荷载分解为对称荷载和反对称荷载，分别计算然后叠加。在对称荷载的作用下，反对称未知力为零；在反对称荷载的作用下，对称未知力为零。

在计算对称结构时，可直接利用上述结论，使计算得到简化。

二、对称结构的计算

例 7-4 利用对称性，计算图 7-14(a)所示的刚架，并绘制弯矩图。

解：(1)此结构为三次超静定刚架，而且结构及荷载均对称。在对称轴处切开，取

图 7-14(b)所示的基本结构。由对称性的结论可知 $X_3=0$，只需考虑对称未知力 X_1 和 X_2。

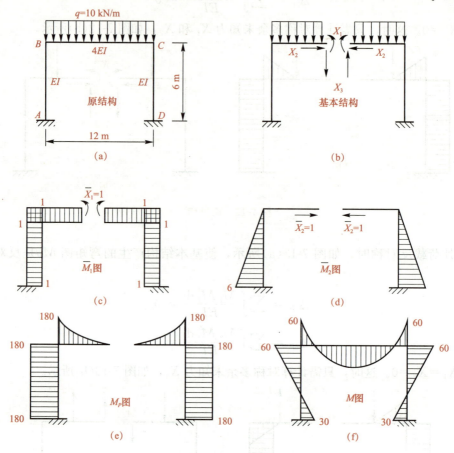

图 7-14 例 7-4 配图

(2) 由切开处的位移条件，建立力法典型方程。

$$\left.\begin{array}{l}\delta_{11}X_1+\delta_{12}X_2+\Delta_{1P}=0\\ \delta_{21}X_1+\delta_{22}X_2+\Delta_{2P}=0\end{array}\right\}$$

(3) 作 $\overline{M}_1$、$\overline{M}_2$、M_P 图，如图 7-14(c)、(d)、(e)所示。利用图乘法得各系数和自由项：

$$\delta_{11}=2\left(\frac{1}{EI}\times6\times1\times1+\frac{1}{4EI}\times6\times1\times1\right)=\frac{15}{EI}$$

$$\delta_{22}=2\left(\frac{1}{EI}\times6\times6\times\frac{1}{2}\times\frac{2}{3}\times6\right)=\frac{144}{EI}$$

$$\delta_{12}=\delta_{21}=-2\left(\frac{1}{EI}\times6\times1\times\frac{1}{2}\times6\right)=-\frac{36}{EI}$$

$$\Delta_{1P}=-2\left(\frac{1}{EI}\times180\times6\times1+\frac{1}{4EI}\times\frac{1}{3}\times6\times180\times1\right)=-\frac{2\,340}{EI}$$

$$\Delta_{2P}=2\left(\frac{1}{EI}\times180\times6\times\frac{1}{2}\times6\right)=\frac{6\,480}{EI}$$

(4) 求解未知力，将上述系数和自由项代入力学典型方程，可得

$$X_1=120\text{ kN}\cdot\text{m},\ X_2=-15\text{ kN}$$

(5) 作弯矩图。弯矩图如图 7-14(f)所示。

习 题

7-1 判断图 7-15 所示结构的超静定次数。

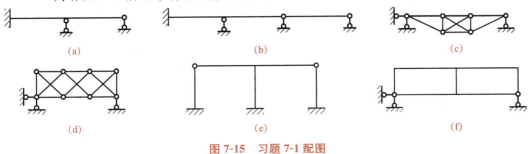

图 7-15 习题 7-1 配图

7-2 用力法求解图 7-16 所示结构的内力，并绘制内力图。

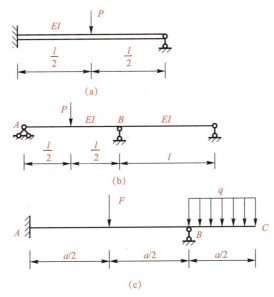

图 7-16 习题 7-2 配图

7-3 用力法求解图 7-17 所示刚架结构的内力，并绘制内力图。

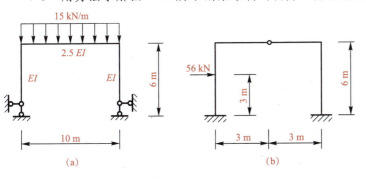
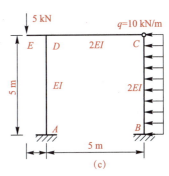

图 7-17 习题 7-3 配图

7-4 用力法求解图 7-18 所示桁架结构的轴力。

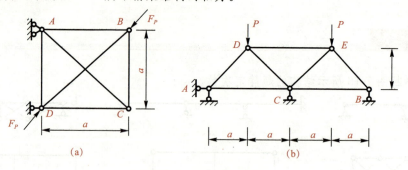

图 7-18 习题 7-4 配图

第八章 位移法及力矩分配法

内容摘要

位移法是以独立的结点位移作为基本未知量，由平衡条件建立位移法方程求解位移，未知量的个数与超静定次数无关，因此，一些高次超静定结构用位移法计算比较方便。力法与位移法都需建立和求解力法方程，当基本未知量较多时，手算工作量较大，因此为减少计算工作量，在位移法的基础上发展出了力矩分配法。力矩分配法是一种渐近解法，其特点是无须建立和求解方程，直接分析结构的受力情况，从开始的近似状态逐步修正，最后收敛于真实解，直接算得杆端弯矩值，适用于连续梁和无侧移的刚架。

学习目标

1. 掌握位移法基本未知量的确定方法；掌握位移法的基本原理和计算步骤；了解单跨超静定梁的弯矩和剪力图表。
2. 了解转动刚度、分配弯矩和传递弯矩等概念；掌握力矩分配法的基本原理。
3. 熟练掌握用力矩分配法求解连续梁和无侧移刚架的内力。

第一节 位移法基本概念

一、位移法的基本变形假设

位移法的计算对象是由等截面直杆组成的杆系结构，如刚架、连续梁。在计算中认为结构仍然符合小变形假设。同时，位移法有以下假设：

(1) 各杆端之间的轴向长度在变形后保持不变。
(2) 刚性结点所连各杆端的截面转角是相同的。

二、位移法的基本未知量

力法的基本未知量是未知力，位移法的基本未知量则是结点位移。这里的结点是指各杆件的连接点。结点位移可分为结点角位移和结点线位移两种。运用位移法计算时，首先应明确基本未知量。

结点可分为刚结点和铰结点,而铰结点对各杆端截面的相对角位移无约束作用,因此,只有刚结点处才有作为未知量的角位移。统计独立结构的刚结点数,每一个独立刚结点有一个转角位移,则整个结构的独立刚结点数就是角位移数。在分析结构的角位移数时,应注意组合结点的特殊性。

图 8-1(a)所示结构中的 E、F、H 三个结点是刚结点和铰结点的联合结点。E 结点处,HE 杆、DE 杆、BE 杆刚性连接,属于刚结点;EF 杆是铰接,属于铰结点。F 结点处,JF 杆、CF 杆是刚性连接(两杆轴线成 180°连接),属于刚结点;对 H 结点可进行同样的分析。G、G、J 均是刚结点,因此,该结构的结点角位移数为 6。图 8-1(b)所示结构中的 B 结点,虽然有个支座,但是由于 AB 杆、BC 杆在此刚性连接,因此它属于刚结点。整个梁只有一个刚结点,故角位移个数为 1。

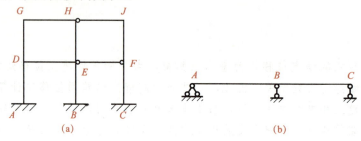

图 8-1 结点角位移的分析

对于结点线位移,以图 8-2 所示结构的 A、B 结点为例,由于忽略杆件的轴向变形,即变形后杆长不变,A、B 两结点所产生的水平线位移相等,可只求其中一个结点的水平线位移。换而言之,这两个结点线位移中只有一个是独立的,称为独立结点线位移,另一个与其相关。独立结点线位移为位移法的一种基本未知量,**在实际计算中,独立结点线位移的数目可采用铰接法判定(把结构中所有的刚结点改变为铰结点后,采用添加辅助链杆的方法,使铰结体系变为几何不变体系,则所需添加的链杆数就是独立结点线位移数)**。

图 8-3(a)所示的结构,共有 C、D、E、F 四个刚结点,由于 A、B 是固定支座,A、B 两点没有竖向位移。注意到"变形后,杆长不变",所以,四个刚结点的竖向位移都受到了约束,不需添加链杆。分析结点水平位移,在 D、F 结点处分别添加一个水平链杆,如图 8-3(b)所示,这四个刚结点的水平线位移也将被约束,从而四个结点的所有位移都被约束,添加的链杆数为 2,所以结构存在两个独立的结点水平线位移。

图 8-3 所示的结构有四个刚结点,因此有四个结点角位移,总的位移法基本未知量数目为 6 个(4 个角位移,2 个线位移)。

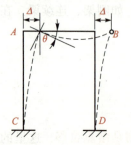

图 8-2 独立结点线位移

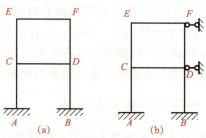

图 8-3 附加链杆法

三、位移法的杆端内力

运用位移法计算超静定结构时，需要将结构拆成单杆，单杆的杆端约束视结点而定，刚结点视为固定支座，铰结点视为固定铰支座。当讨论杆件的弯矩与剪力时，由于铰支座在杆轴线方向上的约束力只产生轴力，因此可不考虑，从而铰支座可进一步简化为垂直于杆轴线的可动铰支座。结合边界支座的形式，位移法的单杆超静定梁有三种形式，如图8-4所示。

图 8-4 单杆结构的分析

位移法规定：杆端弯矩使杆端顺时针转向为正，逆时针转向为负（对于结点就变成逆时针转向为正），如图8-5所示。需要注意的是，**这和前面梁的内力计算中规定梁的弯矩下侧受拉时为正是不一样的**。剪力、轴力的正负号规定与前面的规定保持一致。

图 8-5 弯矩正负号的规定

位移法的杆端内力主要是剪力和弯矩，由于位移法下的单杆都是超静定梁，所以不仅荷载会引起杆端内力，杆端支座位移也会引起内力。这些杆端内力可查表8-1。由荷载引起的弯矩称为固端弯矩，由荷载引起的剪力称为固端剪力。**固端剪力使杆端顺时针转向为正，逆时针转向为负**，表中的 i 称为线刚度，$i=\dfrac{EI}{l}$。其中，EI 是杆件的抗弯刚度，l 是杆长。

表 8-1 单跨超静定梁杆端弯矩和杆端剪力

序号	梁的简图	杆端弯矩		杆端剪力	
		M_{AB}	M_{BA}	F_{SAB}	F_{SBA}
1	$\theta=1$，A端固定，B端固定	$4i$	$2i$	$-\dfrac{6i}{l}$	$-\dfrac{6i}{l}$
2	A端固定，B端固定，$\Delta=1$	$-\dfrac{6i}{l}$	$-\dfrac{6i}{l}$	$\dfrac{12i}{l^2}$	$\dfrac{12i}{l^2}$
3	$\theta=1$，A端固定，B端铰支	$3i$	0	$-\dfrac{3i}{l}$	$-\dfrac{3i}{l}$

续表

序号	梁的简图	杆端弯矩		杆端剪力	
		M_{AB}	M_{BA}	F_{SAB}	F_{SBA}
4		$-\dfrac{3i}{l}$	0	$\dfrac{3i}{l^2}$	$\dfrac{3i}{l^2}$
5		i	$-i$	0	0
6		$-\dfrac{Fab^2}{l^2}$	$\dfrac{Fa^2b}{l^2}$	$\dfrac{Fb^2}{l^2}\left(1+\dfrac{2a}{l}\right)$	$-\dfrac{Fa^2}{l^2}\left(1+\dfrac{2b}{l}\right)$
7		$-\dfrac{Fl}{8}$	$\dfrac{Fl}{8}$	$\dfrac{F}{2}$	$-\dfrac{F}{2}$
8		$-\dfrac{ql^2}{12}$	$\dfrac{ql^2}{12}$	$\dfrac{ql}{2}$	$-\dfrac{ql}{2}$
9		$-\dfrac{Fab(l+b)}{2l^2}$	0	$\dfrac{Fb}{2l^3}(3l^2-b^2)$	$-\dfrac{Fa^2}{2l^3}(2l+b)$
10		$-\dfrac{3Fl}{16}$	0	$\dfrac{11F}{16}$	$-\dfrac{5F}{16}$
11		$-\dfrac{ql^2}{8}$	0	$\dfrac{5ql}{8}$	$-\dfrac{3ql}{8}$
12		$-\dfrac{Fa(l+b)}{2l}$	$-\dfrac{Fa^2}{2l}$	F	0
13		$-\dfrac{3Fl}{8}$	$-\dfrac{Fl}{8}$	F	0

续表

序号	梁的简图	杆端弯矩		杆端剪力	
		M_{AB}	M_{BA}	F_{SAB}	F_{SBA}
14	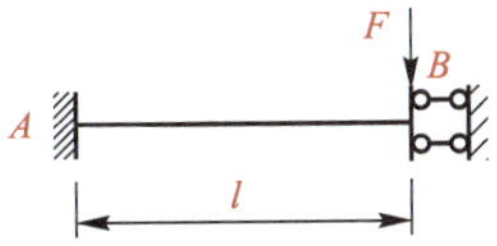 (梁AB，A端固定，B端定向支座，B端作用集中力F，长度l)	$-\dfrac{Fl}{2}$	$-\dfrac{Fl}{2}$	F	F
15	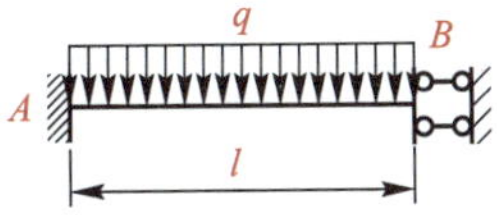 (梁AB，A端固定，B端定向支座，均布荷载q，长度l)	$-\dfrac{ql^2}{3}$	$-\dfrac{ql^2}{6}$	ql	0
16	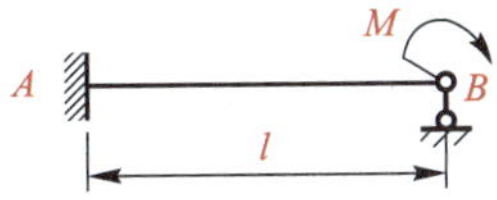 (梁AB，A端固定，B端铰支座，B端作用力偶M，长度l)	$\dfrac{M}{2}$	M	$-\dfrac{3M}{2l}$	$-\dfrac{3M}{2l}$

第二节 位移法的基本原理及应用

一、位移法的基本原理

位移法是以一系列单跨超静定梁的组合体为原结构的基本结构，为了构成基本结构，要在刚结点上附加刚臂，以控制刚结点的转动；在有线位移的结点处附加支座链杆，以控制结点线位移。**在附加刚臂处以"⌒"表示角位移，在附加支座链杆处以"⊢→"表示线位移。**

图8-6(a)所示的超静定刚架，用位移法计算时，首先应将其变为位移法基本结构。由于原结构只有结点B能转动，故需在结点B上加一刚臂1，以阻止其转动。如此便形成由两个两端固定梁BA和BC组成的位移法基本结构，如图8-6(b)所示。

比较图8-6(a)、(b)，两者是有差别的。原结构的结点B能转动(转角以Z_1表示，并以顺时针方向为正)，而基本结构由于附加刚臂1的作用是不能转动的。另一方面，由于附加刚臂1阻止了结点转动，所以产生了反力矩，即给结点加了一个与转角Z_1反向的力偶R_{1P}，并规定顺时针方向为正。图8-6(b)所示为R_{1P}的正向，实际发生的R_{1P}是负的。

如要消除基本结构与原结构的区别，需将刚臂1的结点B转动一个实际的角度Z_1，如图8-6(c)所示。转到应有角度时，结构恢复了附加刚臂前的自然状态。去掉刚臂，也会停留在原处，而不会再转动。即使不去掉刚臂，刚臂也不会起作用，**此时刚臂的反力矩$R_1=0$。**

图8-6(c)中结构受两种作用，可分解为图8-6(b)、(d)两种情况。图8-6(b)中只有外力P的作用而无转角Z_1的影响，AB杆无荷载影响，不发生变形，无内力，BC杆的内力可用力法求得。图8-6(d)中AB和BC杆相当于两端固定梁在B端发生支座移动，转角大小为Z_1的情况，其内力同样可用力法求得。

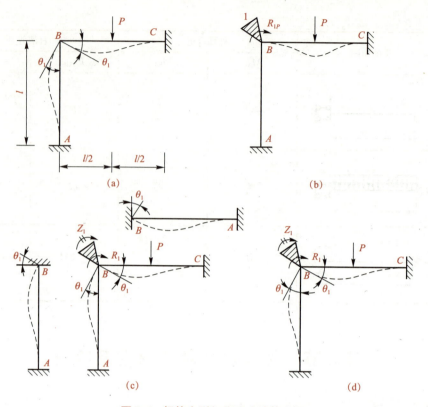

图 8-6 超静定刚架位移法计算举例

附加刚臂 1 的反力矩 R_1 由两部分组成：一部分是由外力 P 在基本结构上产生的刚臂 1 的反力矩 R_{1P}；另一部分是由结点转角 Z_1 产生的刚臂 1 的反力矩 R_{11}，则 $R_1 = R_{11} + R_{1P} = 0$。其中 $R_{11} = r_{11} \times Z_1$，$r_{11}$ 是单位转角 $Z_1 = 1$ 产生的刚臂 1 的反力矩，由此可得：$r_{11} \times Z_1 + R_{1P} = 0$。

为求 r_{11}，需要作出单位结点转角 $Z_1 = 1$ 产生的弯矩图（$\overline{M}_1$ 图），如图 8-7(a)所示。

截取结点 B，如图 8-7(b)所示，由平衡条件 $\sum M_B = 0$，可得 $r_{11} - 4i - 4i = 0$，$r_{11} = 8i$。

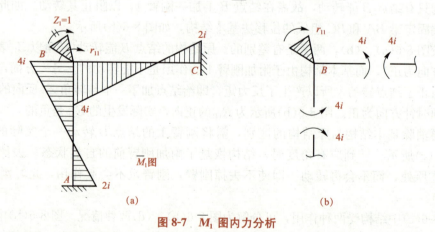

图 8-7 $\overline{M}_1$ 图内力分析

R_{1P} 是荷载在位移法基本结构上产生的刚臂 1 的反力矩。为求该值，先给出荷载在位移法基本结构上产生的弯矩图（M_P 图），如图 8-8(a)所示。

截取结点 B，如图 8-8(b)所示，由结点力矩平衡条件 $\sum M_B = 0$，可得 $R_{1P} + \dfrac{Pl}{8} = 0$，即 $R_{1P} = -\dfrac{Pl}{8}$，将 r_{11}、R_{1P} 代入方程可得 $8iZ_1 - \dfrac{Pl}{8} = 0$，解得 $Z_1 = \dfrac{Pl}{64i}$。

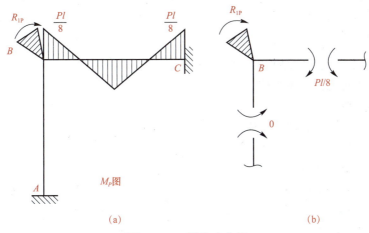

图 8-8　M_P 图内力分析

求出 Z_1 后，原结构的最后弯矩图可按叠加法公式 $M = \overline{M}_1 Z_1 + M_P$ 绘制，如图 8-9 所示。

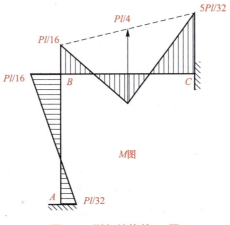

图 8-9　刚架结构的 M 图

二、位移法的典型方程

对于具有 n 个基本未知量 Z_1、Z_2、$\cdots$、Z_n 的结构，则附加约束（附加刚臂或附加链杆）也有 n 个，由 n 个附加约束上的受力与原结构一致的平衡条件，可建立 n 个位移法方程（推导略）：

$$\left.\begin{array}{l} r_{11}Z_1 + r_{12}Z_2 + \cdots + r_{1n}Z_n + R_{1F} = 0 \\ r_{21}Z_1 + r_{22}Z_2 + \cdots + r_{2n}Z_n + R_{2F} = 0 \\ \cdots \\ r_{n1}Z_1 + r_{n2}Z_2 + \cdots + r_{nn}Z_n + R_{nF} = 0 \end{array}\right\} \quad (8\text{-}1)$$

式(8-1)即**位移法典型方程**，式中的 r_{ii} 称为**主系数**，表示基本结构上 $Z_i=1$ 时，附加约束 i 上的反力，**其值恒为正值**。r_{ij} 为**副系数**，表示基本结构 $Z_j=1$ 时，附加约束 i 上的反力，**其值可为正、为负或为 0**，其中 $r_{ij}=r_{ji}$。R_{1F} 称为**自由项**，表示荷载作用于基本结构上时，附加约束 i 的反力，**其值可为正、为负或为 0**。

三、位移法的应用

利用位移法求解超静定结构的一般步骤如下：
(1)将原结构转化为基本结构。
(2)列位移法典型方程。
(3)绘制单位弯矩图和荷载弯矩图。
(4)求系数和自由项。
(5)解方程，求未知量。
(6)用叠加法绘制最后弯矩图。

例 8-1 用位移法计算图 8-10(a)所示的连续梁弯矩，并作弯矩图。

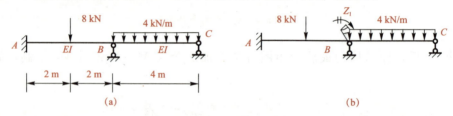

图 8-10 例 8-1 配图

解：(1)确定基本结构。该连续梁只有一个刚结点 B，没有结点线位移。在结点 B 上附加刚臂，得到基本结构，如图 8-10(b)所示。

(2)建立位移法方程。使基本结构承受原有荷载，并使刚臂 Z_1 发生与原结构相同的位移。建立位移法方程：

$$r_{11}Z_1 + R_{1P} = 0$$

(3)作出基本结构的单位弯矩图($\overline{M}_1$ 图)及荷载弯矩图(M_P 图)，并求系数、自由项。

令 $i=\dfrac{EI}{4}$，查表 8-1 可作出 $\overline{M}_1$ 图及 M_P 图，如图 8-11(a)、(b)所示。

由 $\overline{M}_1$ 图，取结点 B 为隔离体，由 $\sum M_B = 0$ 可直接求出 $r_{11}=7i$。

由 M_P 图，取结点 B 为隔离体，由 $\sum M_B = 0$ 可直接求出 $R_{1P}=-4$。

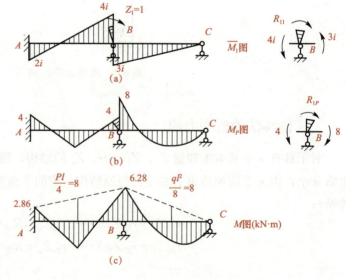

图 8-11 内力图

(4)将系数、自由项代入位移法方程求解未知量：
$$7iZ_1-4=0$$
解得
$$Z_1=\frac{4}{7i}$$

(5)由叠加法可作其弯矩图，如图 8-11(c)所示。

例 8-2 用位移法计算图 8-12(a)所示刚架结构的内力，并作弯矩图。已知各杆的长度为 l，刚度 EI 为常数。

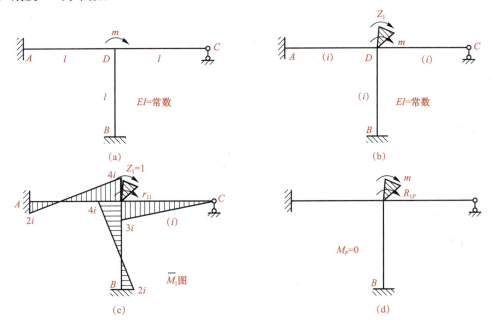

图 8-12 例 8-2 配图

解：(1)确定基本结构，如图 8-12(b)所示。
(2)建立位移法方程：$r_{11}Z_1+R_{1P}=0$。
(3)作出基本结构的单位弯矩图（$\overline{M}_1$ 图）及荷载弯矩图（M_P 图），并求系数、自由项。查表 8-1 可得 $\overline{M}_1$ 图，如图 8-12(c)所示，由 $\sum M_D=0$ 可得 $r_{11}=4i+4i+3i=11i$。如图 8-12(d)所示，结点 D 被刚臂锁住，加外力偶后不能转动，所以各杆均无弯曲变形，因此无弯矩图，即 $M_P=0$。同样，由 $\sum M_D=0$ 可得 $R_{1P}+m=0$，解得 $R_{1P}=-m$。

(4)将系数、自由项代入位移法方程求解未知量：
$$11iZ_1-m=0$$
解得
$$Z_1=\frac{m}{11i}$$

(5)由叠加法可作其弯矩图，如图 8-13 所示。

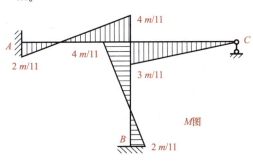

图 8-13 弯矩图

第三节　力矩分配法的基本原理

力矩分配法是在位移法的基础上发展起来的一种数值解法，它不必计算结点位移，也无须求解联立方程，可以直接通过代数运算得到杆端弯矩。计算时，逐个结点依次进行，与力法、位移法相比，计算过程较为简单、直观，计算过程不容易出错。力矩分配法的适用对象是连续梁和无结点线位移刚架（无侧移刚架）。在力矩分配法中，内力正负号的规定与位移法的规定一致。

杆件固定端转动单位角位移所引起的力矩称为该杆的转动刚度（转动刚度也可定义为使杆件固定端转动单位角位移所需施加的力矩），记作 S。其中，转动端称为近端，另一端称为远端。等截面直杆的转动刚度与远端约束及线刚度有关，由图 8-14 所示的几种情况可知：

远端固定：　　　　　$S=4i$
远端铰支：　　　　　$S=3i$
远端定向支承：　　　$S=i$
远端自由：　　　　　$S=0$（i 为线刚度）

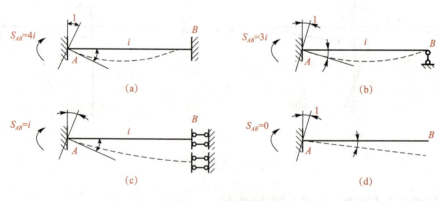

图 8-14　转动刚度

对于单跨超静定梁，当一端发生单位转角 $\varphi=1$ 而具有弯矩（称为近端弯矩）时，其另一端即远端一般也将产生弯矩（称为远端弯矩）。通常将远端弯矩与近端弯矩的比值，称为杆件由近端向远端的传递系数，并由 C 表示。显然，对不同的远端支承情况，其传递系数也将不同。转动刚度与传递系数见表 8-2。

表 8-2　转动刚度与传递系数

约束条件	转动刚度 S	传递系数 C
近端固定、远端固定	$4i$	0.5
近端固定、远端铰支	$3i$	0
近端固定、远端定向支承	i	-1
近端固定、远端自由	0	0

以图8-15(a)所示的刚架为例,说明力矩分配法的基本原理。

此结构在荷载作用下刚结点 B 处不产生线位移,只产生一个角位移 θ。

(1)用力矩分配法计算此结构时,可以将各杆的杆端弯矩看成由下面两种状态引起的:

①在刚结点 B 处附加控制转动的附加刚臂[如图8-15(b)所示]不发生角位移时,由荷载引起的杆端弯矩。此时,刚架成了三个互被隔离的单跨超静定梁。这种状态称为固定状态。先对固定状态进行计算。在此状态中刚结点不产生角位移,把荷载引起的杆端弯矩称为固端弯矩,用 M_{ij}^F 表示。如图8-15(c)所示,其总和 M_B^F 为

$$M_B^F = M_{BA}^F + M_{BC}^F + M_{BD}^F$$

一般而言,M_B^F 不等于零,称为结点不平衡力矩。

②为了使结构受力状态与变形状态不改变,现放松转动约束,即去掉刚臂,如图8-15(d)所示,此状态即放松状态。结点 B 将产生角位移,并在各杆端(包括近端和远端)引起杆端弯矩,记作 M'。由位移法可知,杆端最终(实际)弯矩由荷载下的固端弯矩与位移下的弯矩两部分组成,如果求出放松状态下的各杆端位移弯矩,**则固端弯矩与位移弯矩的代数和就是最终杆端弯矩,据此可以绘制弯矩图。**

下面通过位移法讨论如何根据不平衡力矩计算各杆端位移弯矩。首先将刚架拆成单杆,如图8-15(e)所示。

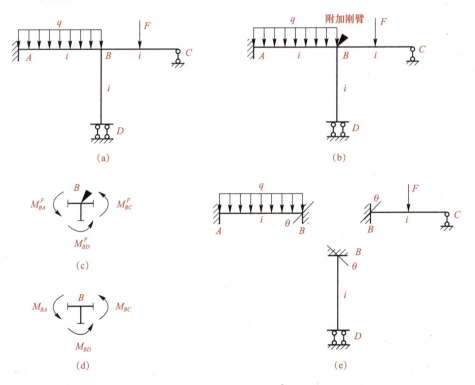

图8-15 力矩分配法案例

(2)近端分配弯矩的计算及分配系数。刚架只有一个刚结点 B,对于 AB 杆而言,B 端为近端,A 端为远端,远端为固定支座,转动刚度 $S_{BA}=4i$。同理,BC 杆的 B 端是近端,C 端是远端,远端为铰支座,转动刚度 $S_{BC}=3i$。BD 杆的 B 端是近端,D 端是远端,远端

为定向支座，转动刚度 $S_{BD}=i$。根据位移法写出各杆近端（B 端）的杆端弯矩表达式：

$$M_{BA}=M'_{BA}+M^F_{BA}=4i\theta+M^F_{BA}=S_{BA}\theta+M^F_{BA}$$

$$M_{BC}=M'_{BC}+M^F_{BC}=3i\theta+M^F_{BC}=S_{BC}\theta+M^F_{BC}$$

$$M_{BD}=M'_{BD}+M^F_{BD}=i\theta+M^F_{BD}=S_{BD}\theta+M^F_{BD}$$

上式中，$M^F_{BA}=\dfrac{ql^2}{12}$，$M^F_{BC}=-\dfrac{3Fl}{16}$，$M^F_{BD}=0$。

杆的近端分配弯矩为

$$M'_{BA}=S_{BA}\theta,\ M'_{BC}=S_{BC}\theta,\ M'_{BD}=S_{BD}\theta$$

由 B 结点的力矩平衡条件 $\sum M=0$ ［图 8-15(d)］可得，$M_{BA}+M_{BC}+M_{BD}=0$，由上述表达式，代入可解得

$$\theta=\dfrac{(-M^F_{BA}-M^F_{BC}-M^F_{BD})}{S_{BA}+S_{BC}+S_{BD}}=\dfrac{(-\sum M^F_B)}{\sum S_B}$$

将解得的未知量代回杆近端分配弯矩的表达式，得到

$$M'_{BA}=S_{BA}\theta=\dfrac{S_{BA}}{\sum S_B}(-\sum M^F_B)$$

$$M'_{BC}=S_{BC}\theta=\dfrac{S_{BC}}{\sum S_B}(-\sum M^F_B)$$

$$M'_{BD}=S_{BD}\theta=\dfrac{S_{BD}}{\sum S_B}(-\sum M^F_B)$$

以上三式中括号前的系数称为分配系数，记作 μ，即

$$\mu_{BA}=\dfrac{S_{BA}}{\sum S_B},\ \mu_{BC}=\dfrac{S_{BC}}{\sum S_B},\ \mu_{BD}=\dfrac{S_{BD}}{\sum S_B}$$

由分配系数的表达式可知，杆件的杆端分配系数等于自身杆端转动刚度除以杆端结点所连各杆的杆端转动刚度之和，即

$$\mu_{BA}+\mu_{BC}+\mu_{BD}=1$$

由此可知，一个结点所连各杆的近端杆端位移弯矩总和在数值上等于结点不平衡力矩，但符号相反，即

$$M'_{BA}+M'_{BC}+M'_{BD}=(\mu_{BA}+\mu_{BC}+\mu_{BD})(-\sum M^F_B)=(-\sum M^F_B)$$

而各杆的近端分配弯矩是将不平衡力矩变号后按比例分配得到的。

综上所述，力矩分配法的基本思路就是首先将刚结点锁定，得到荷载单独作用下的杆端弯矩，然后任取一个结点作为起始结点，计算其不平衡力矩。接着，放松该结点，允许产生角位移，并依据平衡条件，通过分配不平衡力矩得到位移引起的杆近端分配弯矩，再由杆近端分配弯矩传递得到杆远端传递弯矩。该结点的计算结束后，仍将其锁定，再换一个刚结点，重复上述计算过程，直至计算结束。由于力矩分配法属于逐次逼近法，因此计算可能不只一个轮次（所有结点计算一遍称为一个轮次），当误差在允许范围内时即可停止计算。最后，计算各结点的固端弯矩、分配弯矩与传递弯矩的代数和，得到最终杆端弯矩，据此绘制弯矩图。

第四节　力矩分配法的应用

力矩分配法的计算步骤如下：
(1)固定结点，查表8-1，得到各杆的固端弯矩。
(2)计算各杆的线刚度、转动刚度，确定刚结点处各杆的分配系数，并通过结点处总分配系数为1进行验算。
(3)计算刚结点处的不平衡力矩，将结点不平衡力矩变号分配，得到近端分配弯矩。
(4)根据远端约束条件确定传递系数(查表8-2)，计算远端传递弯矩。
(5)依次对各结点循环进行分配、传递计算，当误差在允许范围内时，终止计算，对各杆端的固端弯矩、分配弯矩与传递弯矩进行代数相加，得出最后的杆端弯矩。
(6)根据最终杆端弯矩值及位移法下的弯矩正负号的规定，用叠加法绘制弯矩图。

例 8-3　用力矩分配法求图 8-16(a)所示两跨连续梁的弯矩图。

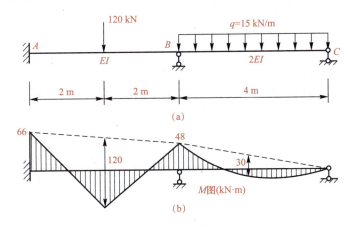

图 8-16　例 8-3 配图

解：该梁只有一个刚结点 B。
(1)查表 8-1，求出各杆端的固端弯矩。

$$M_{AB}^F = -\frac{Fl}{8} = -\frac{120 \times 4}{8} = -60(\text{kN} \cdot \text{m})$$

$$M_{BA}^F = \frac{Fl}{8} = \frac{120 \times 4}{8} = 60(\text{kN} \cdot \text{m})$$

$$M_{BC}^F = -\frac{ql^2}{8} = -\frac{15 \times 4^2}{8} = -30(\text{kN} \cdot \text{m})$$

$$M_{CB}^F = 0$$

(2)计算各杆的线刚度、转动刚度与分配系数。

线刚度：$i_{AB} = \dfrac{EI}{4}$，$i_{BC} = \dfrac{2EI}{4} = \dfrac{EI}{2}$

转动刚度：$S_{BA} = 4$，$i_{AB} = EI$，$S_{BC} = 3$，$i_{BC} = \dfrac{3EI}{2}$

分配系数：$\mu_{BA}=\dfrac{S_{BA}}{S_{BA}+S_{BC}}=\dfrac{EI}{EI+\dfrac{3EI}{2}}=0.4$，$\mu_{BC}=\dfrac{S_{BC}}{S_{BA}+S_{BC}}=\dfrac{\dfrac{3EI}{2}}{EI+\dfrac{3EI}{2}}=0.6$

$$\mu_{BA}+\mu_{BC}=0.4+0.6=1$$

(3)通过列表方式计算分配弯矩与传递弯矩(表 8-3)。

表 8-3 例 8-3 算表 kN·m

杆端	AB	BA	BC	CB
力矩分配系数		0.4	0.6	
固端弯矩	−60	60	−30	0
力矩分配与力矩传递	−6 ←	−12	−18 →	0
最后弯矩	−66	48	−48	0

表 8-3 中 B 点不平衡力矩的计算：
$$M_B^F=M_{BA}^F+M_{BC}^F=60-30=30(\text{kN}\cdot\text{m})$$
$$M_{BA}'=\mu_{BA}(-M_B)=0.4\times(-30)=-12(\text{kN}\cdot\text{m})$$
$$M_{BC}'=\mu_{BC}(-M_B)=0.6\times(-30)=-18(\text{kN}\cdot\text{m})$$

(4)叠加计算后得出最后的杆端弯矩，作弯矩图，如图 8-16(b)所示。

例 8-4 用力矩分配法求图 8-17(a)所示无结点线位移刚架的弯矩图。

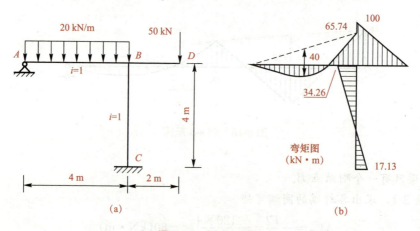

图 8-17 例 8-4 配图

解：(1)确定刚结点 B 处各杆的分配系数。令 $\dfrac{EI}{4}=1$，则有 $S_{BA}=3\times 1=3$，$S_{BC}=4\times 1=4$，$S_{BD}=0$。

BD 杆为近端固定，远端自由，属于静定结构，转动刚度为 0。

$$\mu_{BA}=\dfrac{3}{3+4}=0.429$$
$$\mu_{BC}=\dfrac{4}{3+4}=0.571$$
$$\mu_{BD}=0$$

(2)计算固端弯矩。

$$M_{BA}^F = \frac{ql^2}{8} = \frac{20 \times 4^2}{8} = 40(\text{kN} \cdot \text{m})$$

$$M_{BD}^F = -Fl = -50 \times 2 = -100(\text{kN} \cdot \text{m})$$

$$M_{BC}^F = 0$$

(3)力矩分配计算见表 8-4。

表 8-4　例 8-4 算表　　　　　　　　　　　　　kN·m

结点	A	B			C	D
杆端	AB	BA	BC	BD	CB	DB
力矩分配系数		0.429	0.571	0		
固端弯矩		40	0	−100		
力矩分配与力矩传递		25.74	34.26	0	17.13	
最后弯矩	0	65.74	34.26	−100	17.13	0

(4)弯矩图如图 8-17(b)所示。

例 8-5　用力矩分配法求图 8-18(a)所示三跨连续梁的弯矩图，EI 为常数。

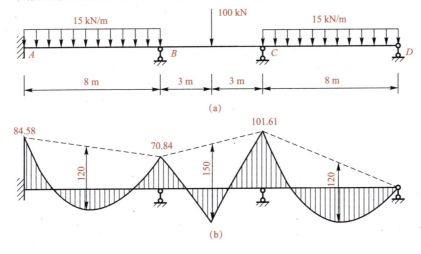

图 8-18　例 8-5 配图

解：(1)计算各杆端的固端弯矩。

$$M_{AB}^F = -\frac{ql^2}{12} = -\frac{15 \times 8^2}{12} = -80(\text{kN} \cdot \text{m}), \quad M_{BA}^F = \frac{ql^2}{12} = \frac{15 \times 8^2}{12} = 80(\text{kN} \cdot \text{m})$$

$$M_{BC}^F = -\frac{Fl}{8} = -\frac{100 \times 6}{8} = -75(\text{kN} \cdot \text{m}), \quad M_{CB}^F = \frac{Fl}{8} = \frac{100 \times 6}{8} = 75(\text{kN} \cdot \text{m})$$

$$M_{CD}^F = -\frac{ql^2}{8} = -\frac{15 \times 8^2}{8} = -120(\text{kN} \cdot \text{m}), \quad M_{DC}^F = 0$$

(2)确定各刚结点处各杆的分配系数。

令 $EI = 1$，则 B 结点处：

$$S_{BA} = 4i_{AB} = 4 \times \frac{1}{8} = \frac{1}{2}, \quad S_{BC} = 4i_{BC} = 4 \times \frac{1}{6} = \frac{2}{3}$$

$$\mu_{BA}=\frac{\frac{1}{2}}{\frac{1}{2}+\frac{2}{3}}=0.429,\quad \mu_{BC}=\frac{\frac{2}{3}}{\frac{1}{2}+\frac{2}{3}}=0.571$$

C 结点处：

$$S_{CB}=4i_{BC}=4\times\frac{1}{6}=\frac{2}{3},\quad S_{CD}=3i_{CD}=3\times\frac{1}{8}=\frac{3}{8}$$

$$\mu_{CB}=\frac{\frac{2}{3}}{\frac{2}{3}+\frac{3}{8}}=0.64,\quad \mu_{CD}=\frac{\frac{3}{8}}{\frac{2}{3}+\frac{3}{8}}=0.36$$

（3）将分配系数和固端弯矩填入计算表中。首先，计算 C 结点，C 结点的不平衡力矩为 $-45\ \text{kN}\cdot\text{m}$，放松 C 结点，将不平衡力矩变号分配并进行传递，C 结点暂时处于平衡状态，然后锁定 C 结点。接着，计算 B 结点，B 结点处的不平衡力矩除固端弯矩外，还有 C 结点传过来的传递弯矩，故 B 结点处的不平衡力矩为

$$80-75+14.4=19.4(\text{kN}\cdot\text{m})$$

放松 B 结点，将不平衡力矩变号分配并进行传递，B 结点暂时处于平衡状态，然后锁定 B 结点。第一轮计算完成。

C 结点原本处于平衡状态，但是现在 B 结点处传来一个传递弯矩，形成一个新的不平衡力矩，所以必须开始新一轮计算。

第二轮计算结束后，如果新的不平衡力矩值很小，在允许误差范围内，则可以停止计算；否则，应继续下一轮计算，直至不平衡力矩值在允许误差范围内。

停止分配、传递计算后，将杆端所有固端弯矩、分配弯矩、传递弯矩（即表中同一列的弯矩值）进行代数相加，得到杆端最终弯矩，见表 8-5。

表 8-5　例 8-5 算表　　　　　　　　　　　　　　　　　　　　kN·m

杆端	AB	BA	BC	CB	CD	DC
力矩分配系数		0.429	0.571	0.64	0.36	
固端弯矩	−80	80	−75	75	−120	0
第一轮力矩分配、传递			14.4 ←	28.8	16.2 →	0
	−4.16 ←	−8.32	−11.08 →	−5.54		
第二轮力矩分配、传递			1.78 ←	3.55	1.99 →	0
	−0.38 ←	−0.76	−1.02 →	−0.51		
第三轮力矩分配、传递			0.17 ←	0.33	0.18 →	0
	−0.04 ←	−0.07	−0.10 →	−0.05		
第四轮力矩分配、传递			0.02 ←	0.03	0.02 →	0
		−0.01	−0.01			
最后弯矩	−84.58	70.84	−70.84	101.61	−101.61	0

根据杆端最终弯矩绘制弯矩图,如图 8-18(b)所示。

习 题

8-1 请用位移法求图 8-19 所示各梁的弯矩图,EI 为常数。

8-2 请用位移法求图 8-20 所示各刚架的弯矩图,EI 为常数。

参考答案

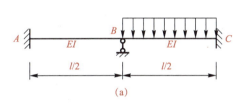

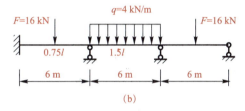

图 8-19 习题 8-1 配图

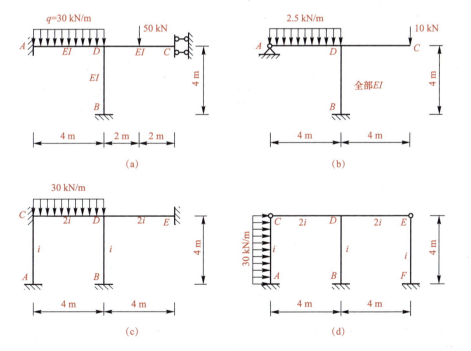

图 8-20 习题 8-2 配图

8-3 请用力矩分配法求图 8-21 所示各梁的弯矩图，EI 为常数。

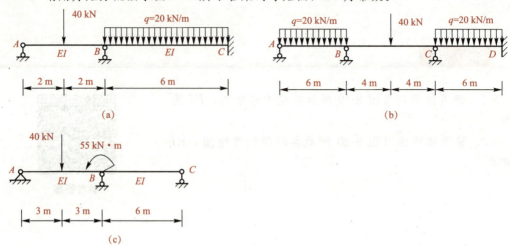

图 8-21 习题 8-3 配图

8-4 请用力矩分配法求图 8-22 所示各刚架的弯矩图，EI 为常数。

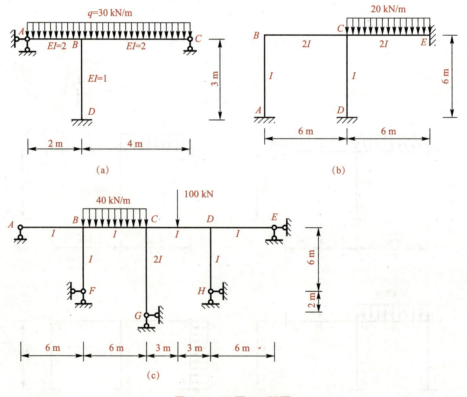

图 8-22 习题 8-4 配图

第九章 影响线

内容摘要

影响线是计算结构在移动荷载作用下的反力和内力的工具。本章主要介绍静定梁的影响线的绘制方法、在移动荷载作用下最不利荷载位置的确定,以及内力包络图的相关概念及绘制方法。

学习目标

1. 理解影响线的概念。
2. 掌握静定梁的反力、内力的影响线的绘制方法。
3. 能利用影响线求反力和内力的影响量。
4. 能利用影响线确定最不利荷载位置。
5. 了解内力包络图。

第一节　影响线的概念

前面各章所讨论的荷载,其大小、方向和作用点都是固定不变的,称为固定荷载。在这种荷载的作用下,结构中任一支座反力和任一截面上的内力的数值和方向均固定不变。但是,在土木工程中结构除受到固定荷载作用外,有时还受到移动荷载作用,例如,桥梁受到在其上面行驶的机车车辆荷载、汽车荷载,厂房吊车梁受到吊车轮压等。这类荷载具有一个共同的特点,即荷载作用的位置随时间不断变化(如汽车在桥梁上行驶),此类荷载称为移动荷载。

要保证结构的安全,在强度设计中必须首先找出所关心的某力学量(如反力或内力)在荷载作用位置不同时的变化规律,进而确定使该力学量产生最大值时的荷载位置,以及相应于该位置所产生的最大的影响量值,供设计时应用。解决这些问题的重要工具就是影响线。

图 9-1(a)所示的桥式吊车由大车桥梁和起重小车组成。大车桥梁通过每端的两个轮子

将荷载传递给支撑在牛腿上的吊车梁,如图9-1(b)所示。当起重小车负载时,吊车梁的计算简图如图9-1(c)所示,图中P是大车桥梁通过轮子传给吊车梁的集中荷载,由于大车桥梁上轮子的间距不变,所以两个集中力P保持固定距离。当吊车自左向右运动时,吊车梁中的内力和支座反力都将发生变化。仅对计算简图中的支座反力而言,当吊车自左向右行驶时,左支座反力F_A逐渐减少,右支座反力F_B逐渐增大;反之,当吊车自右向左行驶时,左支座反力F_A逐渐增大,右支座反力F_B逐渐减少。支座反力F_A和F_B有着不同的变化规律。

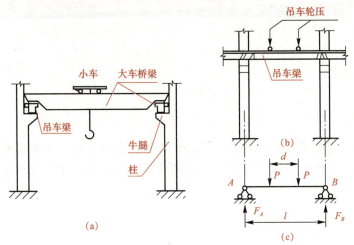

图9-1 吊车移动荷载分析

在移动荷载的作用下,梁的设计要比恒载作用下梁的设计复杂得多。在移动荷载的作用下对梁进行分析要考虑以下问题:**一是梁支座反力与内力的最大值和最小值发生在梁的哪个截面上;二是移动荷载作用在什么位置时会产生支座反力与内力的最大值和最小值;三是支座反力与内力的最大值和最小值是多少。**

显然,要求出某一反力或内力的最大值,就必须先确定产生此相应力学量最大值的对应移动荷载位置,这一荷载位置称为**最不利荷载位置**。求出最不利荷载位置后,就可以按一定法则计算出所关心的某一个反力或指定的梁截面在移动荷载作用下的内力最大值。

综上所述,当一个指向不变的单位集中力沿结构移动时,所描述的某指定力学量(如反力或弯矩等)随单位荷载位置不同而变化的图形,**称为该相应力学量的影响线**。

第二节 静定梁影响线的绘制

一、用静力法作静定梁的影响线

利用静力平衡条件建立量值关于荷载作用位置的函数关系,进而绘制该量值影响线的方法称为静力法。

下面以图9-2(a)所示的简支梁AB为例来说明因静力法作单跨静定梁影响线的方法。

(一)反力影响线

图 9-2(a)所示的简支梁,作用有单位移动荷载 $F_0=1$。取 A 点为坐标原点,以 x 表示荷载作用点的横坐标,下面分析 A 支座的反力 F_A 随移动荷载作用点坐标 x 的变化而变化的规律,也即根据静力平衡条件建立 A 支座的反力 F_A 关于移动荷载作用点坐标 x 的函数式,假设支座反力向上为正。

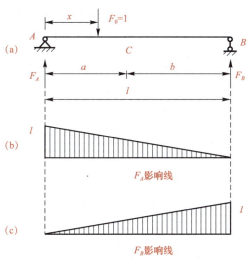

图 9-2 支座反力影响线

当 $0 \leqslant x \leqslant l$ 时,根据平衡条件 $\sum M_B=0$,可得
$$-F_A \cdot l + F_0 \cdot (l-x) = 0$$
解得
$$F_A = \frac{l-x}{l}$$

上式表示 F_A 关于荷载位置坐标 x 的变化规律,是一个直线函数关系,由此可以作出 F_A 的影响线,如图 9-2(b)所示。从图中可以看出:

荷载作用在 A 点,即 $x=0$ 时,$F_A=1$。
荷载作用在 B 点,即 $x=l$ 时,$F_A=0$。

当 $x=0$ 时,F_A 达到最大,所以 A 点是 F_A 的荷载最不利位置。在荷载移动过程中,F_A 的值在 0 和 1 之间变动。

当 $0 \leqslant x \leqslant l$ 时,根据平衡条件 $\sum M_A=0$,可得
$$F_B \cdot l - F_0 \cdot x = 0$$
解得
$$F_B = \frac{x}{l}$$

上式表示 F_B 关于荷载位置坐标 x 的变化规律,也是一个直线函数关系,由此可以作出 F_B 的影响线,如图 9-2(c)所示。从图中可以看出:

荷载作用在 A 点,即 $x=0$ 时,$F_B=0$。
荷载作用在 B 点,即 $x=l$ 时,$F_B=1$。

当 $x=l$ 时，F_B 达到最大，所以 B 点是 F_B 的荷载最不利位置。在荷载移动过程中，F_B 的值在 0 和 1 之间变动。

(二)内力影响线

下面讨论简支梁在移动荷载的作用下，C 截面内力的影响线[图 9-3(a)]。在研究内力影响线时，剪力正负号和弯矩正负号的规定仍然和以前相同。

先讨论 C 截面的弯矩影响线。支座反力在上述分析中已求解，当单位力 F_0 在梁上移动时，C 截面的弯矩也随之变化，根据截面法可以得知，当 F_0 在 AC 段上移动，即当 $0 \leqslant x \leqslant a$ 时，$M_C = F_B \cdot b = \dfrac{bx}{l}$；当 F_0 在 CB 段上移动，即当 $a \leqslant x \leqslant l$ 时，$M_C = F_A \cdot a = a\dfrac{l-x}{l}$。

M_C 的影响线在 AC 段和 CB 段上都为斜直线，如图 9-3(b)所示。

下面讨论 C 截面的剪力影响线。当单位力在梁上移动时，C 截面的弯矩也随之变化，根据截面法可以得知，当 F_0 在 AC 段上移动，即当 $0 \leqslant x \leqslant a$ 时，$F_{SC} = -F_B = -\dfrac{x}{l}$；当 F 在 CB 段上移动，即当 $a \leqslant x \leqslant l$ 时，$F_{SC} = F_A = \dfrac{l-x}{l}$。

F_{SC} 的影响线在 AC 段和 CB 段上都为斜直线，如图 9-3(c)所示。

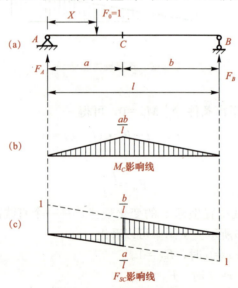

图 9-3 内力影响线

例 9-1 求解图 9-4(a)所示外伸梁支座的反力、D 截面的弯矩和剪力的影响线。

解：设 A 点为坐标原点。

(1)支座反力的影响线。

F_0 在 AB 段移动时对 B 点之矩的转向与其在 BC 段移动时对 B 点之矩的转向是不同的，因此分段计算。

当 $0 \leqslant x \leqslant l$ 时，根据平衡条件 $\sum M_B = 0$，可得 $F_A = \dfrac{l-x}{l}$。

当 $l \leqslant x \leqslant l+c$ 时，根据平衡条件 $\sum M_B = 0$，可得 $F_A = \dfrac{l-x}{l}$。

同理由 $\sum M_A = 0$,可得 $F_B = \dfrac{x}{l}$。

F_A、F_B 的影响线如图 9-4(b)、(c)所示。

(2) D 截面的弯矩、剪力的影响线。

当 F_0 位于 D 左侧时,$M_D = F_B \cdot b$,$F_{SD} = -F_B$。

当 F_0 位于 D 右侧时,$M_D = F_A \cdot a$,$F_{SD} = F_A$。

D 截面的弯矩、剪力的影响线如图 9-4(d)、(e)所示。

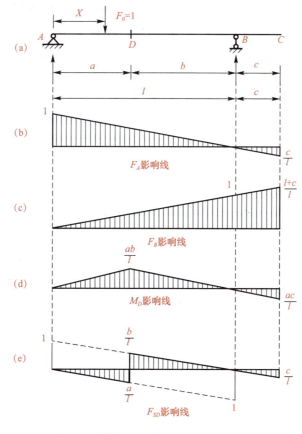

图 9-4　例 9-1 配图

二、用机动法作静定梁的影响线

利用虚位移原理作影响线的方法称为机动法。 由于在实际工程中往往只需要知道影响线的轮廓,而机动法能不经计算就迅速绘出影响线的轮廓,这对提高工作效率很有帮助。另外,利用机动法也可对用静力法绘制的影响线进行校核。

用机动法绘制某量值的影响线,只要去掉与欲求量值相对应的约束,使得到的可变体系沿量值的正向发生单位虚位移,由此得到的刚体虚位移图即量值的影响线(推导略)。

用机动法作静定梁的影响线的一般步骤如下:

(1)去掉与量值对应的约束,以量值代替,使梁成为可变体系。

(2)使体系沿量值的正方向发生单位位移,根据剩余约束条件作出梁的刚体位移图,此图即所求量值的影响线。

为进一步说明怎样运用机动法绘制影响线，以图 9-5(a)所示的简支梁为例，作 C 截面的弯矩、剪力的影响线。

用机动法绘制 C 截面的弯矩的影响线时，首先撤除与 C 截面的弯矩相对应的转动约束，代之以正向弯矩，即将刚结点 C 改为铰结点，然后沿正向弯矩的转向给出单位相对角位移 $\gamma(\gamma=1)$，梁的 C 点位移到 C' 点，整个梁在剩余约束条件下所允许的刚体位移如图 9-5(b)所示。作线段 BC' 的延长线交线段 AA'，由于线段 AC 与 $A'C'$ 的夹角 γ 是一个单位微量，由微分学原理可得线段 AA' 的高度为 a，从而由相似三角形边长的比例关系可得 CC' 的高度为 $\dfrac{ab}{l}$，根据梁的刚体位移绘出 C 截面的弯矩的影响线，如图 9-5(c)所示。

用机动法绘制 C 截面的剪力的影响线时，去掉与剪力相对应的约束，把刚结点 C 变成双滑动约束，用一对正向剪力代替，使 C 截面沿剪力的正向发生单位相对线位移，整个梁在剩余约束条件下所允许的刚体位移如图 9-5(d)所示。由于 C 点是双滑动约束，C 点两侧截面始终平行，且截面与梁轴线始终垂直，所以 C 点左、右两侧的梁段轴线是平行的。根据相似三角形边长的比例关系可得 CC_1 的高度为 $\dfrac{a}{l}$，CC_2 的高度为 $\dfrac{b}{l}$，根据梁的刚体位移绘出 C 截面的剪力的影响线，如图 9-5(e)所示。

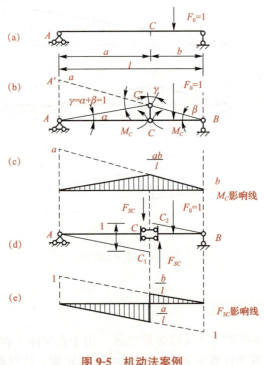

图 9-5 机动法案例

这里所讨论的 C 截面的内力影响线具有一般性，即对于两支座之间的任意截面，其弯矩、剪力的影响线均可照此套用，包括外伸梁也是如此，对于梁外伸段的影响线，随着梁轴线延伸即可。

例 9-2 作图 9-6(a)所示外伸梁 B 截面的弯矩的影响线和 B 左截面剪力的影响线。

解： 用机动法绘制 B 截面的弯矩的影响线时，首先撤除与 B 截面的弯矩相对应的转动约束，代之以正向弯矩，即将刚结点 B 改为铰结点，然后沿正向弯矩的转向给出单位相对角位移，由于 AB 杆为静定结构，所以 AB 段 B 端截面既不能转动也不能移动，因此 B 点两侧截面的单位相对角位移由 BC 段 B 端截面独自转过一个单位角位移 γ(γ=1)，梁的 C 点位移到 C′点，整个梁在剩余约束条件下所允许的刚体位移如图 9-6(b)所示。根据梁的刚体位移绘出 B 截面的弯矩的影响线，如图 9-6(c)所示。

用机动法绘制 B 左截面的剪力的影响线时，去掉与剪力相对应的约束，在 B 支座左侧把刚结点 B 变成定向支承，用一对正向剪力代替，使 B 左截面沿剪力的正向发生单位相对线位移，在滑移过程中，AB 段绕 A 点作刚体转动，该段 B 端截面既有线位移又有角位移；而 BC 段 B 端处有可动铰支座，不允许发生竖向线位移，但允许发生角位移，因此 BC 段 B 端截面可以在原位转过一个角度，与 AB 段 B 端截面保持平行关系，从而两梁段轴线位移后仍然平行，整个梁在剩余约束条件下所允许的刚体位移如图 9-6(d)所示。根据梁的刚体位移绘出 B 左截面的剪力的影响线，如图 9-6(e)所示。

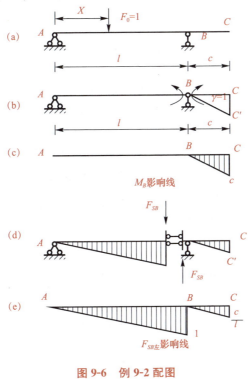

图 9-6　例 9-2 配图

第三节　影响线的应用

一、利用影响线求固定荷载下的量值

影响线的横坐标表示单位集中力的作用位置，纵坐标表示单位集中力作用在该位置时的量值大小。如将集中力的固定作用位置视为荷载移动过程中的某个位置，就可以利用影响线计算固定集中力下的量值。**影响线反映的是单位集中荷载下量值的大小，而当集中荷载不等于 1 时，将相应的影响线值（注意正负号）乘以荷载大小即可。** 如果多个集中荷载同时作用，可运用叠加法，分别计算每个荷载后将其进行叠加。

例 9-3 求图 9-7(a)所示的多跨静定梁 K 截面的弯矩。

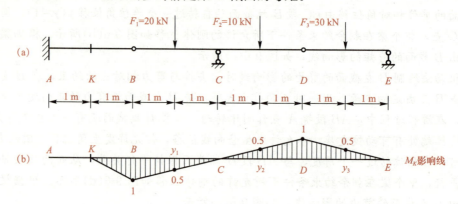

图 9-7 例 9-3 配图

解：首先绘制 K 截面的弯矩的影响线，如图 9-7(b)所示。根据影响线的定义，当 F_1 单独作用时：

$$M_{K1}=F_1 \cdot y_1=20\times(-0.5)=-10(\text{kN}\cdot\text{m})$$

当 F_2 单独作用时：$M_{K2}=F_2 \cdot y_2=10\times 0.5=5(\text{kN}\cdot\text{m})$。

当 F_3 单独作用时：$M_{K3}=F_3 \cdot y_3=30\times 0.5=15(\text{kN}\cdot\text{m})$。

从而由叠加法：$M_K=M_{K1}+M_{K2}+M_{K3}=-10+5+15=10(\text{kN}\cdot\text{m})$

一般而言，如果有一组集中荷载 F_i 同时作用，所求量值 Z 的表达式为

$$Z=F_1 y_1+F_2 y_2+\cdots+F_n y_n=\sum F_i y_i \tag{9-1}$$

当有多个均布荷载时，其量值计算式为

$$Z=q_1 w_1+q_2 w_2+\cdots+q_n w_n=\sum q_i w_i \tag{9-2}$$

当集中力和均布荷载同时出现时，其量值计算式为

$$Z=\sum F_i y_i+\sum q_i w_i \tag{9-3}$$

例 9-4 利用影响线求图 9-8(a)所示多跨静定梁 K 截面的弯矩 M_K。

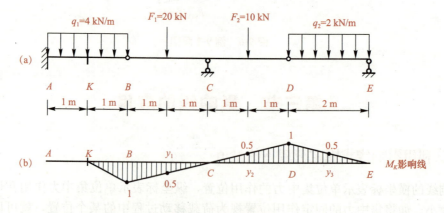

图 9-8 例 9-4 配图

解：(1)先作出 M_K 的影响线，如图 9-8(b)所示。

(2) 确定 q_i、w_i 的值。

$$y_1 = -0.5, \quad y_2 = 0.5$$
$$w_1 = -\frac{1 \times 1}{2} = -0.5, \quad w_2 = \frac{1 \times 2}{2} = 1$$

(3) 计算 M_K。

$$M_K = \sum F_i y_i + \sum q_i w_i = F_1 y_1 + F_2 y_2 + q_1 w_1 + q_2 w_2$$
$$= 20 \times (-0.5) + 10 \times 0.5 + 4 \times (-0.5) + 2 \times 1 = -5 (\text{kN} \cdot \text{m})$$

二、荷载最不利位置的确定

使量值取得最大值时的荷载位置就是荷载的最不利位置，确定荷载最不利位置后，将荷载按最不利位置作用，然后将其视为固定荷载，即可利用影响线计算其极值。下面分集中荷载和移动均布荷载两种情况来说明。

单个集中力移动时，荷载的最不利位置就是影响线的顶点。当荷载作用于该点时，量值取最大值。

对于图9-9所示间距保持不变的一组集中荷载，可以推断：量值取最大值时，必定有一个集中荷载作用于影响线顶点。作用于影响线顶点的集中荷载称为临界荷载，对于临界荷载可以用下面两个判别式来判定（推导略）：

$$\frac{\sum F_{\text{左}} + F_K}{a} \geqslant \frac{\sum F_{\text{右}}}{b} \tag{9-4}$$

$$\frac{\sum F_{\text{左}}}{a} \leqslant \frac{F_K + \sum F_{\text{右}}}{b} \tag{9-5}$$

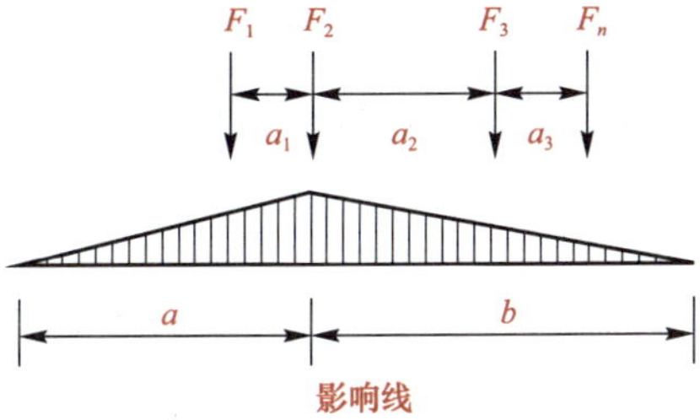

图 9-9 用影响线确定荷载最不利位置

满足上面两个式子的 F_K 就是临界荷载，$\sum F_{\text{左}}$、$\sum F_{\text{右}}$ 分别代表 F_K 以左的荷载总和与 F_K 以右的荷载总和。有时会出现多个满足上面判别式的临界荷载，这时将每个临界荷载置于影响线顶点计算量值，然后进行比较，根据最大量值确定一组荷载的最不利位置。对于荷载个数不多的情况，工程中往往不进行判定，直接将各个荷载分别置于影响线的顶点计算其量值，最大量值所对应的荷载位置就是这组荷载的最不利位置，这时位于顶点的集中力就是临界荷载。

例 9-5 求图9-10(a)所示的简支梁在吊车荷载的作用下，截面 K 的最大弯矩。

解：作 M_K 的影响线，如图9-10(b)所示。
利用影响线求得 M_K 的极值：

$$M_K(\max) = 152 \times (1.920 + 1.668 + 0.788) = 665.15 (\text{kN} \cdot \text{m})$$

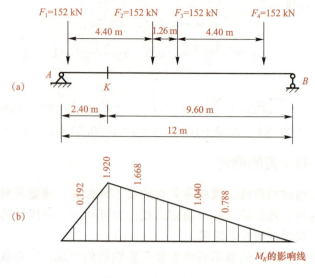

图 9-10 例 9-5 配图

当移动荷载为均布可变荷载时,由于可变荷载的分布长度也是变化的,注意到均布荷载下的量恒等于均布荷载集度乘以影响线对应分布长度的面积,所以,只要把均布荷载布满整个正影响线区域,就可得到正的最大量值;同理,把均布荷载布满整个负影响线区域,就可得到负的最大量值。

工程中进行结构设计时,必须针对梁的危险状态进行计算,并非整个梁上布满均布荷载时才是梁的危险状态。应按照下列方式进行可变荷载的布置,才是截面弯矩的危险状态:对于任意跨的跨中截面的最大正弯矩,可变荷载的最不利布置是"本跨布置,隔跨布置";对于任意的中间支座截面的最大负弯矩,可变荷载的最不利布置是"相邻跨布置,隔跨布置"。

第四节 绝对最大弯矩及内力包络图的概念

在固定荷载的作用下,通过绘制梁的弯矩图可以得到整个梁的最大、最小弯矩值。同样,在移动荷载的作用下,不仅需要了解某个截面的内力变化规律,更需要关注整个梁的危险弯矩,这个危险弯矩就称为梁的绝对最大弯矩。

由前述内容可知,在移动荷载的作用下,量值随荷载位置的变化而变化。因此,在荷载的变化范围内,量值必定有一个最大值和一个最小值。将梁沿长度方向分为 n 等份,即等距离地取 $(n+1)$ 个截面,分别作这些截面的内力的影响线,讨论内力的极值。将各截面内力的最大值和最小值分别进行连线,由此得到的图像称为内力包络图。包络图与梁的内力图一样,全面反映了内力沿梁轴线的分布规律。但是在梁的内力图中,每一个截面只有一个确定的内力值。而在梁的包络图中,每一个截面有两个内力极值,一个是极大值,另一个是极小值,截面内力在这两个值之间变动,即包络图囊括了整个梁的内力在荷载移动过程中的所有取值。弯矩包络图上的最大值就是梁的绝对最大弯矩。

图 9-11 所示为简支梁在间距固定的一组移动荷载作用下的弯矩包络图和剪力包络图。取 $n=10$，n 越大，绘制的包络图越精确，但计算量也随之增大。

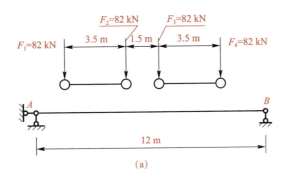

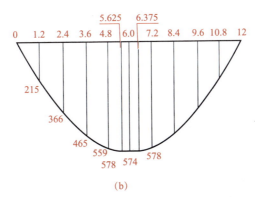

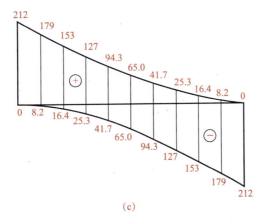

图 9-11　内力包络图
(a)结构图；(b)弯矩包络图(kN·m)；(c)剪力包络图(kN)

习 题

9-1　分别用静力法、机动法绘制图 9-12 所示各梁指定量值的影响线。

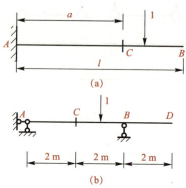

图 9-12　习题 9-1 配图

(a)F_{Ay}、F_{SC}、M_C；(b)F_{Ay}、F_{SC}、M_C

9-2　利用影响线求图 9-13 所示结构指定的量值。

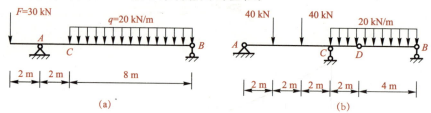

图 9-13　习题 9-2 配图

(a)M_C、F_C；(b)F_C、M_C、F_{SC}

第十章 拉(压)杆的强度

内容摘要

本章主要介绍拉(压)杆的内力与轴力图的绘制、拉(压)杆的应力、拉(压)杆的变形、材料在拉(压)时的力学性能、拉(压)杆的强度计算，简单介绍应力集中的概念，最后介绍杆件的连接方式，连接件的剪切和挤压强度的计算。

学习目标

1. 掌握拉(压)杆的内力计算和轴力图的绘制方法。
2. 理解应力的概念，熟练掌握轴向拉(压)杆横截面上的应力计算和应力分布规律。
3. 了解纵向变形及横向变形的相关概念，熟练掌握轴向拉(压)杆的变形计算，理解胡克定律，了解弹性模量、泊松比、拉压刚度的概念。
4. 掌握材料在拉(压)时的力学性能和测试方法。
5. 理解许用应力与安全因数的概念。
6. 熟练掌握轴向拉(压)杆的强度计算。
7. 了解应力集中的概念。
8. 了解工程中杆件的连接方式。
9. 掌握连接件的剪切和挤压强度的计算。

第一节 轴向拉伸与压缩的概念

轴向拉伸与压缩是最简单，也是最基本的变形形式。工程中有很多构件，如钢木组合桁架中的拉杆(图 10-1)等，除连接部分外都是等直杆，作用于杆上的外力(或外力合力)的作用线与杆轴线重合。**这类构件简称为拉(压)杆。**

实际拉(压)杆的端部可以有各种连接方式。如果不考虑其端部的具体连接情况，其计算简图如图 10-2 所示。计算简图的几何特征是等直杆，其受力特征是杆在两端各受一集中力 F，大小相等、方向相反，且作用线与杆轴线重合；其变形特征是杆将发生纵向伸长或缩短。图中用虚线表示杆件变形后的形状。

图 10-1 钢木组合桁架

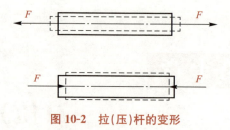

图 10-2 拉(压)杆的变形

第二节 轴向拉(压)杆的内力与轴力图

一、轴向拉(压)杆的内力

设一等直杆在两端轴向拉力 F 的作用下处于平衡状态,求图 10-3(a)所示的杆件横截面 m—m 上的内力。为此,假设一平面沿横截面 m—m 将杆件截分为两部分。按照连续性假设,分布力在截面上连续分布且在轴向荷载的作用下,可进一步假定它是均匀分布的。其合力 F_N 必通过截面的形心,与杆件中轴线重合,故 F_N 称为轴力。

如图 10-3(b)所示,由左段的平衡方程 $\sum F_x = 0$,得

$$F_N - F = 0$$

解得

$$F_N = F \tag{10-1}$$

如果杆件轴线作用的外力多于 2 个,则在杆件各部分的横截面上需要用轴力图来描述轴力沿杆件轴向的变化情况。

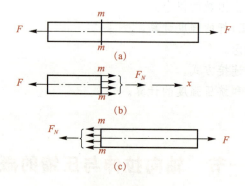

图 10-3 轴力

轴力的单位与力的单位相同,常用的为牛(N)或千牛(kN)。

当杆件受拉时,轴力为拉力,其方向背离横截面。规定:**轴力以拉力为正,以压力为负**。

用截面法计算轴力的步骤如下:

(1)用假想截面将杆件沿要求内力的截面截开,取其中的一部分为研究对象。

(2)画研究对象的受力图。画受力图时,一般假设截面上的轴力为拉力(即正值)。

(3)根据研究对象的平衡条件列平衡方程,求解未知力。计算出结果为正,说明假设方向和实际方向相同,即为拉力;否则为压力。

二、轴力图

为了表明各横截面上的轴力随横截面位置而变化的情况,用平行于杆轴线的坐标(即 x 坐标)表示横截面的位置,用垂直于杆轴线的坐标(F_N 坐标)表示横截面上轴力的数值,按一定的比例绘制出表示轴力与截面位置关系的图线,这种图线称为轴力图,如图 10-4(b)所示。从轴力图上可直观地看出,最大轴力的数值及其所在横截面的位置。**习惯上将正的轴力(拉力)画在 x 轴的上方;将负的轴力(压力)画在 x 轴的下方。**

为简便起见,**通常在画轴力图时,可以不画坐标系**,而是用一条与杆件等长且平行的基线表示杆件各横截面的位置,将正的轴力画在基线的上方,将负的轴力画在基线的下方,如图 10-5(e)所示。

画轴力图时的注意事项如下:
(1)**表示横截面位置的 x 轴(或基线)必须与杆件轴线平行。**
(2)图中的竖标表示对应横截面上轴力的大小,故要与纵坐标平行并按一定比例绘制。
(3)**在图中标清轴力的大小、正负号、图名和单位。**

例 10-1 如图 10-4(a)所示,杆件受力 $F_1=50$ kN,$F_2=140$ kN,求截面 1—1、2—2 处的轴力,并作轴力图。

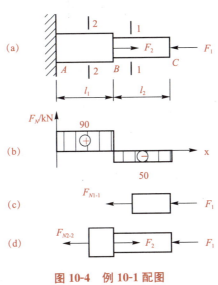

图 10-4 例 10-1 配图

解:(1)如图 10-4(a)所示,用截面 1—1 将杆件切开,取右段研究,受力图如图 10-4(c)所示。

由 $\sum F_x = 0$,$-F_{N1-1} - F_1 = 0$,可得 $F_{N1-1} = -F_1 = -50$ kN。

结果为负,说明假设方向与实际方向相反,为压力。

(2)同理可得图 10-4(d)。

由 $\sum F_x = 0$,$-F_{N2-2} + F_2 - F_1 = 0$,可得 $F_{N2-2} = F_2 - F_1 = 90$ kN。

(3)作轴力图,如图 10-4(b)所示。

由截面法可总结出计算轴力的规律：轴向拉(压)杆件任一横截面上的轴力等于该截面一侧(左半部或右半部)所有轴向外力的代数和，并规定轴向外力的正负号：外力指向截面(为压力)取负号，远离截面(为拉力)取正号。计算结果为正，说明是拉力；反之是压力。这种利用内力规律来计算内力的方法往往可以简化计算，减少计算工作量。

例 10-2 计算图 10-5(a)所示的杆件中各指定截面的轴力，并绘制轴力图。

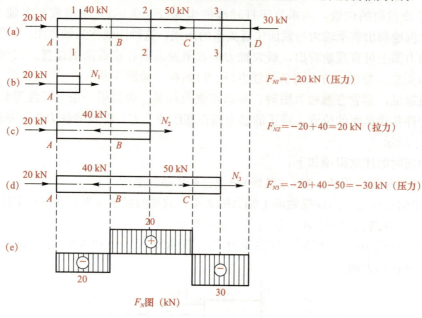

图 10-5 例 10-2 配图

解：用内力规律进行计算，过程如图 10-5(b)、(c)、(d)所示。轴力图如图 10-5(e)所示。

第三节　拉(压)杆应力

一、应力的概念

用截面法可求出拉(压)杆的截面上分布内力的合力，它只表示截面上总的受力情况。单凭内力的合力大小，还不能判断杆件是否会因强度不足而破坏，例如，两根材料相同、截面面积不同的杆，受同样大小的轴向拉力 F 的作用，显然两根杆件截面上的内力是相等的，随着外力的增加，截面面积小的杆件必然先断。这是因为轴力只是杆的横截面上分布内力的合力，而要判断杆的强度，还必须知道内力在截面上分布的密集程度(简称"内力集度")。

内力在一点处的集度称为应力。为了说明截面上某一点 E 处的应力，可绕 E 点取一微小面积 ΔA，作用在 ΔA 上的内力的合力记为 ΔF，如图 10-6(a)所示，则比值 $p_m = \dfrac{\Delta F}{\Delta A}$ 称为 ΔA 上的平均应力。

一般情况下，截面上各点处的内力虽然是连续分布的，但并不一定均匀，因此，平均应力的值将随 ΔA 的大小而变化，它还不能表明内力在 E 点处的真实强弱程度。只有当 ΔA 无限缩小并趋于零时，平均应力 p_m 的极限值 p 才能代表 E 点处的内力集度。

$$p = \lim_{\Delta A \to 0} \frac{\Delta F}{\Delta A} = \frac{\mathrm{d}F}{\mathrm{d}A} \tag{10-2}$$

p 称为 E 点处的应力。

应力 p 也称为 E 点的总应力。通常应力 p 与截面既不垂直，也不相切，力学中总是将它分解为垂直于截面和相切于截面的两个分量，如图 10-6(b) 所示。**与截面垂直的应力分量称为正应力（或法向应力），用 σ 表示；与截面相切的应力分量称为剪应力（或切向应力），用 τ 表示。**

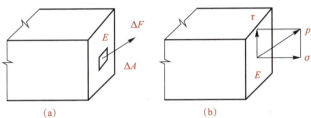

图 10-6 应力

应力的单位是帕斯卡，简称为帕，符号为 Pa。$1\ \text{Pa} = 1\ \text{N/m}^2$。

工程实际中应力数值较大，常用千帕(kPa)、兆帕(MPa)和吉帕(GPa)作为单位。

$$1\ \text{kPa} = 10^3\ \text{Pa}$$
$$1\ \text{MPa} = 10^6\ \text{Pa}$$
$$1\ \text{GPa} = 10^9\ \text{Pa}$$

工程图纸上，长度尺寸常以 mm 为单位，有

$$1\ \text{MPa} = 10^6\ \text{N/m}^2 = 1\ \text{N/mm}^2$$

二、横截面上的正应力

取一橡胶制成的等直杆，在它的表面均匀地画上若干与轴线平行的纵线及与轴线垂直的横线，如图 10-7(a) 所示，使杆的表面形成许多大小相同的方格。然后在两端施加一对轴向拉力 F，如图 10-7(b) 所示，可以观察到，所有的小方格都变成了长方格，所有纵线都伸长了，但仍互相平行。所有的横线仍保持为直线，且仍垂直于杆轴，只是相对距离增大了。

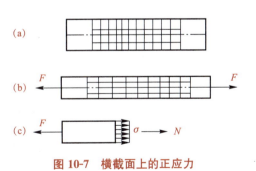

图 10-7 横截面上的正应力

根据上述现象，可作如下假设：

(1)平面假设。若将各条横线看作横截面，则杆件横截面在变形前是平面，变形后仍保持平面，并且仍垂直于杆轴，只是沿杆轴作相对移动。

(2)设想杆件是由许多纵向纤维组成的，根据平面假设可知，任意两横截面之间的所有纤维都伸长了相同的长度。

根据材料的均匀连续假设,当变形相同时,受力也相同,因而知道横截面上的内力是均匀分布的,且方向垂直于横截面。由此可得到结论:轴向拉伸时,杆件横截面上各点处产生的是正应力,且大小相等。**等直杆轴向拉伸时横截面上的正应力计算公式为**

$$\sigma = \frac{F_N}{A} \tag{10-3}$$

式中　σ——横截面上的正应力;
　　　F_N——横截面上的轴力;
　　　A——横截面面积。

当杆受轴向压缩时,情况完全类似,式(10-3)仍然适用,只需将轴力连同负号一并代入公式计算即可。

正应力的正负号规定为:拉应力为正,压应力为负。

根据上述分析可知,式(10-3)必须符合下列条件,才可使用:
(1)等截面直杆。
(2)外力(或外力的合力)的作用线与杆轴线重合或杆件横截面上的内力只有轴力。

正应力均匀分布的结论只在杆上离外力作用点较远的部分才成立,在荷载作用点附近的截面上有时是不成立的。这是因为在实际构件中,荷载以不同的加载方式施加于构件,这对截面上的应力分布是有影响的。但是,实验研究表明,加载方式的不同,只对作用力附近截面上的应力分布有影响,这个结论称为圣维南原理。根据这一原理,在拉(压)杆中,**离外力作用点稍远的横截面上,应力分布属于均匀分布。**

一般拉(压)杆的应力计算可直接用式(10-3)。

当杆件受多个外力作用时,通过截面法可求得最大轴力 $F_{N\max}$,如果是等截面杆件,利用式(10-3)即可求出杆的最大正应力 $\sigma_{\max}$。

例 10-3　一变截面圆钢杆 $ABCD$ 如图 10-8(a)所示,已知 $P_1 = 20$ kN,$P_2 = 35$ kN,$P_3 = 35$ kN,$d_{AB} = 12$ mm,$d_{BC} = 16$ mm,$d_{CD} = 24$ mm。

求:(1)各截面上的轴力,并作轴力图。
(2)杆的最大正应力。

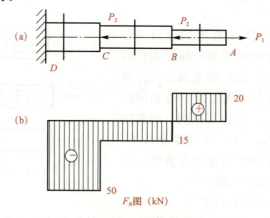

图 10-8　例 10-3 配图

解:(1)分段计算轴力并绘制轴力图,如图 10-8(b)所示。

$F_{NAB} = 20$ kN,$F_{NBC} = 20 - 35 = -15$(kN),$F_{NCD} = 20 - 35 - 35 = -50$(kN)

（2）求最大正应力。

由于该杆为变截面杆，AB、BC 及 CD 三段内不仅内力不同，横截面面积也不同，这就需要分别求出各段横截面上的正应力。利用式(10-3)分别求得 AB、BC 和 CD 段内的正应力为

$$\sigma_{AB}=\frac{F_{NAB}}{A_{AB}}=\frac{20\times10^3}{\frac{\pi\times12^2}{4}}=176.84(\text{N/mm}^2)=176.84(\text{MPa})$$

$$\sigma_{BC}=\frac{F_{NBC}}{A_{BC}}=\frac{-15\times10^3}{\frac{\pi\times16^2}{4}}=-74.60(\text{MPa})$$

$$\sigma_{CD}=\frac{F_{NCD}}{A_{CD}}=\frac{-50\times10^3}{\frac{\pi\times24^2}{4}}=-110.52(\text{MPa})$$

分析可知，AB 段的正应力最大，该圆杆的最大正应力为 176.84 MPa。

三、应力集中

式(10-3)的应力计算公式适用于等截面的直杆，对于横截面平缓变化的拉(压)杆按该公式计算应力在工程实际中精度可满足要求，然而在实际工程中某些构件常有切口、圆孔、沟槽等几何形状发生突然改变的情况。试验和理论分析表明，**此时横截面上的应力不再是均匀分布，而是在局部范围内急剧增大，这种现象称为应力集中。**

图 10-9(a)所示的带圆孔的薄板，承受轴向拉力 P 的作用，由试验结果可知，在圆孔附近的局部区域内，应力急剧增大；而在离这一区域稍远处，应力迅速减小而趋于均匀，如图 10-9(b)所示。在截面 I—I 上，孔边的最大应力 σ_{max} 与同一截面上的平均应力 σ_n 之比，用 K 表示：

$$K=\frac{\sigma_{max}}{\sigma_n} \qquad (10\text{-}4)$$

K 称为理论应力集中系数，它反映了应力集中的程度，是一个大于 1 的系数。试验和理论分析结果表明，构件的截面尺寸改变越急剧，构件的孔越小，缺口的角越尖，应力集中的程度就越严重。因此，构件应尽量避免带尖角、小孔或槽，在阶梯形杆的变截面处要用圆弧过渡，并尽量使圆弧半径大一些。

各种材料对应力集中的反应是不同的。塑性材料(如低碳钢)具有屈服阶段，当孔边附近的最大应力 σ_{max} 到达屈服极限 σ_s 时，该处材料首先屈服，应力暂时不再增大。若外力继续增大，增大的内力就由截面上尚未屈服的材料所承担，使截面上其他点的应力相继增大到屈服极限，该截面上的应力逐渐趋于平均，如图 10-10 所示。因此，用塑性材料制作的构件，在静荷载的作用下可以不考虑应力集中的影响。而对于

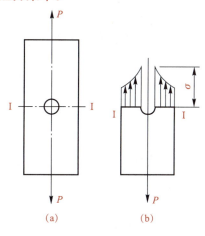

图 10-9 应力集中

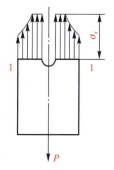

图 10-10 低碳钢的应力集中

脆性材料制成的构件，情况就不同了。因为材料不存在屈服，当孔边最大应力的值达到材料的强度极限时，该处首先产生裂纹。所以，用脆性材料制作的构件，应力集中将大大降低构件的承载力。因此，即使在静载荷作用下也应考虑应力集中对材料承载力的削弱。不过有些脆性材料内部本来就很不均匀，存在不少孔隙或缺陷，例如，含有大量片状石墨的灰铸铁，其内部的不均匀性已经造成了严重的应力集中，测定这类材料的强度指标时已经包含了内部应力集中的影响，而由构件形状引起的应力集中则处于次要地位，因此，对于由此类材料做成的构件，其形状改变所引起的应力集中就可以不再考虑了。

以上是针对静载作用下的情况，**当构件受到冲击荷载或者周期性变化的荷载作用时，无论是塑性材料还是脆性材料，应力集中对构件的强度都有严重的影响，可能造成极大危害，应引起足够的重视。**

第四节　轴向拉(压)时的变形

等直杆在轴向外力的作用下，其主要变形为轴向伸长或缩短，以及横向缩短或伸长。若规定伸长变形为正，缩短变形为负，在轴向外力的作用下，等直杆轴向变形和横向变形恒为异号。

一、胡克定律

图 10-11 所示长为 l 的等直杆，在轴向力 F 的作用下，伸长 $\Delta l = l_1 - l$，杆件横截面上的正应力为 $\sigma = \dfrac{F_N}{A}$。

轴向正应变为

$$\varepsilon = \frac{\Delta l}{l} \tag{10-5}$$

试验表明，当杆内的应力不超过材料的某一极限值时，正应力和正应变成线性正比关系，见式(10-6)。

$$\sigma = E \cdot \varepsilon \tag{10-6}$$

式(10-6)中，***E* 称为材料的弹性模量，其常用单位为 GPa，**它与材料的性质有关，是衡量材料抵抗弹性变形能力的一个指标，各种材料的弹性模量在设计手册中均可以查到。式(10-6)称为胡克定律，是英国科学家胡克首次用试验方法论证了这种线性关系后提出的。胡克定律的另一种表达式为

$$\Delta l = \frac{F_N l}{EA} \tag{10-7}$$

式(10-7)中，***EA* 称为杆的抗压刚度。**式(10-7)只适用于在杆长为 l 的长度内 F_N、E、A 均为常值的情况，即在杆长为 l 的长度内变形是均匀的情况。

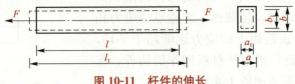

图 10-11　杆件的伸长

二、横向变形与泊松比

如图 10-11 所示，横截面为正方形的等截面直杆，在轴向外力 F 的作用下，边长由 a 变为 a_1，$\Delta a = a_1 - a$，则横向正应变为

$$\varepsilon' = \frac{\Delta a}{a} \tag{10-8}$$

试验结果表明，当应力不超过一定限度时，横向应变 ε' 与轴向应变 ε 之比的绝对值是一个常数，即

$$\nu = \left|\frac{\varepsilon'}{\varepsilon}\right| \tag{10-9}$$

式(10-9)中，ν 称为横向变形因数或泊松比，是法国科学家泊松从理论上推演得出的结果，后又经试验验证。考虑到杆件轴向正应变和横向正应变的正负号恒相反，常表达为

$$\varepsilon' = -\nu\varepsilon \tag{10-10}$$

表 10-1 所示为工程中常见材料的 E 值和 ν 值。

表 10-1　工程常见材料的 E 值和 ν 值

材料名称	E/GPa	ν	材料名称	E/GPa	ν
低碳钢	196～216	0.24～0.28	混凝土	15～35	0.16～0.18
中碳钢	205	0.24～0.28	石灰岩	41	0.16～0.34
16锰钢	196～216	0.25～0.30	木材(顺纹)	10～12	0.053 9
合金钢	186～216	0.25～0.30	木材(横纹)	0.5～1	
铸铁	59～162	0.23～0.27	橡胶	0.007 8	0.47

例 10-4　为测定钢材的弹性模量 E 值，将钢材加工成直径 $d=10$ mm 的试件，放在试验机上拉伸，当拉力 F 达到 15 kN 时，测得轴向线应变 $\varepsilon=0.000\ 96$，求这一钢材的弹性模量。

解： 正应力为

$$\sigma = \frac{F}{A} = \frac{15 \times 10^3}{\frac{1}{4} \times \pi \times 0.01} = 190.99 \times 10^6 (\text{Pa}) = 190.99 (\text{MPa})$$

由胡克定律得

$$E = \frac{\sigma}{\varepsilon} = \frac{190.99 \times 10^6}{0.000\ 96} = 1.99 \times 10^{11} (\text{Pa}) = 199 (\text{GPa})$$

例 10-5　如图 10-12 所示，已知杆件的横截面面积 $A=1\ 000$ mm^2，材料的弹性模量 $E=200$ GPa，求杆各段的线应变、线变形及全杆的总变形。

图 10-12　例 10-5 配图

解： 杆件分为 Ⅰ、Ⅱ、Ⅲ 三段，轴力分别为 F_{N1}、F_{N2}、F_{N3}。

计算轴力：
$$F_{N3}=-10\text{ kN},\ F_{N2}=-10+30=20(\text{kN}),\ F_{N1}=-10+30+20=40(\text{kN})$$

计算线应变：
$$\varepsilon_1=\frac{F_{N1}}{EA}=\frac{40\times10^3}{200\times10^9\times1\,000\times10^{-6}}=2\times10^{-4}$$

$$\varepsilon_2=\frac{F_{N2}}{EA}=\frac{20\times10^3}{200\times10^9\times1\,000\times10^{-6}}=1\times10^{-4}$$

$$\varepsilon_3=\frac{F_{N3}}{EA}=\frac{-10\times10^3}{200\times10^9\times1\,000\times10^{-6}}=-5\times10^{-5}$$

计算线变形：
$$\Delta l_1=\varepsilon_1 l_1=2\times10^{-4}\times10^3=0.2(\text{mm})$$

$$\Delta l_2=\varepsilon_2 l_2=1\times10^{-4}\times10^3=0.1(\text{mm})$$

$$\Delta l_3=\varepsilon_3 l_3=-5\times10^{-5}\times2\times10^3=-0.1(\text{mm})$$

全杆的总变形：
$$\Delta l=\Delta l_1+\Delta l_2+\Delta l_3=0.2+0.1-0.1=0.2(\text{mm})$$

第五节 材料在拉伸与压缩时的力学性能

力学性能是指材料在外力作用下表现出的强度和变形方面的特性。它是通过各种试验测定得出的，材料的力学性能和加载方式、温度等因素有关。本节主要介绍材料在静载(缓慢加载)、常温(室温)拉伸(压缩)试验中的力学性能。

静载、常温拉伸实验是测定材料力学性能的基本试验之一，在国家标准《金属材料 拉伸试验 第1部分：室温试验方法》(GB/T 228.1—2010)中对其方法和要求有详细规定。对于金属材料，通常采用圆柱形试件，长度 l 为标距。标距一般有两种，即 $l=5d$ 和 $l=10d$，前者称为短试件，后者称为长试件，d 为试件的直径。

低碳钢和铸铁是两种不同类型的材料，都是工程实际中广泛使用的材料，它们的力学性能比较典型，因此，以这两种材料为代表来介绍其力学性能。

一、材料在拉伸时的力学性能

(一)低碳钢的拉伸

低碳钢(Q235)是指含碳量在0.3%以下的碳素钢。将低碳钢试件两端装入试验机，缓慢加载，使其受到拉力产生变形，利用试验机的自动绘图装置，可以画出试件在试验过程中标距为 l 段的伸长 Δl 和拉力 P 之间的关系曲线。该曲线的横坐标为 Δl，纵坐标为 F，称为试件的拉伸曲线或 F-Δl 曲线，如图10-13所示。

拉伸曲线与试样的尺寸有关，将拉力 F 除以试件的原横截面面积 A，得到横截面上的正应力 σ，将其作为纵坐标；将伸长量 Δl 除以标距的原始长度 l，得到应变 ε 作为横坐标，从而获得 σ-ε 曲线，如图10-14所示，称为应力-应变曲线。

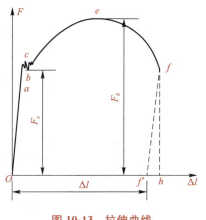

图 10-13 拉伸曲线　　　　图 10-14 应力-应变曲线

由低碳钢的 $\sigma\text{-}\varepsilon$ 曲线可见，整个拉伸过程可分为以下四阶段：

(1) **弹性阶段 Ob**。当应力 σ 小于 b 点所对应的应力时，**如果卸去外力，变形全部消失，这种变形称为弹性变形**。因此，这一阶段称为弹性阶段。相应于 b 点的应力用 σ_e 表示，它是材料只产生弹性变形的最大应力，故称为弹性极限。在弹性阶段内，开始为一斜直线 Oa，表示当应力小于 a 点相应的应力时，应力与应变成正比，即符合胡克定律，斜线 Oa 的斜率为材料的弹性模量 E，与 a 点相对应的应力用 σ_P 表示，它是应力与应变成正比的最大应力，故称为比例极限。在 $\sigma\text{-}\varepsilon$ 曲线上，超过 a 点后 ab 段的图线微弯，a 与 b 极为接近，因此，**工程中对弹性极限和比例极限并不严格区分**，低碳钢的比例极限 $\sigma_P \approx 200$ MPa。

当应力超过弹性极限后，若卸去外力，材料的变形只能部分消失，另一部分将残留下来，残留下来的那部分变形称为残余变形或塑性变形。

(2) **屈服阶段 bc**。当应力达到 b 点的相应值时，**应力几乎不再增加或在一微小范围内波动，变形却继续增大**，在 $\sigma\text{-}\varepsilon$ 曲线上出现一条近似水平的小锯齿形线段，这种应力几乎保持不变而应变显著增长的现象，称为屈服或流动，bc 阶段称为屈服阶段。在屈服阶段内的最高应力和最低应力分别称为上屈服极限和下屈服极限。由于上屈服极限一般不如下屈服极限稳定，故规定下屈服极限为材料的屈服强度，用 σ_s 表示。**低碳钢的屈服强度为 $\sigma_s = 235$ MPa**。

若试件表面经过磨光，当应力达到屈服极限时，可在试件表面看到与轴线成约 45°角的一系列条纹，如图 10-15 所示，这可能是材料内部晶格间相对滑移而形成的，故称为滑移线。

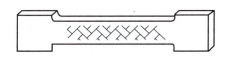

图 10-15 滑移线

材料屈服时产生塑性变形，是构件正常工作中所不允许的，因此屈服极限 σ_s 是衡量材料强度的重要指标。

(3) **强化阶段 ce**。屈服阶段结束后，**材料又恢复了抵抗变形的能力，增加拉力使它继续变形，这种现象称为材料的强化**。从 c 点到曲线的最高点 e，即 ce 阶段为强化阶段。e 点所对应的应力是材料所能承受的最大应力，称为强度极限，用 σ_b 表示。低碳钢的强度极限 $\sigma_b \approx 380$ MPa。这一阶段中，试件发生明显的横向收缩。

如果在这一阶段中的任意一点 d 处，逐渐卸掉拉力，此时应力-应变关系将沿着斜直线 dd' 回到 d' 点，且 dd' 平行于 Oa。这时材料产生较大的塑性变形，横坐标中的 Od' 表示残留的塑性应变，$d'g$ 则表示弹性应变。如果立即重新加载，应力-应变关系大体上沿卸载时的斜直线 dd' 变化，到 d 点后又沿曲线 def 变化，直至断裂。从图 10-14 中可以看出，在重新加载的过程中，直到 d 点以前，材料的变形是弹性的，过 d 点后才开始产生塑性变形。

比较图中的 $Oabcdef$ 和 $d'def$ 两条曲线可知，重新加载时其比例极限得到提高，故材料的强度也提高了，但塑性变形却有所降低。这说明，在常温下将材料预拉到强化阶段，然后卸载，再重新加载时，**材料的比例极限提高而塑性降低**，这种现象称为**冷作硬化**。**在工程中常利用冷作硬化来提高材料的强度**，例如用冷拉的办法可以提高钢筋的强度。可有时则要消除其不利的一面，例如冷轧钢板或冷拔钢丝时，由于加工硬化，降低了材料的塑性，使继续轧制和拉拔困难，为了恢复塑性，则要进行退火处理。

（4）**颈缩阶段**。在 e 点以前，试件标距段内的变形通常是均匀的。当到达 e 点后，**试件变形开始集中于某一局部长度内，此处横截面面积迅速减小，形成颈缩现象**，如图 10-16 所示。由于局部的截面收缩，试件继续变形所需的拉力逐渐减小，直到 f 点试件断裂。

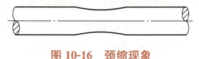

图 10-16 颈缩现象

从上述试验现象可知，当应力达到 σ_s 时，材料会产生显著的塑性变形，进而影响结构的正常工作；当应力达到 σ_b 时，材料会由于颈缩而导致断裂。屈服和断裂，均属于破坏现象。

材料产生塑性变形的能力称为材料的塑性性能。塑性性能是工程中评定材料质量优劣的重要方面，**衡量材料塑性的指标有延伸率 δ 和断面收缩率 ψ**，这两个指标见式（10-11）、式（10-12）。

$$\delta = \frac{l_1 - l}{l} \times 100\% \tag{10-11}$$

式（10-11）中，l_1 为试件断裂后的长度，l 为原长度。

$$\psi = \frac{A - A_1}{A} \times 100\% \tag{10-12}$$

式（10-12）中，A_1 为试件断裂后断口的面积，A 为试件原横截面面积。

工程中通常将延伸率 $\delta \geq 5\%$ 的材料称为塑性材料，如碳钢、黄铜、铝合金等，将 $\delta < 5\%$ 的材料称为脆性材料，如铸铁、陶瓷、玻璃、混凝土等。低碳钢的延伸率 $\delta = 20\% \sim 30\%$，断面收缩率 $\psi = 60\% \sim 70\%$。

（二）其他材料在拉伸时的力学性能

铸铁在拉伸时的 σ-ε 曲线如图 10-17 所示。整个位伸过程中，σ-ε 关系为一微弯的曲线，直到拉断时，试件变形仍然很小。在工程中，在较低的拉应力下可以近似地认为变形服从胡克定律，通常用一条割线来代替曲线，如图 10-17 中的虚线所示，用它确定弹性模量。这样确定的弹性模量称为割线弹性模量。由于铸铁没有屈服现象，因此强度极限 σ_b 是衡量强度的唯一指标。

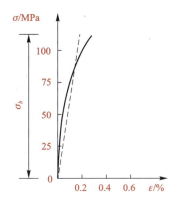

图 10-17 铸铁在拉伸时的应力-应变曲线

图 10-18(a)给出了几种塑性材料在拉伸时的 σ-ε 曲线,由图中可知,这些材料在拉断前均有较大的塑性变形,然而 σ-ε 规律却大不相同,除 16Mn 钢和低碳钢一样有明显的弹性阶段、屈服阶段、强化阶段和颈缩阶段外,其他材料并没有明显的屈服阶段。对于没有明显屈服阶段的塑性材料,通常以产生的塑性应变为 0.2%时的应力作为屈服极限,并称为名义屈服极限,以 $\sigma_{0.2}$ 表示,如图 10-18(b)所示。

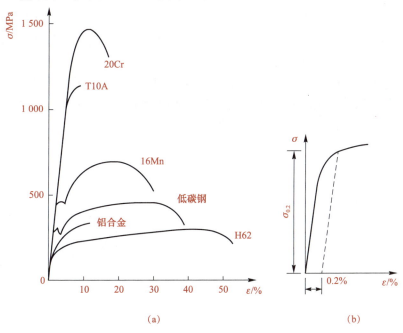

图 10-18 常用材料的力学性能

二、材料在压缩时的力学性能

一般细长杆件在压缩时容易产生失稳现象,因此,材料的压缩试件一般做得短而粗。金属材料的压缩试件为圆柱,混凝土、石料等的压缩试件为立方体。

低碳钢在压缩时的应力-应变曲线如图 10-19 所示。为了便于比较,图中还画出了拉伸时的应力-应变曲线,用虚线表示。从图中可以看出,在屈服以前两条曲线基本重合,这表明低碳钢在压缩时的弹性模量 E、屈服极限 σ_s 等都与拉伸时基本相同。不同的是，随着外力的增大，试件被越压越扁却并不断裂。由于无法测出压缩时的强度极限，对低碳钢一般不做压缩试验，其主要力学性能可由拉伸试验确定。类似情况在一般的塑性金属材料中也存在，但有的塑性材料，如铬钼硅合金钢，在拉伸和压缩时的屈服极限并不相同，因此，对这些材料还要做压缩试验，以测定其压缩屈服极限。

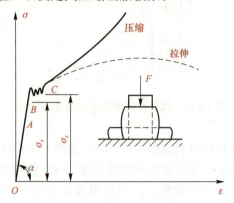

图 10-19　应力-应变曲线

脆性材料在拉伸时的力学性能与压缩时有较大区别。如铸铁，其在压缩和拉伸时的应力-应变曲线分别如图 10-20 中的实线和虚线所示。由图可见，铸铁在压缩时的强度极限比拉伸时大得多，为拉伸时强度极限的 3～4 倍。铸铁在压缩时沿与轴线约成 45°的斜截面断裂，如图 10-21 所示，说明是切应力达到极限值而破坏。拉伸破坏时是沿横截面断裂，说明是拉应力达到极限值而破坏。其他脆性材料，如混凝土和石材也具有上述特点，抗压强度也远高于抗拉强度。因此，脆性材料适宜做承压构件。

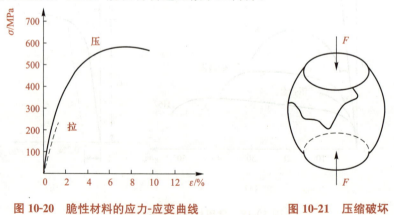

图 10-20　脆性材料的应力-应变曲线　　　图 10-21　压缩破坏

第六节　安全因数、许用应力、强度条件

一、安全因数与许用应力

当正应力达到强度极限 σ_b 时，会引起断裂；当正应力达到屈服极限 σ_s 时，将出现显著

的塑性变形。显然，构件工作时，一般不容许发生断裂或显著的塑性变形，**故强度极限 σ_b 与屈服极限 σ_s 统称为材料的极限应力，并用 σ_u 表示。对于脆性材料，强度极限是唯一的强度指标，故以 σ_b 作为极限应力；对于塑性材料，由于 $\sigma_s < \sigma_b$，故通常以 σ_s 作为极限应力。**根据分析计算所得构件的应力，称为工作应力或计算应力。在理想情况下，为了充分利用材料的强度，就要使构件的工作应力接近材料的极限应力。但是实际上由于材料的不均匀性，以及考虑到外荷载的复杂性，构件工作应力的最大容许值必须低于材料的极限应力。

对于由一定材料制成的具体构件，工作应力的最大容许值称为材料的许用应力，用 $[\sigma]$ 表示。**许用应力与极限应力之间的关系见式(10-13)**。

$$[\sigma] = \frac{\sigma_u}{n} \tag{10-13}$$

式中　　n——安全因数，为大于1的系数。

安全因数是由多种因素决定的。各种材料在不同的用途中的安全因数可以在相关规范手册中查得。若从安全的角度考虑，应加大安全因数，然而这势必使建筑构件粗大笨重，造成浪费。相反，若从经济的角度考虑，则应该减小安全因数，但这样少用材料，缺乏足够的安全储备。因此，在实际工程中，应该合理地权衡安全和经济这两方面的要求。

一般情况下，在工业的各个部门都有相应的安全因数规范供设计人员查用。如无规范，塑性材料一般取 $n_s = 1.4 \sim 1.7$，脆性材料一般取 $n_b = 2.5 \sim 5.0$。

二、强度条件

(1)校核强度：平面的最大正应力不大于许用应力。

$$\sigma_{\max} = \frac{F_N}{A} \leqslant [\sigma] \tag{10-14}$$

(2)选择截面尺寸：结构的横截面面积不小于最小容许的截面面积。

$$A \geqslant \frac{F_N}{[\sigma]} \tag{10-15}$$

(3)确定承载能力：结构承受的荷载不超过容许的载荷能力。

$$F_N \leqslant [\sigma] A \tag{10-16}$$

例 10-6　在图 10-22(a)所示的悬臂架中，钢杆 AB 的长度 $l_1 = 2$ m，截面面积 $A_1 = 600$ mm^2，许用应力 $[\sigma]_1 = 160$ MPa，弹性模量 $E_1 = 200$ GPa。木杆 BC 的相关数据参数为：$l_2 = l_1 \cos 30°$，$A_2 = 10\ 000$ mm^2，$[\sigma]_2 = 7$ MPa，$E_2 = 10$ GPa。现在 B 点悬吊一重物 $F = 10$ kN，试校核各杆强度。

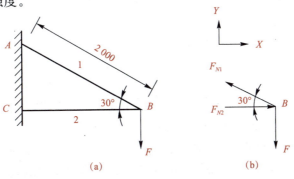

图 10-22　例 10-6 配图

解：取结点 B 为隔离体，如图 10-22(b)所示，考虑平衡条件，有

$$\sum F_y = 0, F_{N1}\sin30° = F, 则 F_{N1} = 2F = 20 \text{ kN}$$

$$\sum F_x = 0, F_{N2} = F_{N1}\cos30°, 则 F_{N2} = \sqrt{3}F = 17.3 \text{ kN}$$

$$\sigma_1 = 20 \times 10^3/600 = 33.3(\text{MPa}) < 160 \text{ MPa}(安全)$$

$$\sigma_2 = 17.3 \times 10^3/10^4 = 1.73(\text{MPa}) < 7 \text{ MPa}(安全)$$

因此，该结构的强度符合要求。

例 10-7 图 10-23 所示为一托架，AC 是圆钢杆，许用拉应力 $[\sigma_t] = 160$ MPa，BC 是方木杆，$F = 60$ kN，请选定钢杆直径 d。

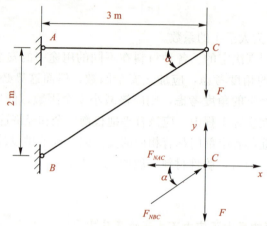

图 10-23 例 10-7 配图

解：(1)轴力分析。取结点 C 为研究对象，并假设钢杆的轴力 F_{NAC} 为拉力，木杆的轴力 F_{NBC} 为压力，由静力平衡条件得

$$\sum F_y = 0, -F_{NBC} \cdot \sin\alpha - F = 0$$

$$F_{NBC} = -\frac{F}{\sin\alpha} = -\frac{60}{\dfrac{2}{\sqrt{2^2+3^2}}} = -108(\text{kN})$$

$$\sum F_x = 0, -F_{NBC} \cdot \cos\alpha - F_{NAC} = 0$$

$$F_{NAC} = -F_{NBC}\cos\alpha = \frac{F}{\sin\alpha} \cdot \cos\alpha = 60 \times \frac{3}{2} = 90(\text{kN})$$

(2)设计截面。

$$A = \frac{\pi d^2}{4} \geq \frac{F_{NAC}}{[\sigma_t]}$$

$$d \geq \sqrt{\frac{4 \cdot F_{NAC}}{\pi[\sigma_t]}} = \sqrt{\frac{4 \times 90 \times 10^3}{\pi \times 160}} = 26.8(\text{mm})$$

根据以上计算，确定钢杆直径为 27 mm。

例 10-8 图 10-24(a)所示为简易起重设备的示意图，杆 AB 和 BC 均为圆截面钢杆，直径均为 $d = 36$ mm，钢的许用应力 $[\sigma] = 170$ MPa，试确定吊车的最大许可起重量 $[W]$。

解：(1)计算 AB、BC 杆的轴力。

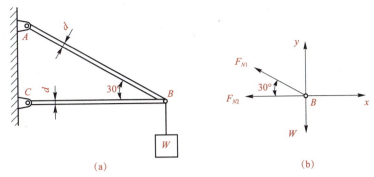

图 10-24 例 10-8 配图

根据结点 B 的平衡，有

$$F_{N1}\cos 30° + F_{N2} = 0$$
$$F_{N1}\sin 30° - W = 0$$

解得

$$F_{N1} = 2W, \quad F_{N2} = -\sqrt{3}W$$

(2) 计算许可荷载。

当 AB 杆达到许用应力时

$$F_{N1} = 2W \leqslant A[\sigma] = \frac{\pi \times 36^2}{4} \times 170 = 173 \text{(kN)}$$

解得

$$W \leqslant 86.5 \text{ kN}$$

当 BC 杆达到许用应力时

$$F_{N2} = -\sqrt{3}W \leqslant A[\sigma] = \frac{\pi \times 36^2}{4} \times 170 = 173 \text{(kN)}$$

解得

$$W \leqslant 99.9 \text{ kN}$$

由以上计算可知，吊车的最大许可荷载为 86.5 kN。

例 10-9 图 10-25(a) 所示钢桁架的所有杆都是由两个等边角钢组成的。已知角钢的材料为 Q235 钢，其许用应力 $[\sigma] = 170$ MPa，试为杆 EH 选择所需角钢的型号。

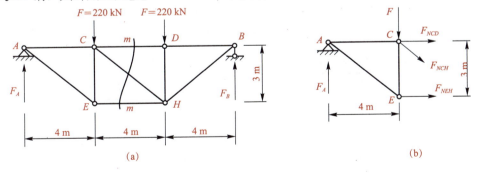

图 10-25 例 10-9 配图

解：(1) 求支座反力。取整个桁架为研究对象，由对称性得

$$F_A = F_B = 220 \text{ kN}$$

(2) 求杆 EH 的轴力。假想用截面 $m-m$ 将桁架截开，取左边部分为研究对象，如图 10-25(b) 所示。

由 $\sum M_C = 0$ 可得

$$3 \times F_{NEH} - 4 \times F_A = 0$$

解得

$$F_{NEH} = 293 \text{ kN}$$

(3) 计算杆 EH 的横截面面积。

$$A \geqslant \frac{F_{NEH}}{[\sigma]} = \frac{293 \times 10^3}{170 \times 10^6} = 1.72 \times 10^{-3} (\text{m}^2) = 1\,720 (\text{mm}^2)$$

(4) 选择等边角钢的型号。型钢是工程中常用的标准截面。等边角钢是型钢的一种。它的型号用边长的厘米数表示，在设计图上则常用边长和厚度的毫米数来表示。例如，符号 ∟80×7 表示 8 号角钢，其边长为 80 mm，厚度为 7 mm。

由型钢表查得，厚度为 6 mm 的 7.5 号等边角钢的横截面面积为 $8.797 \times 10^2 \text{ mm}^2 = 879.7 \text{ mm}^2$，用两个这样的等边角钢组成的杆的横截面面积为 $879.7 \times 2 = 1\,759.4 (\text{mm}^2)$，稍大于 $1\,720 \text{ mm}^2$。因此，选用 ∟75×6。

第七节　连接件的强度计算

建筑结构大都是由若干构件按一定的规律组合而成的，在构件和构件之间必须采用某种连接件或特定的连接方式加以连接。工程实际中常用的连接件有螺栓、铆钉、销轴、焊缝、榫头等，**连接件在工程中主要承受剪切和挤压作用**。由于连接件大多为粗短杆，应力和变形规律比较复杂，因此理论分析十分困难，通常采用实用计算方法。

一、剪切实用计算

在连接件中，铆钉和螺栓连接是较为典型的连接方式，其强度计算对其他连接形式具有普遍意义。下面以铆钉连接为例来说明连接件的强度计算。

对于图 10-26(a) 所示的铆钉结构，实际分析表明，它的破坏可能有下面三种形式：

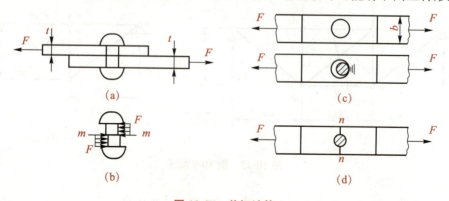

图 10-26　剪切计算

(1) 铆钉沿剪切面 $m-m$ 被剪断，如图 10-26(b) 所示。

(2) 由于铆钉与连接板孔壁之间的局部挤压，铆钉或板孔壁产生显著塑性变形导致连接松动而失效，如图 10-26(c) 所示。

(3) 连接板沿被铆钉孔削弱了的截面 $n-n$ 被拉断，如图 10-26(d) 所示。

上述三种破坏形式均发生在连接接头处，为此，需对连接件进行强度计算。

以图 10-26 中的铆钉为研究对象，其受力图如图 10-26(b) 所示，板对铆钉的作用力是**分布力，该分布力的合力等于作用在板上的集中力 F**。用截面法沿剪切面 $m-m$ 将铆钉截开，得到图 10-27(a) 所示剪切面上的内力 F_S，F_S 即剪力。

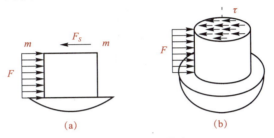

图 10-27 铆钉计算简图

在剪切实用计算中，假定图 10-27(b) 所示剪切面上各点的切应力分布均匀且相等，于是可得剪切面上的**名义切应力**为

$$\tau = \frac{F_S}{A_S} \tag{10-17}$$

式中　F_S——剪切面上的剪力；

　　　A_S——剪切面的面积。

取隔离体，由平衡方程得

$$\sum F_x = 0, F - F_S = 0,$$

则 $F_S = F$。

上式中的剪力指单个铆钉的内力，而在铆钉组连接计算时，应校核单个铆钉的抗剪强度。为简化计算，假设不论铆接的方式如何，均不考虑弯曲的影响。当外力作用线通过铆钉组受剪面的形心，且同一组内各铆钉的材料和直径均相同时，每个铆钉的受力也相同。

可计算单个铆钉受力 F_1 为：$F_1 = \frac{F}{n}$。

通过直剪试验，得到剪切破坏时材料的极限切应力 τ_u，再除以安全因数，即得材料的许用切应力 $[\tau]$。**剪切强度条件可表示为**

$$\tau = \frac{F_S}{A_S} \leqslant [\tau] \tag{10-18}$$

试验表明，钢连接件的许用切应力 $[\tau]$ 与许用正应力 $[\sigma]$ 之间有如下关系：

$$[\tau] = (0.6 \sim 0.8)[\sigma]$$

二、挤压实用计算

图 10-26 所示的铆钉连接中，铆钉与连接板的接触面将发生图 10-26(c) 所示的局部挤压，挤压面上所受的压力称为挤压力，用 F_{bs} 表示，因挤压而产生的应力称为挤压应力。在

挤压实用计算中，**名义挤压应力的计算式见式(10-19)**。

$$\sigma_{bs} = \frac{F_{bs}}{A_{bs}} \tag{10-19}$$

式中　F_{bs}——接触面上的挤压力；
　　　A_{bs}——计算挤压面面积。

挤压力可根据被连接件所受的外力，由静力平衡条件求得。当接触面为圆柱面（如铆钉或螺栓连接中连接件与钢板间的接触面）时，计算挤压面积取图 10-28 所示实际接触面在直径平面上的投影面积。

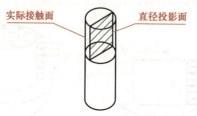

图 10-28　接触面与投影面

通过直剪试验，得到材料的极限挤压应力，再除以安全因数，得到许用挤压应力$[\sigma_{bs}]$。按名义挤压应力计算公式，**连接件的挤压强度条件见式(10-20)**。

$$\sigma_{bs} = \frac{F_{bs}}{A_{bs}} \leqslant [\sigma_{bs}] \tag{10-20}$$

挤压应力是在连接件和被连接件之间相互作用的，当两者材料不同时，应校核其中许用挤压应力较低的材料的挤压强度。

例 10-10　某接头部分的销钉如图 10-29 所示，已知：$F = 100$ kN，$D = 45$ mm，$d_1 = 32$ mm，$d_2 = 34$ mm，$\delta = 12$ mm。试求销钉的剪应力 τ 和挤压应力 σ_{bs}。

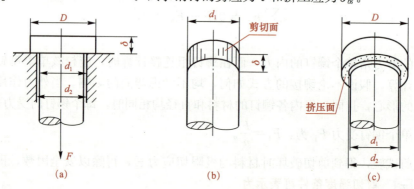

图 10-29　例 10-10 配图

解：由图 10-29 可以看出，销钉的剪切面是一个高度为 12 mm、直径为 32 mm 的圆柱体的外表面，挤压面是一个外径为 45 mm、内径为 34 mm 的圆环面。

剪切面积：$A_S = \pi d_1 \delta = \pi \times 32 \times 12 = 1\,206\,(\text{mm}^2)$

挤压面积：$A_{bs} = \dfrac{\pi}{4}(D^2 - d_2^2) = \dfrac{\pi}{4}(45^2 - 34^2) = 683\,(\text{mm}^2)$

剪力：$F_S = F = 100$ kN

挤压力：$F_{bs} = F = 100$ kN

剪应力：$\tau = \dfrac{F_S}{A_S} = \dfrac{100 \times 10^3}{1\,206} = 82.9 \text{(MPa)}$

挤压应力：$\sigma_{bs} = \dfrac{F_{bs}}{A_{bs}} = \dfrac{100 \times 10^3}{683} = 146.4 \text{(MPa)}$

例 10-11　图 10-30 中的钢板和铆钉的材料相同，已知荷载 $F = 52$ kN，板宽 $b = 60$ mm，板厚 $\delta = 10$ mm，铆钉直径 $d = 16$ mm，许用剪应力 $[\tau] = 140$ MPa，许用挤压应力 $[\sigma_{bs}] = 320$ MPa，许用拉应力 $[\sigma_t] = 160$ MPa，试校核铆接件的强度。

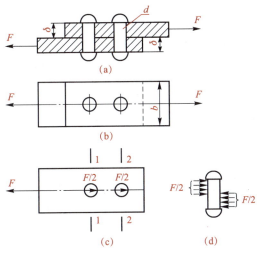

图 10-30　例 10-11 配图

解： 该铆接件的受力分析如图 10-30 所示，可知铆钉受到剪切和挤压，需要校核铆钉的剪切强度和挤压强度。另外，钢板由于钉孔削弱了截面，还需要校核钢板的抗拉强度。

(1) 校核铆钉的剪切强度。连接部位的各铆钉的剪切变形相同，承受的剪力也相同，因而拉力平均分配在每个铆钉上，如图 10-30(c) 所示，每个铆钉的作用力为 $F/2$。

$$\tau = \dfrac{F_S}{A_S} = \dfrac{\dfrac{F}{2}}{\dfrac{\pi d^2}{4}} = \dfrac{\dfrac{52 \times 10^3}{2}}{\dfrac{\pi \times 16^2}{4}} = 129.3 \text{(MPa)} < [\tau] = 140 \text{ MPa}$$

铆钉连接满足剪切强度条件。

(2) 校核铆钉的挤压强度。每个铆钉受到的挤压力为 $F/2 = 26$ kN。

$$\sigma_{bs} = \dfrac{F_{bs}}{A_{bs}} = \dfrac{26 \times 10^3}{16 \times 10} = 162.5 \text{(MPa)} < [\sigma_{bs}] = 320 \text{ MPa}$$

铆钉连接满足挤压强度要求。

(3) 校核钢板的抗拉强度。钢板上有铆钉孔，因而减小了钢板的截面面积，截面 1—1 的轴力为 F，截面 2—2 的轴力为 $F/2$，以上两截面的面积均相等，可见截面 1—1 是危险截面，因此需要对此作抗拉强度校核。

$$\sigma = \dfrac{F}{(b-d)\delta} = \dfrac{52 \times 10^3}{(60-16) \times 10} = 118.2 \text{(MPa)} < [\sigma_t] = 160 \text{ MPa}$$

钢板满足抗拉强度要求。

习 题

10-1 求图 10-31 所示各杆指定横截面上的内力,并画出轴力图。

10-2 计算图 10-31(d)、(e)所示杆件的各指定横截面的应力并求出最大正应力,已知图 10-31(d)中的 $A=30$ mm^2,图 10-31(e)中的 $A_1=100$ mm^2,$A_2=200$ mm^2,$A_3=300$ mm^2。

10-3 一根直径为 5 mm 的圆柱杆与一根边长为 10 mm 的正方形截面杆受同等大小的轴向拉力 F,试求两杆横截面上的应力比。

参考答案

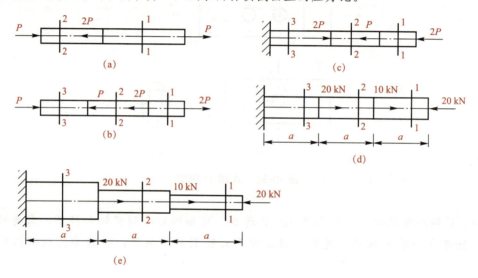

图 10-31 习题 10-1、10-2 配图

10-4 杆件受图 10-32 所示的轴向外力的作用,杆的横截面面积 $A=600$ mm^2,$E=200$ GPa,求图示杆的变形量。

10-5 如图 10-33 所示,两块钢板用四个铆钉连接,受力 $F=6$ kN 的作用,设每个铆钉承担 $F/4$ 的力,铆钉的直径 $d=5$ mm,钢板的宽 $b=50$ mm,厚度 $\delta=1$ mm,求最大应力 $\sigma_{\max}$。

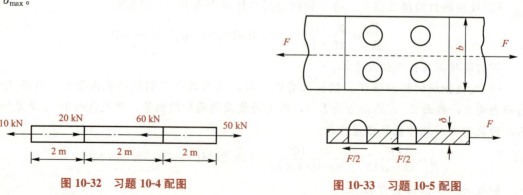

图 10-32 习题 10-4 配图   图 10-33 习题 10-5 配图

10-6 如图 10-34 所示，用钢索起吊一根钢管，已知钢管重 F_G=15 kN，钢索的直径 d=40 mm，许用应力$[\sigma]$=10 MPa，试校核钢索的强度。

10-7 正方形截面的阶梯混凝土柱受力如图 10-35 所示。混凝土的密度为 22 kN/m³，荷载 F=125 kN，许用应力$[\sigma]$=3 MPa。请根据强度选择截面尺寸 a 和 b。

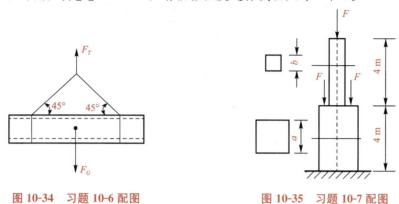

图 10-34 习题 10-6 配图　　　　图 10-35 习题 10-7 配图

10-8 如图 10-36 所示，杆 DE 和 CF 均由一根"工"字钢组成，钢的许用拉应力$[\sigma_t]$=160 MPa，许用压应力$[\sigma_c]$=100 MPa，试为两杆选择型钢型号。

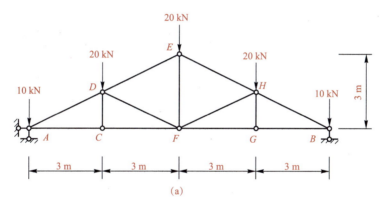

图 10-36 习题 10-8 配图

10-9 如图 10-37 所示，拉杆头部的许用切应力$[\tau]$=90 MPa，许用挤压应力$[\sigma_{bs}]$=240 MPa，许用拉应力$[\sigma_t]$=130 MPa，试计算拉杆的许用拉力$[F]$。

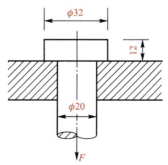

图 10-37 习题 10-9 配图

10-10 宽度 $b=250$ mm 的两矩形木杆互相连接，如图 10-38 所示。若荷载 $F=60$ kN，木杆的许用剪应力 $[\tau]=1$ MPa，许用挤压应力 $[\sigma_{bs}]=12$ MPa，求 a 和 t 的大小。

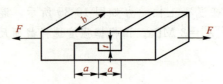

图 10-38　习题 10-10 配图

第十一章 扭 转

内容摘要

本章主要介绍扭转的概念、扭矩的计算及扭矩图的绘制、切应力互等定理及剪切胡克定律、圆轴扭转时的应力和变形,以及强度和刚度的计算。

学习目标

1. 理解扭转的概念。
2. 理解切应力互等定理。
3. 理解剪切胡克定律。
4. 掌握扭转的计算及扭矩图的绘制。
5. 掌握圆轴扭转时的应力和强度的计算以及变形和刚度的计算。

第一节 扭转的概念

在实际工程中,有相当部分杆件以扭转变形为主。图 11-1(a)所示为用螺丝刀拧螺钉,图 11-1(b)所示为用电钻钻孔,其中螺丝刀杆和钻头都是受扭的杆件。

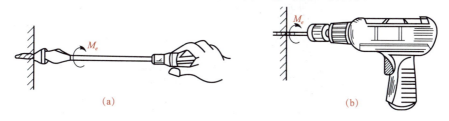

图 11-1 螺丝刀及电钻

图 11-2(a)所示的雨篷由雨篷梁和雨篷板组成,雨篷梁每米长度上承受由雨篷板传来的均布力矩,根据平衡条件,雨篷梁嵌固的两端必然产生大小相等、方向相反的反力矩,如图 11-2(b)所示,雨篷梁处于受扭状态。

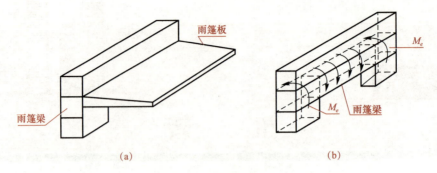

图 11-2 雨篷的受扭分析

分析以上受扭杆件的特点,作用于垂直杆轴平面内的力偶使杆产生的变形,称为扭转变形。变形后杆件各横截面之间绕杆轴线相对转动了一个角度,称为扭转角,用 φ 表示,如图 11-3 所示。以扭转变形为主要变形的直杆称为轴。

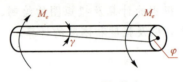

图 11-3 受扭状态

第二节 圆轴扭转时横截面上的内力

一、圆轴扭转的内力及内力图

(一)外力偶矩的计算

工程中常用的传动轴(图 11-4)是通过转动传递动力的构件,其外力偶矩一般不是直接给出的,通常已知轴所传递的功率和轴的转速,根据理论力学中的相关公式,可导出外力偶矩、功率和转速之间的关系,见式(11-1)。

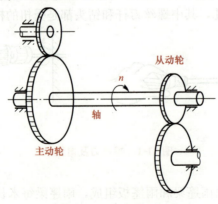

图 11-4 传动轴

$$M_e = 9550\frac{P}{n} \tag{11-1}$$

式中　M_e——作用在轴上的外力偶矩（N·m）；

P——轴传递的功率（kW）；

n——轴的转速（r/min）。

(二)扭矩

设轴 AB 在一对大小相等、转向相反的外力偶的作用下产生扭转变形，如图 11-5(a)所示。此时轴的横截面上也必然产生相应的内力。为了显示和计算内力，仍然采用截面法。用一个假想的截面在轴的任意位置Ⅰ—Ⅰ处垂直地将轴截开，取左段为研究对象，如图 11-5(b)所示。由于 A 端作用一个外力偶 M，为了保持左段轴的平衡，在截面Ⅰ—Ⅰ的平面内，必然存在内力偶与它平衡。由平衡方程 $\sum M_x = 0, T - M_e = 0$，可得 $T = M_e$。

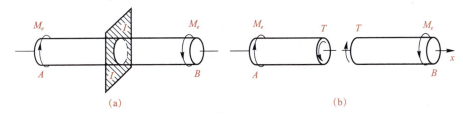

图 11-5　扭矩

如取轴的右段为研究对象，也可得到同样的结果，如图 11-5(b)所示。由此可见，轴扭转时，**其横截面上的内力是一个作用在横截面平面内的力偶，其力偶矩 T 称为截面上的扭矩。**

为了使从轴的左、右两段求得同一截面上的扭矩具有相同的正负号，可对扭矩作如下符号规定：**采用右手螺旋法则，如果以右手四指表示扭矩的转向，则拇指的指向与截面外法线方向一致时，扭矩取正号，如图 11-6(a)所示；反之，拇指的指向与截面外法线方向相反时，扭矩取负号，如图 11-6(b)所示。**

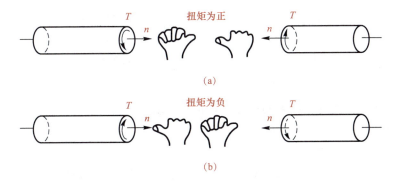

图 11-6　扭矩方向

(三)扭矩图

当一根轴同时受到多个外力偶作用时，扭矩需要分段计算。为了清楚地表示整个轴上各截面扭矩的变化规律，以便分析危险截面所在位置及扭矩值的大小，常用横坐标表示轴各截面的位置，用纵坐标表示相应横截面上的扭矩，**正的扭矩画在横坐标轴的上面，负的**

扭矩画在横坐标轴的下面，按这种规律绘制的图形称为扭矩图。

例 11-1 如图 11-7(a)所示，一传动系统的主轴，转速 $n=960$ r/min，主动轮 A 的输入功率 $P_A=27.5$ kW，从动轮的输出功率分别为 $N_B=20$ kW，$N_C=7.5$ kW。试画出 ABC 轴的扭矩图。

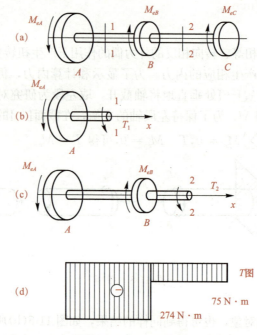

图 11-7 例 11-1 配图

解：(1)计算外力偶矩。

$$M_{eA}=9\,550\frac{P_A}{n}=9\,550\times\frac{27.5}{960}=274(\text{N}\cdot\text{m})$$

$$M_{eB}=9\,550\frac{P_B}{n}=9\,550\times\frac{20}{960}=199(\text{N}\cdot\text{m})$$

$$M_{eC}=9\,550\frac{P_C}{n}=9\,550\times\frac{7.5}{960}=75(\text{N}\cdot\text{m})$$

(2)计算扭矩。

AB 段：考虑 AB 段内任一截面的左侧，由计算扭矩的规律得

$$T_1=-M_{eA}=-274\text{ N}\cdot\text{m}$$

BC 段：考虑左侧，有

$$T_2=-M_{eA}+M_{eB}=-274+199=-75(\text{N}\cdot\text{m})$$

(3)画扭矩图。根据规律绘制扭矩图，如图 11-7(d)所示。

二、薄壁圆筒扭转时的应力

(一)试验现象

设有一薄壁圆筒，如图 11-8 所示，其壁厚 δ 远小于平均半径 $r_0\left(\delta\leqslant\dfrac{r_0}{10}\right)$，两端面受一

对大小相等、转向相反的外力偶作用。

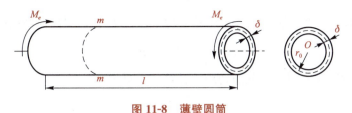

图 11-8　薄壁圆筒

扭转前,在圆筒表面刻上一系列纵向线和圆周线,从而形成一系列矩形格子,如图 11-9(a)所示,扭转后可以看到图 11-9(b)所示的情况。

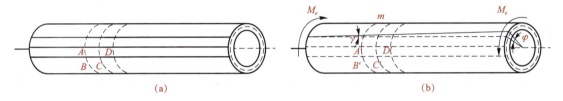

图 11-9　扭转前后的情形

由图 11-9 可知:
(1)圆周线只是绕圆筒轴线转动,形状及尺寸不变。
(2)纵向直线在小变形情况下保持为直线,但发生倾斜。
(3)圆周线之间的距离保持不变。

(二)试验结论

(1)扭转变形时,横截面的大小、形状及轴向间距不变,说明圆筒纵向与横向均无变形,线应变 ε 为零,由胡克定律 $\sigma = E\varepsilon$,可得横截面上的正应力 σ 为零。

(2)扭转变形时,相邻横截面间相对转动,截面上各点相对错动,发生剪切变形,故横截面上只有切应力 τ,其方向沿各点相对错动的方向,即与半径垂直。

(3)圆筒表面每个格子的直角都改变了相同的角度 γ,这种直角改变量 γ 是由切应力引起的,称为切应变。相邻两圆周线间每个格子的直角改变量相等,并根据材料均匀性假设,可推知沿圆周各点处的切应力方向与圆周相切,且其数值相等。由于壁厚 δ 远小于平均半径 r_0,故可近似认为沿壁厚方向各点处切应力大小相等。

(三)切应力的计算

根据上述分析可知,薄壁圆筒扭转时横截面上各点处的切应力 τ 数值均相等,其方向与圆周相切,如图 11-10 所示,由横截面上内力与应力的静力学关系可得式(11-2)。

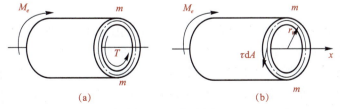

图 11-10　薄壁扭矩

$$\int_A \tau \mathrm{d}A \cdot r = T \quad (11\text{-}2)$$

由于 τ 为常数,且薄壁圆筒的 r 可用其平均半径 r_0 代替,圆筒横截面面积可表示为

$$A = \int_A \mathrm{d}A = 2\pi r_0 \delta \quad (11\text{-}3)$$

由以上两式可得薄壁圆筒横截面切应力计算式,见式(11-4)。

$$\tau = \frac{T}{2\pi r_0^2 \delta} = \frac{T}{2A_0 \delta} \quad (11\text{-}4)$$

式(11-4)中,$A_0 = \pi r_0^2$。一般当内、外半径之比大于 0.95 时,用式(11-4)计算切应力,由图 11-9 所示的几何关系,可得薄壁圆筒表面上的切应变 γ 和相距为 l 的两端面之间的相对扭转角 φ 之间的关系式,见式(11-5)。

$$\gamma = \varphi r / l \quad (11\text{-}5)$$

式中 r——薄壁圆筒的外半径。

(四)剪切胡克定律

薄壁圆筒扭转试验表明,当构件横截面上的切应力 τ 不超过材料的剪切比例极限 τ_p 时,外力偶矩 M_e(数值上等于扭矩 T)与相对扭转角 φ 成线性正比例关系,如图 11-11(a)所示,利用式(11-4)和式(11-5)可得式(11-6),如图 11-11(b)所示。

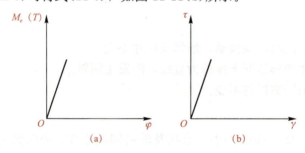

图 11-11 剪切胡克定律

$$\tau = G\gamma \quad (11\text{-}6)$$

式(11-6)称为材料的剪切胡克定律,式中的比例系数 G 称为材料的切变模量,其量纲与弹性模量 E 相同。钢材的切变模量约为 80 GPa。

三、圆轴扭转时横截面上的切应力

在小变形条件下,圆轴扭转时横截面上也只有切应力。为求得圆轴扭转时横截面上的切应力计算公式,先观察其变形,从几何方面和物理方面求得切应力在横截面上的变化规律,再结合静力学知识求解。

(一)几何方面

为研究横截面上任一点处切应变随点的位置而变化的规律,如图 11-12(a)所示,在圆轴表面上作出任意两个相邻的圆周线和纵向线。当轴的两端施加一对矩为 M_e 的外力偶后,可以发现:两圆周线绕轴线相对旋转了一个角度,圆周线的大小和形状均未改变;在小变形情况下,圆周线的间距未发生变化,纵向线如图 11-12(b)所示,倾斜了一个角度 γ。根据所观察到的现象,假设横截面如同刚性平面绕轴线转动,即平面假设。试验指出,轴扭

转变形后，只有圆周线仍在垂直于轴线的平面内，所以上述假设只适用于圆轴。

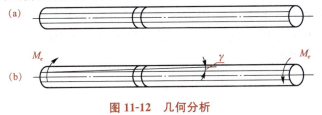

图 11-12 几何分析

为确定横截面上任一点处切应变随点的位置而变化的规律，假想截取长为 dx 的微段进行分析。由平面假设可知，杆段变形后的情况如图 11-13(a)所示。根据变形现象，右截面相对于左截面转了一个微扭转角 $d\varphi$，因此，其上任意半径 O_2D 也转了同一角度 $d\varphi$。由于截面转动，轴表面的纵向线 AD 倾斜了一个角度 γ。由切应变定义可知，γ 就是横截面周边上任一点 A 处的切应变。同时，经过半径 O_2D 上任意点 G 的纵向线 EG 在轴变形后也倾斜了一个角度 γ_ρ，γ_ρ 即横截面半径上任一点 E 处的切应变。应注意，上述切应变均在垂直于半径的平面内。设 G 点至横截面圆心的距离为 ρ，由图 11-13(a)所示的几何关系得式(11-7)。

$$\gamma_\rho \approx \tan\gamma_\rho = \frac{\overline{GG'}}{\overline{EG}} = \frac{\rho d\varphi}{dx}, \quad 即\ \gamma_\rho = \rho\frac{d\varphi}{dx} \tag{11-7}$$

式(11-7)中 $d\varphi/dx$ 为扭转角沿杆长的变化率，对于给定的横截面是个常量，因此，式(11-7)表明切应变 γ_ρ 与 ρ 成正比，即切应变沿半径按直线规律变化。

(二)物理方面

由剪切胡克定律可知，在线弹性范围内，切应力与切应变成正比，令相应点处切应力为 τ_ρ，即得横截面上切应力的变化规律表达式，见式(11-8)。

$$\tau_\rho = G\gamma_\rho = G\rho\frac{d\varphi}{dx} \tag{11-8}$$

由式(11-8)可知，同一半径为 ρ 的圆周上各点的切应力值 τ_ρ 均相等，且与 ρ 成正比。因 γ_ρ 为垂直于半径平面内的切应变，所以 τ_ρ 的方向垂直于半径，切应力沿半径的变化规律如图 11-13(b)所示。

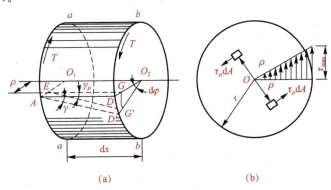

图 11-13 微段分析

(三)静力学方面

横截面上切应力表达式中 $d\varphi/dx$ 在截面一定时是个常数，通过静力学分析可以确定该常数。由于在横截面任一直径上距圆心等距的两点处的内力元素 $\tau_\rho \mathrm{d}A$ 等值而反向[图 11-13(b)]，因此整个截面上的内力元素的合力必等于零，并组成一个力偶，即横截面上的扭矩 T。因为 τ_ρ 的方向垂直于半径，故内力元素对圆心的力矩为 $\rho\tau_\rho \mathrm{d}A$。由静力学中的合力矩原理可得式(11-9)。

$$\int_A \rho\tau_\rho \mathrm{d}A = T \tag{11-9}$$

由式(11-8)和式(11-9)可得

$$G\frac{\mathrm{d}\varphi}{\mathrm{d}x}\int_A \rho^2 \mathrm{d}A = T \tag{11-10}$$

式(11-10)中，积分 $\int_A \rho^2 \mathrm{d}A$ 仅与横截面的几何量有关，称为横截面极惯性矩 I_P，单位为 m^4，即

$$I_P = \int_A \rho^2 \mathrm{d}A \tag{11-11}$$

将式(11-11)代入式(11-10)可得

$$\frac{\mathrm{d}\varphi}{\mathrm{d}x} = \frac{T}{GI_P} \tag{11-12}$$

将式(11-12)代入式(11-8)可得

$$\tau_\rho = \frac{T\rho}{I_P} \tag{11-13}$$

式(11-13)即圆轴扭转时横截面上任一点处切应力的计算公式。

由式(11-13)及图 11-13(b)可知，当 ρ 等于横截面半径 r 时，即横截面周边各点处，**切应力将达到其最大值 $\tau_{\max}$，其值为**

$$\tau_{\max} = \frac{Tr}{I_P} \tag{11-14}$$

式(11-14)中，若以 W_P 代表 I_P/r，则可得

$$\tau_{\max} = \frac{T}{W_P} \tag{11-15}$$

式中 W_P——扭转截面系数(m^3)。

圆截面的极惯性矩和扭转截面系数分别为

$$I_P = \int_A \rho^2 \mathrm{d}A = \int_0^{\frac{d}{2}} 2\pi\rho^3 \mathrm{d}\rho = \frac{\pi d^4}{32}$$

$$W_P = \frac{I_P}{d/2} = \frac{\pi d^3}{16}$$

式中 d——轴直径。

空心圆截面的极惯性矩和扭转截面系数分别为

$$I_P = \int_A \rho^2 \mathrm{d}A = \int_{\frac{d}{2}}^{\frac{D}{2}} 2\pi\rho^3 \mathrm{d}\rho = \frac{\pi(D^4-d^4)}{32} = \frac{\pi D^4}{32}(1-\alpha^4)$$

$$W_P = \frac{I_P}{D/2} = \frac{\pi(D^4-d^4)}{16 D} = \frac{\pi D^3}{16}(1-\alpha^4)$$

上式中 D 为外径，d 为内径，$\alpha = d/D$。

推导切应力计算公式的主要依据为平面假设，且材料符合胡克定律。因此，公式仅适

用于在线弹性范围内的圆轴。

例 11-2 直径 $D=50$ mm 的圆轴，两端受到 $M_e=2\,150$ N·m 的外力偶的作用，试求离轴心 10 mm 处的剪应力及截面上的最大剪应力。

解：（1）计算截面的极惯性矩和截面的抗扭截面系数。

$$I_P=\frac{\pi D^4}{32}\approx\frac{3.14\times 50^4}{32}=613\,281(\text{mm}^4)$$

$$W_P=\frac{\pi D^3}{16}\approx\frac{3.14\times 50^3}{16}=24\,531(\text{mm}^3)$$

（2）求应力。

离轴心 10 mm 处的剪应力：

$$\tau_\rho=\frac{T\rho}{I_P}=\frac{2\,150\times 10^3\times 10}{613\,281}=35.1(\text{MPa})$$

截面上的最大剪应力：

$$\tau_{\max}=\frac{T}{W_P}=\frac{2\,150\times 10^3}{24\,531}=87.6(\text{MPa})$$

四、切应力互等定理

以横截面、径向截面以及与表面平行的面（切向截面）从受扭的薄壁圆筒或圆轴内任一点处截取一微小的正六面体（即单元体），如图 11-14(a) 所示。因在单元体前、后两侧面上无任何应力，故可将其改为用图 11-14(b) 所示的平面图表示。

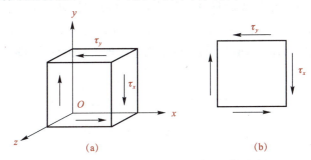

图 11-14 切应力

单元体处于平衡状态，由平衡条件 $\sum F_y=0$ 可知，单元体左、右两侧面上的内力元素 $\tau_x\mathrm{d}y\mathrm{d}z$ 为大小相等、指向相反的一对力，并组成一个力偶，其矩为 $(\tau_x\mathrm{d}y\mathrm{d}z)\mathrm{d}x$。为了满足另两个平衡条件 $\sum F_x=0$ 和 $\sum M_z=0$，在单元体的上、下两个平面（即杆的径向截面上）必有大小相等、指向相反的一对力 $\tau_y\mathrm{d}x\mathrm{d}z$，并组成力偶矩 $(\tau_y\mathrm{d}x\mathrm{d}z)\mathrm{d}y$，即

$$(\tau_x\mathrm{d}y\mathrm{d}z)\mathrm{d}x=(\tau_y\mathrm{d}x\mathrm{d}z)\mathrm{d}y$$

由此可得

$$\tau_x=-\tau_y \tag{11-16}$$

式(11-16)表明，两个相互垂直平面上的切应力 τ_x 和 τ_y 数值相等，且均指向（或背离）这两个平面的交线，此即切应力互等定理。该定理具有普遍意义，即使在有正应力的情况下也成立。

第三节 圆轴扭转时的强度计算

一、圆轴扭转的强度条件

为满足强度要求,应使轴工作时产生的最大剪应力不超过材料的许用剪应力,**故圆轴扭转时的强度条件为**

$$\tau_{max} = \frac{T}{W_P} \leqslant [\tau] \tag{11-17}$$

许用剪应力$[\tau]$由扭转试验测定,设计时可查有关手册,在静载条件下,它与许用拉应力有如下关系:

塑性材料　　$[\tau] = (0.5 \sim 0.6)[\sigma]$
脆性材料　　$[\tau] = (0.8 \sim 1.0)[\sigma]$

应注意的是,τ_{max}为整个圆轴上横截面上的最大剪应力。对于等截面轴,T应取T_{max};对于阶梯轴,因为各段的W_P不同,τ_{max}不一定发生在T_{max}所在的截面,应综合考虑T和W_P两个因素来确定τ_{max}。

二、圆轴扭转的强度计算

例 11-3　图 11-15(a)所示为阶梯状圆轴,其 AB 段直径 $d_1 = 120$ mm,BC 段直径 $d_2 = 100$ mm,扭转力偶矩 $M_A = 22$ kN·m,$M_B = 36$ kN·m,$M_C = 14$ kN·m,材料的许用切应力 $[\tau] = 80$ MPa。不考虑该圆轴在两段连接处的应力集中现象,试校核该轴的强度。

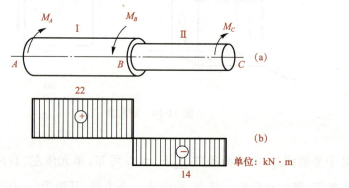

图 11-15　例 11-3 配图

解:(1)作扭矩图。用截面法求 AB、BC 段的扭矩,扭矩图如图 11-15(b)所示。
(2)分别求每段轴横截面上的最大切应力。

AB 段: $\tau_{AB,max} = \dfrac{T_{AB}}{W_{PAB}} = \dfrac{22 \times 10^3}{\dfrac{\pi}{16} \times (120 \times 10^{-3})^3} = 64.8 \times 10^6 (\text{Pa}) = 64.8 (\text{MPa})$

BC 段: $\tau_{BC,max} = \dfrac{T_{BC}}{W_{PBC}} = \dfrac{14 \times 10^3}{\dfrac{\pi}{16} \times (100 \times 10^{-3})^3} = 71.3 \times 10^6 (\text{Pa}) = 71.3 (\text{MPa})$

(3)校核强度。由结果可知最大切应力为 71.3 MPa，且有 71.3 MPa<[τ]=80 MPa，故该轴满足强度条件。

第四节　圆轴扭转时的变形及刚度条件

一、圆轴扭转时的变形

轴的扭转变形，是用两横截面绕轴线的相对扭转角 φ 来度量的。$\mathrm{d}\varphi$ 表示微段 $\mathrm{d}x$ 的两端截面的相对扭转角，则长为 l 的一段杆两端截面的相对扭转角 φ 为

$$\varphi = \int_l \mathrm{d}\varphi = \int_0^l \frac{T}{GI_P}\mathrm{d}x$$

当圆轴仅在两端受一对外力偶的作用时，所有横截面上的扭矩 T 均相同，且等于杆端的外力偶矩 M_e。对于同一材料制成的圆轴，G 和 I_P 为常量，于是，由上式可得

$$\varphi = \frac{M_e l}{GI_P} \text{ 或 } \varphi = \frac{Tl}{GI_P} \tag{11-18}$$

式中　GI_P——圆轴的扭转刚度。

可见，相对扭转角 φ 与 GI_P 成反比。φ 的单位为 rad，其正负号随扭矩 T 而定。

由于杆在扭转时各横截面上的扭矩可能并不相同，且杆的长度也各不相同，因此，在工程中，扭转杆的刚度通常用相对扭转角沿杆长度的变化率 $\mathrm{d}\varphi/\mathrm{d}x$ 来度量，称为单位长度扭转角，并用 φ' 表示。由式(11-12)得

$$\varphi' = \frac{\mathrm{d}\varphi}{\mathrm{d}x} = \frac{T}{GI_P} \tag{11-19}$$

以上计算公式都只适用于材料在线弹性范围内的圆轴。

例 11-4　图 11-16 所示为钢制实心圆截面轴，已知 $M_1 = 1\,592\text{ N}\cdot\text{m}$，$M_2 = 955\text{ N}\cdot\text{m}$，$M_3 = 637\text{ N}\cdot\text{m}$，$l_{AB} = 300\text{ mm}$，$l_{AC} = 500\text{ mm}$，$d = 70\text{ mm}$，钢材的切变模量 $G = 80\text{ GPa}$。试求横截面 C 相对于 B 的扭转角 φ_{BC}。

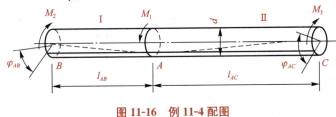

图 11-16　例 11-4 配图

解：(1)轴的扭矩。用截面法求出Ⅰ、Ⅱ两段轴内的扭矩分别为 $T_1 = 955\text{ N}\cdot\text{m}$，$T_2 = -637\text{ N}\cdot\text{m}$。

(2)相对扭转角。分别计算 B、C 截面相对于 A 截面的扭转角 φ_{AB}、φ_{AC}，设 A 截面固定不动，由式(11-18)可得

$$\varphi_{AB} = \frac{T_1 l_{AB}}{GI_P} = \frac{955 \times 300 \times 10^{-3}}{80 \times 10^9 \times \frac{\pi}{32} \times (70 \times 10^{-3})^4} = 1.52 \times 10^{-3}\text{(rad)}$$

$$\varphi_{AC} = \frac{T_2 l_{AC}}{GI_P} = \frac{-637 \times 500 \times 10^{-3}}{80 \times 10^9 \times \frac{\pi}{32} \times (70 \times 10^{-3})^4} = -1.69 \times 10^{-3} \text{(rad)}$$

截面 C 相对于 B 的扭转角，应等于截面 A 相对于 B 的扭转角与截面 C 相对于 A 的扭转角之和，即

$$\varphi_{BC} = \varphi_{AB} + \varphi_{AC} = (1.52 - 1.69) \times 10^{-3} = -0.17 \times 10^{-3} \text{(rad)}$$

φ_{BC} 为负值，表示其转向与扭转力偶 M_3 相同。

二、圆轴扭转刚度条件

圆轴扭转时，除需满足强度要求外，有时还需要满足刚度要求。在实际工程中，常通过限制单位长度扭转角，使其不超过某一规定的许用值 $[\theta]$。

圆轴扭转刚度条件为

$$\theta_{\max} = \frac{T_{\max}}{GI_P} \leqslant [\theta] \tag{11-20}$$

式(11-20)中，许可单位长度扭转角 $[\theta]$ 的常用单位是 °/m，而单位长度扭转角的单位是 rad/m，经单位换算得

$$\frac{T_{\max}}{GI_P} \times \frac{180}{\pi} \times 10^3 \leqslant [\theta] \tag{11-21}$$

式(11-21)中 $T_{\max}$ 的单位为 N·mm，G 的单位为 MPa，I_P 的单位为 mm^4，$[\theta]$ 的单位为 (°)/m。

例 11-5 等截面传动圆轴如图 11-17(a)所示。已知材料的剪切弹性模量 $G=80$ GPa，许用剪应力 $[\tau]=40$ MPa，许用单位扭转角 $[\theta]=0.5°$/m，试求此轴的直径。

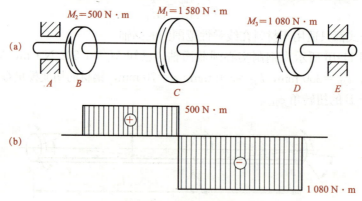

图 11-17 例 11-5 配图

解：(1)画扭矩图，如图 11-17(b)所示。

由扭矩图可知，$|T_{\max}| = 1\,080$ N·m，发生在 CD 段。

(2)按强度条件设计轴的直径。由强度条件式(11-17)可得

$$\tau_{\max} = \frac{T_{\max}}{W_P} = \frac{T_{\max}}{\frac{\pi d^3}{16}} \leqslant [\tau]$$

解得 $d \geqslant \sqrt[3]{\dfrac{16 T_{\max}}{\pi [\tau]}} = \sqrt[3]{\dfrac{16 \times 1\,080 \times 10^3}{3.14 \times 40}} = 51.6 \text{(mm)}$。

(3)按刚度条件设计圆轴的直径。根据刚度条件式(11-21)可得

$$\theta_{\max}=\frac{T_{\max}}{GI_P}\times\frac{180}{\pi}\times10^3=\frac{1\,080\times10^3}{80\times10^3\times\frac{\pi d^4}{32}}\times\frac{180}{\pi}\times10^3\leqslant[\theta]=0.5$$

解得 $d=63.02$ mm。

结合以上计算,圆轴直径 d 取 65 mm。

习 题

11-1 画出图 11-18 所示各杆的扭矩图。

11-2 图 11-19 所示为一传动轴作匀速转动,转速 $n=200$ r/min,轴上装有 5 个轮子,主动轮 II 的输入功率为 60 kW,从动轮 I、III、IV、V 的输出功率依次为 16 kW、14 kW、20 kW 和 10 kW,试作轴的扭矩图。

参考答案

11-3 圆轴的直径 $d=40$ mm,转速为 120 r/min。若该轴横截面上的最大切应力等于 70 MPa,试问圆轴所传递的功率为多大?

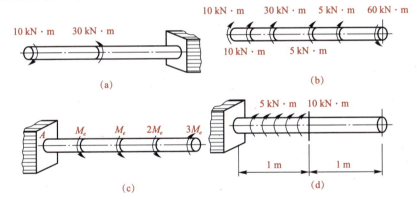

图 11-18 习题 11-1 配图

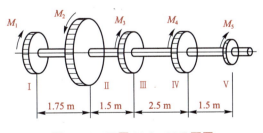

图 11-19 习题 11-2、11-7 配图

11-4 空心钢轴的外径 $D=100$ mm,内径 $d=50$ mm。已知间距为 $l=2.7$ m 的两横截面的相对扭转角 $\varphi=1.6°$,材料的切变模量 $G=80$ GPa。试求:

(1)轴内的最大切应力;

(2)当轴以 $n=100$ r/min 的速度旋转时,轴所传递的功率。

11-5 圆轴如图 11-20 所示，已知 $d=50$ mm，$a=500$ mm，$G=85$ GPa，$\varphi_{DB}=1°$。试求：

(1)最大切应力；

(2)截面 A 相对于截面 C 的扭转角。

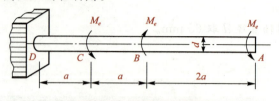

图 11-20 习题 11-5 配图

11-6 某小型水电站的水轮机功率为 60 kW，转速为 300 r/min，钢轴直径为 80 mm，若水轮机正常运转且只考虑扭矩的作用，其许用切应力$[\tau]=35$ MPa。请校核该轴的强度。

11-7 某圆轴如图 11-19 所示，材料为钢，已知其许用切应力$[\tau]=20$ MPa，$G=80$ GPa，许可单位长度扭转角$[\theta]=2°$/m。试按强度条件及刚度条件选择圆轴的直径。

第十二章 梁的弯曲应力

内容摘要

本章主要介绍平面图形的几何性质,包括形心和静矩以及惯性矩、惯性积的计算和平行移轴定理的应用,等截面直梁平面弯曲时的应力和强度的计算以及变形和刚度的计算,提高梁弯曲强度的措施等。

学习目标

1. 熟练掌握形心和静矩以及惯性矩、惯性积的计算。
2. 掌握平行移轴定理的应用。
3. 熟练掌握梁弯曲时横截面上正应力、切应力的计算和梁的强度计算。
4. 了解提高梁弯曲强度的主要措施。
5. 掌握用叠加法计算梁弯曲时的变形以及进行刚度计算。

第一节 截面的几何性质

一、形心和静矩

(一)形心

任意截面的图形如图 12-1 所示,其面积为 A,y 轴和 z 轴为图形平面内的任意直角坐标轴。C 点为截面的几何中心,通常称为截面形心,其坐标分别记作 (y_C, z_C),在平面图形中取一微面积 dA,dA 的坐标分别为 y 和 z,平面图形的形心坐标计算公式见式(12-1)。

$$\begin{cases} y_C = \dfrac{\int_A y\,dA}{A} \\ z_C = \dfrac{\int_A z\,dA}{A} \end{cases} \tag{12-1}$$

具有对称中心或对称轴的截面,其截面形心一定在对称中心或对称轴上。如圆截面的形心位于圆心,矩形截面的形心位于两对称轴的交点处。

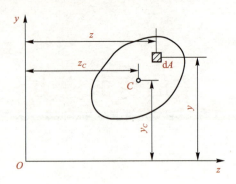

图 12-1　任意图形的形心坐标

(二)静矩

在平面图形(下称"截面")上取一微面积 dA(图 12-1),微面积 dA 和坐标 z 的乘积 zdA 称为微面积 dA 对 z 轴的静矩;而 ydA 称为微面积 dA 对 z 轴的静矩。整个图形上微面积 dA 与它到 y 轴(或 z 轴)距离乘积的总和称为截面对 y 轴(或 z 轴)的静矩,用 S_y(或 S_z)表示,即

$$\begin{cases} S_y = \int_A z\,dA \\ S_z = \int_A y\,dA \end{cases} \tag{12-2}$$

静矩的单位为 m^3 或 mm^3。

综合式(12-1)和式(12-2),可得截面静矩的计算公式为

$$\begin{cases} S_y = z_C A \\ S_z = y_C A \end{cases} \tag{12-3}$$

即截面对某轴的静矩等于其面积与形心坐标(形心至该轴的距离)的乘积。当坐标轴通过截面的形心时,其静矩为零;反之,若截面对某轴的静矩为零,则该轴必通过截面的形心。

例 12-1　试计算图 12-2 所示矩形截面对 z 轴和 y 轴的静矩。

解:其形心坐标 $y_C = \dfrac{h}{2}$,$z_C = \dfrac{b}{2}$,由式(12-3)可得

$$S_y = z_C A = \frac{b}{2} \times bh = \frac{b^2 h}{2}$$

$$S_z = y_C A = \frac{h}{2} \times bh = \frac{bh^2}{2}$$

(三)组合截面的静矩与形心位置

在工程实践中,经常遇到这样一些截面,它们由若干个简单截面(如矩形、三角形、半圆形等)所组成,称为组合截面。根据静矩的定义,组合截面对某轴的静矩应等于其各组成部分对该轴静矩之和,即

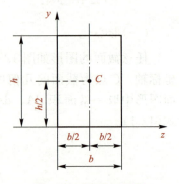

图 12-2　例 12-1 配图

$$\begin{cases} S_y = \sum S_{yi} = \sum A_i y_{Ci} \\ S_z = \sum S_{zi} = \sum A_i z_{Ci} \end{cases} \tag{12-4}$$

组合截面形心的计算公式见式(12-5)。

$$\begin{cases} y_C = \dfrac{S_z}{A} = \dfrac{\sum A_i y_{Ci}}{\sum A_i} \\ z_C = \dfrac{S_y}{A} = \dfrac{\sum A_i z_{Ci}}{\sum A_i} \end{cases} \tag{12-5}$$

例 12-2 图 12-3 所示为对称 T 形截面,求该截面的形心位置。

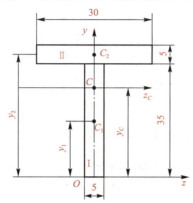

图 12-3 例 12-2 配图(单位:mm)

解: 建立直角坐标系 zOy,其中 y 为截面的对称轴。因截面相对于 y 轴对称,其形心一定在该对称轴上,因此 $z_C=0$,只需计算 y_C 的值,如图中所示将截面分成 I、II 两个矩形,则有

$$A_1 = 5 \times 35 = 175 (\text{mm}^2), \quad y_1 = 17.5 \text{ mm}$$
$$A_2 = 5 \times 30 = 150 (\text{mm}^2), \quad y_2 = 37.5 \text{ mm}$$
$$y_C = \frac{A_1 y_1 + A_2 y_2}{A_1 + A_2} = \frac{175 \times 17.5 + 150 \times 37.5}{175 + 150} = 26.73 (\text{mm})$$

因此该截面的形心坐标为(0,26.73)。

二、惯性矩、惯性积和平行移轴定理

(一)惯性矩

如图 12-4 所示,$z^2 \mathrm{d}A$ 和 $y^2 \mathrm{d}A$ 分别称为微元面积 $\mathrm{d}A$ 对 z 轴和 y 轴的惯性矩,而沿整个截面的积分则为截面面积 A 对 y 轴和 z 轴的惯性矩,见式(12-6)。

$$\begin{cases} I_y = \int_A z^2 \mathrm{d}A \\ I_z = \int_A y^2 \mathrm{d}A \end{cases} \tag{12-6}$$

式(12-6)表明惯性矩恒为正值,量纲为长度的四次方单位,常用单位为 m^4 和 mm^4。

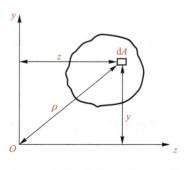

图 12-4 惯性矩

例 12-3 试计算图 12-5 所示的矩形截面对其形心轴的惯性矩 I_z、I_y。

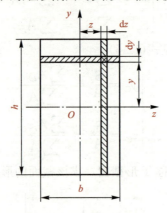

图 12-5 例 12-3 配图

解：(1) 计算惯性矩 I_z。取平行于 z 轴的微面积

$$dA = bdy$$

$$I_z = \int_A y^2 dA = \int_{-\frac{h}{2}}^{\frac{h}{2}} y^2 b dy = \frac{bh^3}{12}$$

(2) 计算惯性矩 I_y。取平行于 y 轴的微面积

$$dA = hdz$$

$$I_y = \int_A z^2 dA = \int_{-\frac{b}{2}}^{\frac{b}{2}} z^2 h dz = \frac{hb^3}{12}$$

例 12-4 图 12-6 所示圆形截面的直径为 D，试计算它对形心轴的惯性矩 I_z、I_y。

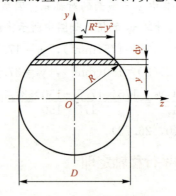

图 12-6 例 12-4 配图

解：取平行于 z 轴的微面积

$$dA = 2\sqrt{R^2 - y^2}\, dy$$

$$I_z = \int_A y^2 dA = 2\int_{-R}^{R} y^2 \sqrt{R^2 - y^2}\, dy = \frac{\pi D^4}{64}$$

根据对称性，截面对 x 轴和 y 轴的惯性矩相等，即

$$I_y = I_z = \frac{\pi D^4}{64}$$

(二)极惯性矩

如图 12-4 所示,ρ 是微元面积 dA 的形心到坐标原点的半径,称为微元面积 dA 对于坐标原点的极惯性矩,而沿整个截面的积分则为截面面积 A 对于坐标原点的极惯性矩,用 I_P 表示。

$$I_P = \int_A \rho^2 dA \tag{12-7}$$

由定义可知,**极惯性矩恒为正值,其常用单位是 m^4 和 mm^4**。

因有 $\rho^2 = y^2 + z^2$,则可得

$$I_P = \int_A \rho^2 dA = \int_A (y^2 + z^2) dA = \int_A y^2 dA + \int_A z^2 dA = I_z + I_y \tag{12-8}$$

惯性矩也可以用惯性半径表示,见式(12-9)和式(12-10)。

$$I_z = i_z^2 \cdot A , \quad I_y = i_y^2 \cdot A \tag{12-9}$$

$$i_z = \sqrt{\frac{I_z}{A}}, \quad i_y = \sqrt{\frac{I_y}{A}} \tag{12-10}$$

上式中,i_z、i_y 分别为截面对 z 轴、y 轴的惯性半径,常用单位是 m 和 mm。

(三)惯性积

$zy dA$ 称为微元面积 dA 对坐标轴 z、y 的惯性积,而沿整个截面的积分 $\int yz dA$ 称为截面面积 A 对坐标轴 z、y 的惯性积,见式(12-11)。

$$I_{yz} = \int yz dA \tag{12-11}$$

显然,惯性积可正可负,也可为零。如果截面有一个对称轴,则 $I_{yz} = 0$。

(四)平行移轴公式

同一截面对相互平行的两对直角坐标轴的惯性矩是不同的,若其中一对轴是图形的形心轴(y_C, z_C),如图 12-7 所示,它们之间的关系见式(12-12)(证明略)。

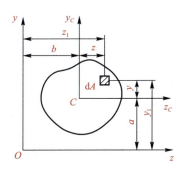

图 12-7 平行移轴公式

$$\begin{cases} I_z = I_{zC} + a^2 A \\ I_y = I_{yC} + b^2 A \end{cases} \tag{12-12}$$

式(12-12)中,I_z、I_y 是截面对 z 轴、y 轴的惯性矩;I_{zC}、I_{yC} 是截面对形心轴 z_C、y_C 的惯性矩;a、b 是截面形心在 zOy 坐标系中的坐标。

式(12-12)即惯性矩的平行移轴公式。该公式表明,截面对任意轴的惯性矩,等于截面

与该轴平行的形心轴的惯性矩加上截面面积与两轴距离平方的乘积。

工程计算中应用最广泛的是求通过其形心轴的惯性矩。根据惯性矩的定义可知，截面对某轴的惯性矩等于组成它的各简单截面（三角形、圆形、矩形）对同一轴惯性矩的和。组合截面的惯性矩计算一般按下列步骤进行：

(1)确定组合截面的形心轴位置。

(2)通过积分或查表求得各简单截面对自身形心轴的惯性矩。

(3)利用平行移轴公式，求得各简单截面对组合截面的形心轴的惯性矩。

(4)将各简单截面对组合截面的形心轴的惯性矩相加或相减，便得到整个截面对通过其形心轴的惯性矩。

例 12-5 试计算图 12-8 所示组合截面对形心轴的惯性矩 I_{zC}、I_{yC}。

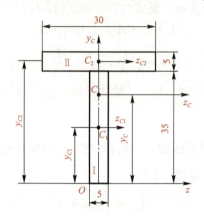

图 12-8　例 12-5 配图

解： 由例 12-2 知 $y_C = 26.73$ mm，将截面分成Ⅰ、Ⅱ两个矩形。

(1)计算惯性矩 I_{yC}。

y_C 轴通过矩形Ⅰ、Ⅱ的形心，故有

$$I_{yC} = I_{yC}^{\mathrm{I}} + I_{yC}^{\mathrm{II}} = \frac{35 \times 5^3}{12} + \frac{5 \times 30^3}{12} = 11\ 615 (\mathrm{mm}^4)$$

(2)计算惯性矩 I_{zC}。

由平行移轴公式式(12-12)可得

$$I_{zC} = I_{zC}^{\mathrm{I}} + I_{zC}^{\mathrm{II}} = I_{zC1}^{\mathrm{I}} + a_1^2 A_1 + I_{zC1}^{\mathrm{II}} + a_2^2 A_2 = \frac{5 \times 35^3}{12} + (26.73 - 17.5)^2 \times 35 \times 5 +$$

$$\frac{30 \times 5^3}{12} + (37.5 - 26.73)^2 \times 30 \times 5 = 50\ 485 (\mathrm{mm}^4)$$

第二节　梁的弯曲正应力

一、梁横截面上的正应力

对梁进行强度计算，还必须确定梁横截面上的应力，即需要确定横截面上的应力分布

情况及最大应力值,因为构件的破坏往往首先开始于危险截面上应力最大的地方。因此,研究梁的强度,首先必须分析梁弯曲时横截面上的应力分布规律,确定应力计算公式。

(一)现象与假设

简支梁如图 12-9 所示,由内力图可知,梁 CD 段内任一横截面上剪力都等于零,而弯矩均为常量 Fa,**只有弯矩而无剪力作用的弯曲变形称为纯弯曲。**

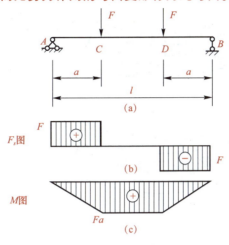

图 12-9 简支梁内力图

为了研究横截面上的正应力,首先观察在外力作用下梁的弯曲变形现象:取一根矩形截面梁,在梁的两端沿其纵向对称面,施加一对大小相对、方向相反的力偶,即使梁发生纯弯曲。

为观察变形情况,加载前先在梁的表面上画出一系列与轴线平行的纵向线和与轴线垂直的横向线。这些线组成许多小矩形[图 12-10(a)]。当在梁的两端加上外力偶 M,使梁发生纯弯曲时[图 12-10(b)],可观察到:

(1)变形后各横向线仍为直线,只是相对旋转了一个角度,且与变形后的梁轴曲线保持垂直,即小矩形格仍为直角。

(2)梁表面的纵向直线均弯曲成弧线,靠顶面的纵线缩短,靠底面的纵线拉长,位于中间位置的纵线长度不变。

(3)矩形截面上部变宽,下部变窄。

(二)假设

根据上面所观察到的变形现象,可提出如下假设:

(1)平面假设。梁变形后,横截面仍保持为平面,只是绕某一轴旋转了一个角度,且仍与变形后的梁轴曲线垂直。

(2)如果设想梁是由无数根纵向纤维组成的,则梁变形后各纤维只受拉伸或压缩,不存在相互挤压。

梁变形后,在凸边的纤维伸长,而凹边的纤维缩短,纤维层从缩短到伸长变形是连续的,其中必有一层纤维既不伸长也不缩短,这一纤维层称为中性层。中性层与横截面的交线称为中性轴[图 12-10(c)]。中性轴将横截面分为两个区域,即拉伸区和压缩区。可以证明,中性轴通过横截面的形心并垂直于横截面的竖向对称轴。

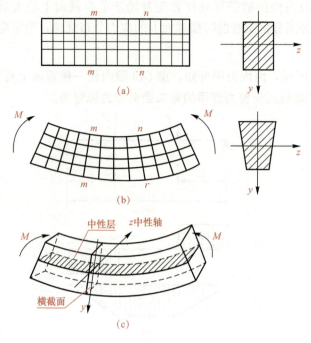

图 12-10 横截面应力

(三)纯弯曲梁横截面正应力

对纯弯曲梁的平面假设及对梁的变形分析,即纵向纤维只有伸长或缩短且为连续的,可以推断,纯弯曲梁横截面上只有正应力。

纯弯曲梁横截面上的正应力见式(12-13)(推导略)。

$$\sigma = \frac{My}{I_z} \tag{12-13}$$

式(12-13)中 M 为横截面上的弯矩;y 为横截面上待求应力点至中性轴的距离,I_z 为截面对中性轴的惯性矩。

当弯矩为正时,梁下部纤维伸长,故产生拉应力,上部纤维缩短而产生压应力;当弯矩为负时,则与上相反。利用式(12-13)计算正应力时,可以不考虑式中弯矩 M 和 y 的正负号,均以绝对值代入,正应力是拉应力还是压应力可以由梁的变形来判断。

以上公式虽然是在纯弯曲的情况下,以矩形梁为例建立的,但对于具有纵向对称面的其他截面形式的梁,如"工"字形、T 形和圆形截面梁等仍然可以使用。

(四)横力弯曲时梁横截面上正应力的计算

横力弯曲时梁横截面上不仅有弯矩,而且还有剪力,因此,梁横截面上不仅有正应力,而且还有切应力。由于切应力的存在,梁变形后横截面不再保持为平面。按平面假设推导出的纯弯曲梁横截面上正应力的计算公式,用于计算横力弯曲梁横截面上的正应力是有一些误差的。但当梁的跨度和横截面的高度的比值 $\frac{l}{h} > 5$ 时,其误差可忽略不计。因此,式(12-13)也适用于横力弯曲时梁横截面上正应力的计算。

(五)最大正应力

在进行梁的强度计算时,必须计算出梁的最大正应力值。对于等直梁,弯曲时的最大正应力一定在弯矩最大(绝对值)所在横截面的边缘各点处。该截面称为危险截面,其上、下边缘的点称为危险点。

若梁的横截面对称于中性轴,如矩形、圆形、圆环形等截面,则梁的最大拉应力和最大压应力的值相等,**最大正应力值为**

$$\sigma_{max} = \frac{M_{max}}{I_z} y_{max} = \frac{M_{max}}{\dfrac{I_z}{y_{max}}}$$

令

$$W_z = \frac{I_z}{y_{max}}$$

则有

$$\sigma_{max} = \frac{M_{max}}{W_z} \tag{12-14}$$

式中,W_z 称为抗弯截面系数,它是衡量截面抗弯能力的一个几何量,与截面的形状和尺寸有关,其单位为 m³ 或 mm³。

几种常见简单截面的惯性矩 I_z、I_y 和抗弯截面系数 W_z、W_y 见表 12-1。型钢截面的惯性矩和抗弯截面系数可由型钢规格表查得,见附录。

表 12-1 常见简单截面的惯性矩与抗弯截面系数

截面	惯性矩	抗弯截面系数
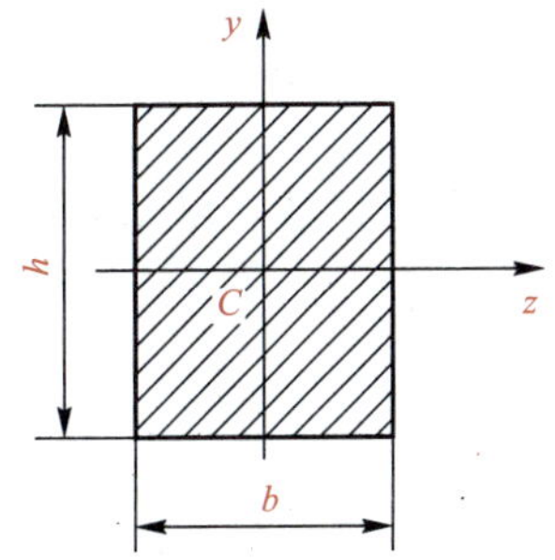 矩形 (宽 b,高 h)	$I_z = \dfrac{bh^3}{12}$ $I_y = \dfrac{hb^3}{12}$	$W_z = \dfrac{bh^2}{6}$ $W_y = \dfrac{hb^2}{6}$
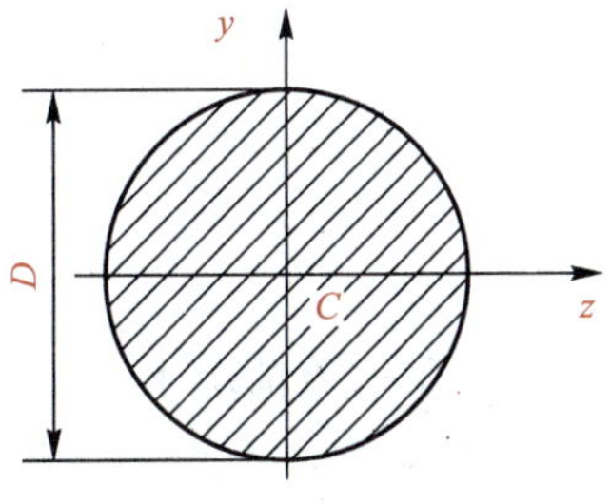 圆形 (直径 D)	$I_z = I_y = \dfrac{\pi d^4}{64}$	$W_z = W_y = \dfrac{\pi d^3}{32}$
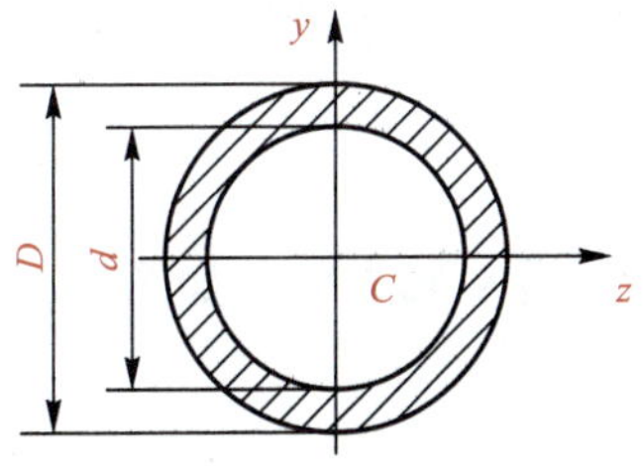 圆环形 (外径 D,内径 d)	$I_z = I_y = \dfrac{\pi D^4(1-\alpha^4)}{64}$ $\left(\alpha = \dfrac{d}{D}\right)$	$W_z = W_y = \dfrac{\pi D^3(1-\alpha^4)}{32}$ $\left(\alpha = \dfrac{d}{D}\right)$

例 12-6 某简支梁受均布荷载 $q=3.5$ kN/m 的作用,如图 12-11(a)所示,梁截面为 $b \times h=$

120 mm×180 mm 的矩形，跨度 $l=3$ m。试求跨中横截面上 a、b、c 三点处的正应力。

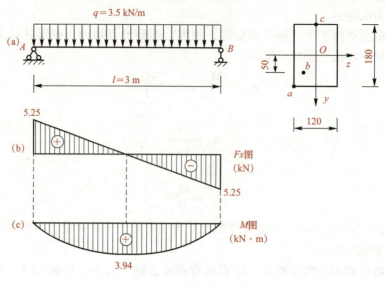

图 12-11　例 12-6 配图

解：(1)作梁的剪力图和弯矩图。梁的剪力图和弯矩图如图 12-11(b)、(c)所示。

(2)计算正应力。矩形截面对中性轴的惯性矩为

$$I_z = \frac{bh^3}{12} = \frac{1}{12} \times 120 \times 180^3 = 58.32 \times 10^6 (\text{mm}^4)$$

由图 12-11(c)可知，跨中截面下侧受拉，即该截面中性轴以下为受拉区，以上为受压区，因此，a、b 点正应力为拉应力，c 点为压应力，依据式(12-13)可得

$$\sigma_a = \frac{My_a}{I_z} = \frac{3.94 \times 10^6 \times 90}{58.32 \times 10^6} = 6.08(\text{MPa})$$

$$\sigma_b = \frac{My_b}{I_z} = \frac{3.94 \times 10^6 \times 50}{58.32 \times 10^6} = 3.38(\text{MPa})$$

$$\sigma_c = \frac{My_c}{I_z} = -\frac{3.94 \times 10^6 \times 90}{58.32 \times 10^6} = -6.08(\text{MPa})$$

二、梁横截面上的切应力

梁在横力弯曲时，虽然横截面上既有正应力 σ，又有切应力 τ。但在一般情况下，剪应力对梁的强度和变形的影响属于次要因素，因此，对由剪力引起的切应力，不再用变形、物理和静力关系进行推导，而是在承认正应力公式仍然适用的基础上，假定剪应力在横截面上的分布规律，然后根据平衡条件导出剪应力的计算公式。

(一)切应力分布规律假设

对于高度 h 大于宽度 b 的矩形截面梁，其横截面上的剪力 F_S 沿 y 轴方向，如图 12-12 所示，现假设切应力的分布规律如下：

(1)横截面上各点处的切应力 τ 都与剪力 F_S 方向一致。

(2)横截面上距中性轴等距离各点处切应力大小相等，即切应力沿截面宽度均匀分布。

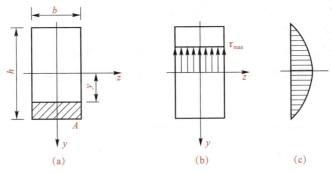

图 12-12 矩形截面的切应力

(二)矩形截面梁的切应力

根据以上假设,可以推导出矩形截面梁横截面上任意一点处切应力的计算公式为

$$\tau = \frac{F_S S_z^*}{I_z b} \tag{12-15}$$

式(12-15)中,F_S 是横截面上的剪力,S_z^* 是横截面上距中性轴为 y 的横线以外部分的面积对中性轴的静矩,I_z 是对中性轴的惯性矩,b、h 是矩形截面梁的宽度和高度,y 是所求应力点距中性轴的距离。

现求图 12-12(a)所示矩形截面上任意一点的切应力,该点至中性轴的距离为 y,该点水平线以外部分面积 A 对中性轴的静矩为

$$S_z^* = A \cdot y_C = b\left(\frac{h}{2} - y\right) \times \left[y + \frac{1}{2}\left(\frac{h}{2} - y\right)\right] = \frac{b}{2}\left[\left(\frac{h}{2}\right)^2 - y^2\right]$$

将上式及 $I_z = \frac{bh^3}{12}$ 代入式(12-15)中,可得

$$\tau = \frac{3F_S}{2bh}\left(1 - \frac{4y^2}{h^2}\right)$$

上式表明切应力沿截面高度按二次抛物线规律分布,如图 12-12(c)所示,在上、下边缘处 $\left(y = \pm\frac{h}{2}\right)$,切应力为零;在中性轴($y=0$),切应力最大,其值为

$$\tau_{\max} = \frac{3F_S}{2bh} = 1.5 \frac{F_S}{A} \tag{12-16}$$

式中 F_S——横截面上的剪力;

  A——矩形截面的面积。

(三)"工"字形截面梁的切应力

"工"字形横截面上的切应力与矩形截面相同:

$$\tau = \frac{F_S S_z^*}{I_z d} \tag{12-17}$$

最大切应力也发生在中性轴上,最大切应力为

$$\tau_{\max} = \frac{F_S S_{z,\max}^*}{I_z d} \tag{12-18}$$

式中 S_z^*——"工"字形半个截面对中性轴的静矩,其值可从型钢规格表中查出;

  d——"工"字形梁腹板的宽度。

在翼板上存在水平方向的切应力，但其数值很小。由此可知，"工"字形截面中，腹板主要承担剪力，而翼缘主要承担弯矩。

"工"字形截面翼缘上切应力的方向遵循"切应力流"的规律。因此，只要确定了腹板上切应力的方向，就可知道翼缘上切应力的方向。"工"字形截面上切应力的分布大小及方向如图 12-13 所示。

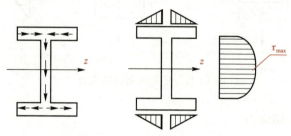

图 12-13　"工"字形截面的切应力

(四) 圆形截面梁和薄壁圆环形截面梁的切应力

圆形截面梁和薄壁圆环形截面梁横截面上的最大切应力均发生在中性轴上各点处，如图 12-14 所示，并沿中性轴均匀分布，其值分别为

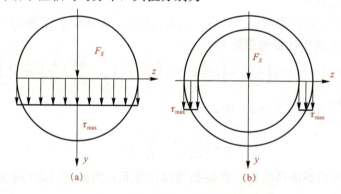

图 12-14　圆形截面梁和薄壁圆环形截面梁

圆形截面梁：

$$\tau_{max} = \frac{4}{3} \times \frac{F_S}{A} \tag{12-19}$$

薄壁圆环形截面梁：

$$\tau_{max} = 2\frac{F_S}{A} \tag{12-20}$$

式中　F_S——横截面上的剪力；
　　　A——横截面面积。

例 12-7　矩形截面简支梁如图 12-15 所示，已知 $h=160$ mm，$b=100$ mm，$h_1=30$ mm，$q=3$ kN/m。试求 A 支座截面上 K 点的剪应力及该截面的最大剪应力。

解：(1) 计算剪力。

A 点处的剪力为

$$F_S = 3 \text{ kN}$$

(2)计算截面的惯性矩和静矩 S_z^*。

$$I_z = \frac{bh^3}{12} = \frac{100 \times 160^3}{12} = 34.1 \times 10^6 (\text{mm}^4)$$

$$S_z^* = A^* \cdot y_C = 100 \times (80-30) \times (80-25) = 2.75 \times 10^5 (\text{mm}^3)$$

(3)K 点处的切应力。

$$\tau = \frac{F_S S_z^*}{I_z b} = \frac{3 \times 10^3 \times 2.75 \times 10^5}{34.1 \times 10^6 \times 100} = 0.242 (\text{MPa})$$

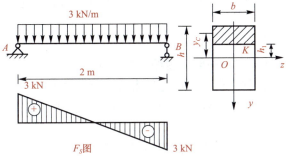

图 12-15 例 12-7 配图

第三节 梁弯曲时的强度计算

一、梁的强度条件

一般情况下,梁横截面上同时存在正应力和切应力。最大正应力发生在最大弯矩所在截面上离中性轴最远的边缘各点处,此处切应力为零,是单向拉伸或压缩。最大切应力发生在最大剪力所在截面的中性轴上各点处,此处正应力为零,是纯剪切。因此,应分辨剪力梁的正应力强度条件和切应力强度条件。只要梁满足这些强度条件,一般不会发生强度不够所导致的破坏。

(一)正应力强度条件

梁的正应力强度条件为

$$\sigma_{\max} = \frac{M_{\max}}{W_z} \leqslant [\sigma] \tag{12-21}$$

式(12-21)中的$[\sigma]$为材料许用正应力,其值可在相关设计规范中查得。

梁的正应力强度条件应用在以下三种情况下:

(1)**强度校核**。在已知梁的材料、截面尺寸与形状(即已知$[\sigma]$和W_z的值)以及所受荷载(已知M)的情况下,计算梁的最大正应力$\sigma_{\max}$,并将其与许用应力比较,**校核是否满足强度条件**。

(2)**截面设计**。已知荷载和采用的材料(即已知M和$[\sigma]$)时,根据强度条件,设计截面尺寸。**计算公式为 $W_z \geqslant \dfrac{M_{\max}}{[\sigma]}$,在求出 W_z 后,进一步根据梁的截面形状确定其尺寸**。若采用型钢,则可由型钢表查得型钢的型号。

(3) **计算许用荷载**。已知梁的材料及截面尺寸(即已知[σ]和W_z),根据强度条件确定梁的许用最大弯矩M_{max}。计算公式为$M_{max} \leq [σ]W_z$,**在求出M_{max}后,可进一步根据平衡条件确定许用外荷载。**

(二)切应力强度条件

梁的切应力强度条件为

$$\tau_{max} \leq [\tau] \qquad (12\text{-}22)$$

式(12-22)中的[τ]为材料许用切应力,其值可在相关设计规范中查得。

二、梁的强度计算

在进行正应力强度计算时,一般应遵循下列步骤:

(1)分析梁的受力,依据平衡条件确定约束力,分析梁的内力(画出弯矩图)。

(2)依据弯矩图及截面沿梁轴线变化的情况,确定可能的危险截面,等截面梁的弯矩最大截面即危险截面。

(3)确定危险点。对于拉、压力学性能相同的材料(如钢材),其最大拉应力点和最大压应力点具有同样的危险程度,因此,危险点显然位于危险截面上离中性轴最远处。而对于拉、压力学性能不等的材料(如铸铁),则需分别计算梁内绝对值最大的拉应力与压应力,因为最大拉应力点与最大压应力点均可能是危险点。

(4)依据强度条件,进行强度计算。

在工程中,细长梁的控制因素通常是正应力,一般而言,满足弯曲正应力强度条件的梁均能满足切应力的强度条件。**只有在下述情况下,才必须对梁作切应力校核:**

(1)梁的跨度较小,或在支座附近作用较大的荷载,以致梁的弯矩较小而剪力较大。

(2)铆接或焊接的"工"字梁,如腹板较薄而截面高度较大,以至于厚度与高度的比值小于型钢的相应比值,这时需对腹板进行切应力校核。

(3)对于一些经焊接、铆接或胶合而成的梁,需对焊缝、铆钉或胶合面等进行剪应力校核。

例 12-8 图 12-16 所示为支承在墙上的木栅的计算简图。已知材料的许用应力[σ]=12 MPa,[τ]=1.2 MPa。试校核梁的强度。

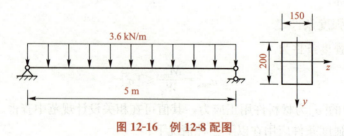

图 12-16 例 12-8 配图

解:(1)绘制剪力图和弯矩图。梁的剪力图和弯矩图分别如图 12-17 所示。由图可知,最大剪力和最大弯矩分别为

$$F_{Smax} = 9 \text{ kN}$$

$$M_{max} = 11.25 \text{ kN·m}$$

(2)校核正应力强度。

梁的最大正应力为

$$\sigma_{\max}=\frac{M_{\max}}{W_z}=\frac{11.25\times10^3}{\frac{1}{6}\times0.15\times0.2^2}=11.25\times10^6(\text{Pa})=11.25\text{ MPa}<[\sigma]=12\text{ MPa}$$

梁满足正应力强度条件。

(3) 校核切应力强度。

梁的最大切应力为

$$\tau_{\max}=\frac{3}{2}\frac{F_{S\max}}{A}=\frac{3}{2}\times\frac{9\times10^3}{0.15\times0.2}=0.45\times10^6(\text{Pa})=0.45\text{ MPa}<[\tau]=1.2\text{ MPa}$$

梁也满足切应力强度条件。

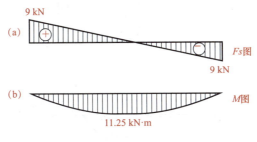

图 12-17 例 12-8 配图

例 12-9 图 12-18(a)所示由 45c 号"工"字钢制成的悬臂梁，长 $l=6$ m，材料的许用应力$[\sigma]=150$ MPa，不计梁的自重。试按正应力强度条件确定梁的许用荷载。

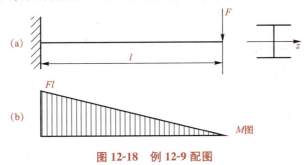

图 12-18 例 12-9 配图

解：绘制弯矩图[图 12-18(b)]。由图可知，最大弯矩发生在梁固定端截面上，$M_{\max}=Fl$。查型钢规格表，45c 号"工"字钢的 $W_z=1\,570$ cm³。由梁的正应力强度条件

$$\sigma_{\max}=\frac{M_{\max}}{W_z}=\frac{Fl}{W_z}\leqslant[\sigma]$$

由此可得 $F\leqslant\dfrac{[\sigma]W_z}{l}=\dfrac{150\times10^6\times1\,570\times10^{-6}}{6}=39.3\times10^3(\text{N})=39.3$ kN

例 12-10 图 12-19(a)所示为"工"字形截面外伸梁，已知材料的许用应力$[\sigma]=160$ MPa，$[\tau]=100$ MPa。试按强度条件选择"工"字钢型号。

解：(1) 绘制剪力图和弯矩图。梁的剪力图和弯矩图如图 12-19(b)、(c)所示。

由图可知，最大剪力和最大弯矩分别为

$$F_{S\max}=23\text{ kN}$$
$$M_{\max}=51\text{ kN}\cdot\text{m}$$

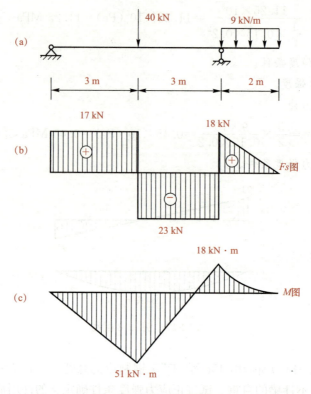

图 12-19　例 12-10 配图

(2) 按正应力强度条件选择"工"字钢型号。

$$W_z \geqslant \frac{M_{max}}{[\sigma]} = \frac{51 \times 10^3}{160 \times 10^6} = 3.1875 \times 10^{-4} \, (m^3) = 318.75 \, cm^3$$

查型钢规格表，选用 22b 号"工"字钢，其 $W_z = 325 \, cm^3$，可满足要求。

(3) 按切应力强度条件进行校核。查相关资料，可得 22b 号"工"字钢的相关数据：

$$I_z/S_z^* = 18.7 \, cm, \quad d = 9.5 \, mm$$

由式(12-18)可得

$$\tau_{max} = \frac{F_S S_{z,max}^*}{I_z d} = \frac{F_S}{\dfrac{I_z}{S_z^*} d} = \frac{23 \times 10^3}{18.7 \times 10^{-2} \times 9.5 \times 10^{-3}} = 12.9 \times 10^6 \, (Pa)$$

$$= 12.9 \, MPa < [\tau] = 100 \, MPa$$

切应力满足强度条件，因此可选用 22b 号"工"字钢。

第四节　提高梁弯曲强度的措施

由梁的正应力强度条件可以看出，提高梁弯曲强度的措施应从两方面考虑：一是降低最大弯矩值 M_{max}；二是增加截面的抗弯截面系数 W_z。根据以上两个方面因素，工程中主要采取下列措施。

1. 合理布置梁的支座和荷载

当荷载一定时，梁的最大弯矩 M_{max} 与梁的跨度有关，因此，首先应当合理安排支座。例如，简支梁受均布荷载作用[图 12-20(a)]，其最大弯矩值为 $0.125ql^2$，如果将两支座向跨中方向移动 $0.2l$ [图 12-20(b)]，则最大弯矩降为 $0.02ql^2$，即只有前者的 1/5。所以，在工程中起吊大梁时，两吊点位于梁端以内的一定距离处，就可以降低 M_{max} 值。

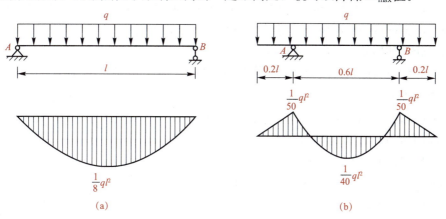

图 12-20 合理布置梁的支座

若工程结构允许将集中荷载分散布置，则也可以降低梁的最大弯矩值。例如，简支梁在跨中受一集中力 F 作用[图 12-21(a)]，其最大弯矩值为 $Fl/4$。若在 AB 梁的中间安置一根长为 $l/2$ 的辅助梁[图 12-21(b)]，则最大弯矩将变为 $Fl/8$，仅为前者的一半。又如将集中力 F 分散为均布荷载 $q=F/l$ [图 12-21(c)]，其最大弯矩也变为 $Fl/8$，也是原来的一半。

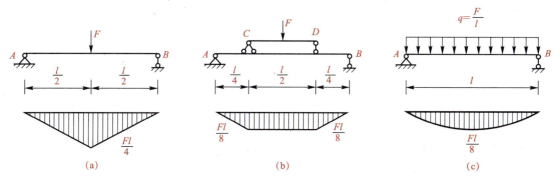

图 12-21 合理分配荷载分布

2. 采用合理的截面

（1）从应力分布规律考虑，应将截面面积较大的部分布置在离中性轴较远的地方。以矩形截面为例，由于弯曲正应力沿梁截面高度按直线分布，截面的上、下边缘处正应力最大，在中性轴附近应力很小，所以，靠近中性轴处的一部分材料未能充分发挥作用。如果将中性轴附近的部分面积移至上、下边缘处，这样，就形成了"工"字形截面，其截面面积大小不变，而更多的材料则较好地发挥作用。所以从应力分布情况看，"工"字形、箱形等截面形状比面积相等的矩形截面更合理，而圆形截面又不如矩形截面。凡是中性轴附近用料较多的截面就是不经济的截面。

(2) 从抗弯截面系数 W_z 的角度考虑，应在截面面积相等的条件下，使抗弯截面系数 W_z 尽可能增大，由式 $M_{max}=[\sigma]W_z$ 可知，梁所能承受的最大弯矩 M_{max} 与抗弯截面系数 W_z 成正比。所以从强度角度看，当截面面积一定时，W_z 值越大越有利。通常用抗弯截面系数 W_z 与横截面面积 A 的比值 W_z/A 来衡量梁的截面形状的合理性和经济性。

(3) 从材料的强度特性考虑，合理地布置中性轴的位置，使截面上的最大拉应力和最大压应力同时达到材料的容许应力。对抗拉和抗压强度相等的材料，一般应采用对称于中性轴的截面形状，如矩形、"工"字形、槽形、圆形等。对于抗拉和抗压强度不相等的材料，一般采用非对称截面形状，使中性轴偏向强度较低的一边，如 T 形、槽形等。

3. 采用变截面梁

对于等截面梁，当梁危险截面上危险点处的应力值达到许用应力时，其他截面上的应力值均小于许用应力，材料没有被充分利用。为提高材料的利用率、提高梁的强度，可设计成各截面上的应力值均同时达到许用应力值，这种梁称为等强度梁。

显然，等强度梁是最合理的结构形式。但是，由于等强度梁外形复杂，加工制造困难，因此工程中一般只采用近似等强度的变截面梁。图 12-22(a) 所示的薄腹梁、图 12-22(b) 所示的鱼腹式梁等，都是近似等强度梁的变截面梁。

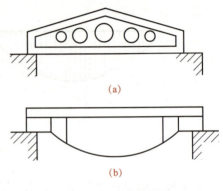

图 12-22 变截面梁

第五节 梁弯曲时的变形和刚度计算

一、挠度和转角

变形和位移是两个不同的概念。变形是指梁受力前后形状的变化，一般用各段梁曲率的变化表示；而工程中需要具体计算的是梁的位移，位移是梁受力前后位置的变化，位移包括线位移和角位移，如图 12-23 所示。在小变形和忽略剪力影响的条件下，线位移是截面形心沿垂直于梁轴线方向的位移，称为挠度，用 w 表示；角位移是横截面变形前后的夹角，称为转角，用 θ 表示。

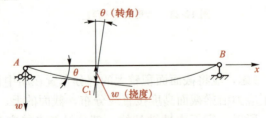

图 12-23 挠度和转角

挠度在横坐标下侧(即向下)为正，反之为负；转角以顺时针转向为正，反之为负。

梁横截面的挠度和转角都随截面位置 x 而变化，是 x 的连续函数，即有
$$w=w(x), \theta=\theta(x)$$

以上两式分别称为梁的挠曲线方程和转角方程。在小变形条件下，由于转角很小，两者之间存在以下关系：

$$\theta=\tan\theta=\frac{\mathrm{d}w}{\mathrm{d}x} \tag{12-23}$$

即挠曲线上任一点处切线的斜率等于该处横截面的转角。因此，研究梁的变形的关键就在于找出梁的挠曲线方程 $w=w(x)$，便可求得梁任一横截面的挠度 w 和转角 θ。通过建立和求解梁的挠曲线近似微分方程，就可以得到梁的挠曲线方程和转角方程，从而求出任一横截面的挠度和转角。这种求挠度和转角的方法称为积分法。

应用积分法求出单跨超静定梁在简单荷载作用下的挠度和转角，见表12-2。表中算式分母上的 E 为材料的弹性模量，I 为横截面对中性轴的惯性矩。EI 称为梁的弯曲刚度。EI 越大，梁越不容易发生弯曲变形，因此它表示梁抵抗弯曲变形的能力。

表 12-2 几种常用梁在简单荷载作用下的变形

序号	梁的计算简图	挠曲线方程	梁端转角	最大挠度
1		$w=\dfrac{Fx^2}{6EI}(3l-x)$	$\theta_B=\dfrac{Fl^2}{2EI}$	$w_B=\dfrac{Fl^3}{3EI}$
2		$w=\dfrac{M_e x^2}{2EI}$	$\theta_B=\dfrac{M_e l}{EI}$	$w_B=\dfrac{M_e l^2}{2EI}$
3		$w=\dfrac{qx^2}{24EI}(x^2+6l^2-4lx)$	$\theta_B=\dfrac{ql^3}{6EI}$	$w_B=\dfrac{ql^4}{8EI}$
4		$w=\dfrac{Fbx}{6lEI}(l^2-b^2-x^2)$ $(0 \leqslant x \leqslant a)$ $w=\dfrac{F(l-x)}{6EIl}(2lx-x^2-a^2)$ $(a \leqslant x \leqslant l)$	$\theta_A=\dfrac{Fab(l+b)}{6lEI}$ $\theta_B=\dfrac{Fab(l+a)}{6lEI}$	当 $a>b$ 时 $w_C=\dfrac{Fb}{48EI}(3l^2-4b^2)$ $w_{\max}=\dfrac{Fb}{9\sqrt{3}\,lEI}(l^2-b^2)^{3/2}$ 在 $x=\dfrac{\sqrt{l^2-b^2}}{\sqrt{3}}$ 处

续表

序号	梁的计算简图	挠曲线方程	梁端转角	最大挠度
5		$w=\dfrac{M_e x}{6lEI}(l^2-3b^2-x^2)$ $(0\leqslant x\leqslant a)$ $w=\dfrac{M_e(l-x)}{6lEI}(3a^2-2lx+x^2)$ $(a\leqslant x\leqslant l)$	$\theta_A=\dfrac{M_e x}{6lEI}(l^2-3b^2)$ $\theta_B=\dfrac{M_e x}{6lEI}(l^2-3a^2)$	在 $x=\dfrac{\sqrt{l^2-3b^2}}{3}$ 处 $w_{\max}=-\dfrac{M_e}{9\sqrt{3}\,lEI}(l^2-3b^2)^{3/2}$ 在 $x=\dfrac{\sqrt{l^2-a^2}}{3}$ 处 $w_{\max}=\dfrac{M_e}{9\sqrt{3}\,lEI}(l^2-3a^2)^{3/2}$
6		$w=\dfrac{M_e x}{6lEI}(2l^2-3lx+x^2)$	$\theta_A=\dfrac{M_e l}{3EI}$ $\theta_B=-\dfrac{M_e l}{6EI}$	$w_C=\dfrac{M_e l^2}{16EI}$ $w_{\max}=\dfrac{M_e l^2}{9\sqrt{3}\,EI}$ 在 $x=l-\dfrac{l}{\sqrt{3}}$ 处
7		$w=\dfrac{qx}{24EI}(l^3-2lx^2+x^3)$	$\theta_A=-\theta_B=\dfrac{ql^3}{24EI}$	$w_{\max}=\dfrac{5ql^4}{384EI}$
8		$w=\dfrac{Fax}{6lEI}(x^2-l^2)$ $(0\leqslant x\leqslant l)$ $w=\dfrac{F(x-l)}{6EI}[a(3x-l)-(x-l)^2]\,(l\leqslant x\leqslant l+a)$	$\theta_A=-\dfrac{Fal}{6EI}$ $\theta_D=\dfrac{Fa}{6EI}(2l+3a)$	$w_{1\max}=-\dfrac{Fal^2}{9\sqrt{3}\,EI}$ (发生在 $x=\dfrac{l}{\sqrt{3}}$ 处) $w_D=w_{2\max}=\dfrac{Fa^2}{3EI}(l+a)$
9		$w=-\dfrac{M_e x}{6lEI}(x^2-l^2)$ $(0\leqslant x\leqslant l)$ $w=\dfrac{M_e}{6EI}(l^2-4lx+3x^2)$ $(l\leqslant x\leqslant l+a)$	$\theta_A=-\dfrac{M_e l}{6EI}$ $\theta_D=\dfrac{M_e}{3EI}(l+3a)$	$w_{1\max}=-\dfrac{M_e l^2}{9\sqrt{3}\,EI}$ (发生在 $x=\dfrac{l}{\sqrt{3}}$ 处) $w_D=w_{2\max}=\dfrac{M_e a}{6EI}(2l+3a)$

序号	梁的计算简图	挠曲线方程	梁端转角	最大挠度
10	(图示：简支梁AB，B端外伸至D，外伸段长a，跨长l，均布荷载q作用在外伸段)	$w=-\dfrac{qa^2x}{12lEI}$ (x^2-l^2) $(0 \leqslant x \leqslant l)$ $w=\dfrac{q(x-l)}{24EI}[2a^2x(x+l)- 2a(2l+a)(x-l^2)+ l(x-l)^3] (l \leqslant x \leqslant l+a)$	$\theta_A=-\dfrac{qa^2l}{12EI}$ $\theta_D=\dfrac{qa^2}{6EI}(l+a)$	$w_{1max}=-\dfrac{qa^2l^2}{18\sqrt{3}EI}$ （发生在 $x=\dfrac{l}{\sqrt{3}}$ 处） $w_D=w_{2max}=$ $\dfrac{qa^3}{24EI}(4l+3a)$

二、用叠加法求梁的变形

弯曲变形很小时，挠曲线的微分方程是线性的，在小变形的情况下，梁的转角和挠度与荷载的关系也是线性的，几种不同的荷载同时作用时，其任一截面处的转角或挠度等于各个荷载分别单独作用时梁在该截面处的转角和挠度的代数和，因此可先分别求出每个荷载单独作用下梁的挠度或转角，然后进行叠加（求代数和），这种求梁的变形的方法称为叠加法。梁在简单荷载作用下的转角和挠度可查表12-2。

例 12-11 如图 12-24 所示，桥式起重机的大梁的自重为均布荷载，集度为 q，作用于跨度中点的吊重为集中力 F。求大梁跨度中点的挠度。

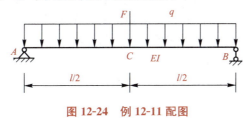

图 12-24　例 12-11 配图

解：大梁的变形是由均布荷载 q 和集中力 F 共同引起的。在均布荷载 q 单独作用下，大梁跨度中点的挠度由表 12-2 查出为

$$w_{Cq}=\frac{5ql^4}{384EI} \quad (\downarrow)$$

在集中力 F 单独作用下，大梁跨度中点的挠度由表 12-2 查出为 $w_{CF}=\dfrac{Fl^3}{48EI}$，叠加以上结果，求得在均布荷载和集中力共同作用下，大梁跨度中点的挠度是

$$w_{max}=\frac{5ql^4}{384EI}+\frac{Fl^3}{48EI} \quad (\downarrow)$$

例 12-12 抗弯刚度为 EI 的简支梁的荷载图如图 12-25(a)所示。试按叠加原理求跨中点 C 处的挠度和两支座 A、B 处横截面的转角。

解：依据叠加原理，简支梁在集中力和均布荷载共同作用下的挠度和转角等于其在该两种荷载单独作用下[图 12-25(b)、(c)]的叠加，简单荷载作用下的挠度和转角值可查表 12-2。

$$w_C = w_{Cq} + w_{CM} = \frac{5ql^4}{384EI} + \frac{M_e l^2}{16EI}$$

$$\theta_A = \theta_{Aq} + \theta_{AM} = \frac{ql^3}{24EI} + \frac{M_e l}{3EI}$$

$$\theta_B = \theta_{Bq} + \theta_{BM} = -\frac{ql^3}{24EI} - \frac{M_e l}{6EI}$$

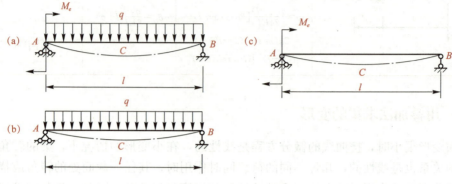

图 12-25 例 12-12 配图

三、梁的刚度校核

梁的刚度校核是检查梁在荷载作用下产生的位移是否超过许可值。梁的位移超过了许可值就会影响其正常工作。梁的位移有转角和挠度。在建筑工程中，一般仅校核挠度。

对于梁的挠度，其许可值通常用许可的挠度与跨度之比 $[w/l]$ 作为标准。

土建工程：$\left[\dfrac{w}{l}\right] = \dfrac{1}{250} \sim \dfrac{1}{1\,000}$

刚度条件：$\dfrac{w_{\max}}{l} \leqslant \left[\dfrac{w}{l}\right]$

需要特别说明的是，**一般土建工程中的梁，如能满足强度条件，一般都能满足刚度条件**。

因此，在设计梁时，刚度要求处于从属地位，但当对构件的位移限制很严时，刚度条件则可能起控制作用。

例 12-13　由 32a 号"工"字钢制成的悬臂梁如图 12-26 所示，荷载 $F = 10$ kN，已知材料的许用应力 $[\sigma] = 170$ MPa，弹性模量 $E = 210$ GPa，梁的许用挠度比 $\left[\dfrac{w}{l}\right] = \dfrac{1}{250}$。试校核梁的强度和刚度。

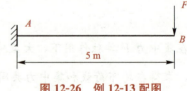

图 12-26 例 12-13 配图

解：(1) 求梁的最大弯矩和最大挠度。最大弯矩发生在固定端 A 截面上，其值为

$$M_{\max} = Fl = 10 \times 5 = 50 \text{(kN·m)}$$

查表 12-2，该梁的最大挠度发生在自由端 B 截面处，其值为

$$w_{\max} = w_B = \frac{Fl^3}{3EI} (\downarrow)$$

(2) 校核梁的强度。查型钢表，32a 号"工"字钢的 $W_z = 692 \text{ cm}^3$。梁的最大正应力为

$$\sigma_{max} = \frac{M_{max}}{W_z} = \frac{50 \times 10^3}{692 \times 10^{-6}} = 72.25 \text{(MPa)} < [\sigma] = 170 \text{ MPa}$$

可见梁满足强度条件。

(3)校核梁的刚度。查型钢规格表，32a 号"工"字钢的 $I_z = 11\,100 \text{ cm}^4$。梁的最大挠跨比为

$$\frac{w_{max}}{l} = \frac{Fl^2}{3EI} = \frac{10 \times 10^3 \times 5^2}{3 \times 210 \times 10^9 \times 11\,100 \times 10^{-8}} = 0.003\,6 < \left[\frac{w}{l}\right]\frac{1}{250} = 0.004$$

可见梁满足刚度条件。

习 题

12-1 求图 12-27 所示各截面的形心坐标。

12-2 试求图 12-28 所示截面对水平形心轴 z 的惯性矩 I_z。已知 $y_C = 57$ mm。

12-3 试求图 12-29 所示截面对其形心轴的惯性矩 I_z、I_y。

12-4 图 12-30 所示为一矩形截面梁，梁上作用着均布荷载，已知 $l = 4$ m，$b = 15$ cm，$h = 20$ cm，$q = 2$ kN/m，弯曲时木材的容许应力 $[\sigma] = 1.5 \times 10^4$ kPa，试校核梁的强度。

参考答案

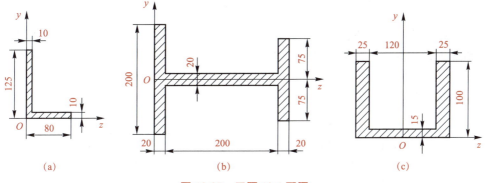

图 12-27 习题 12-1 配图

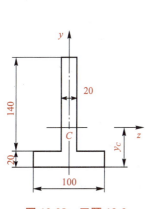

图 12-28 习题 12-2
配图(单位：mm)

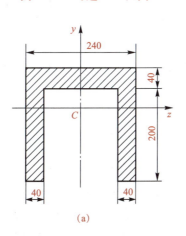

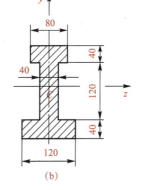

图 12-29 习题 12-3
配图(单位：mm)

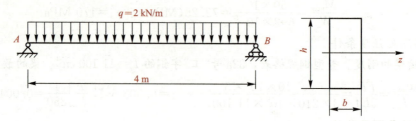

图 12-30 习题 12-4 配图

12-5 悬臂梁如图 12-31 所示，横截面为矩形，承受载荷 F_1 与 F_2 的作用，且 $F_1 = 2F_2 = 6$ kN。试计算梁内的最大弯曲正应力及该应力所在截面上 K 点处的弯曲正应力。

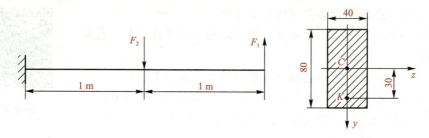

图 12-31 习题 12-5 配图

12-6 截面梁如图 12-32 所示，横截面上的剪力 $F_S = 350$ kN，试计算：图 12-32(a)中截面上的最大切应力和 A 点的切应力；图 12-32(b)中已知 $S_z^* = 1\,984$ cm³，求腹板上的最大切应力。

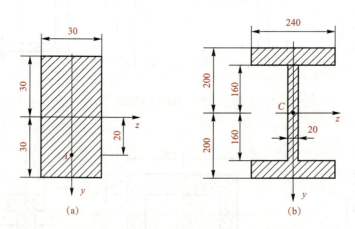

图 12-32 习题 12-6 配图(单位：mm)

12-7 图 12-33 所示为一对称 T 形截面的外伸梁，梁上作用有均布荷载。已知 $l = 1$ m，$q = 8$ kN/m，$I_z = 864$ cm⁴，求梁截面上的最大拉应力和最大压应力。

12-8 外伸梁如图 12-34 所示，承受荷载 F 的作用，已知荷载 $F = 25$ kN，许用应力 $[\sigma] = 180$ MPa，许用切应力 $[\tau] = 95$ MPa。请选择"工"字钢的型号。

12-9 某悬臂梁受荷载如图 12-35 所示，试用叠加法求梁 B 点处的挠度和转角。

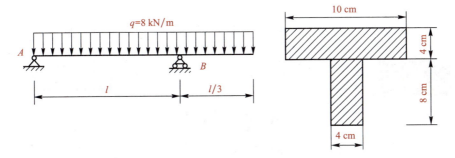

图 12-33　习题 12-7 配图

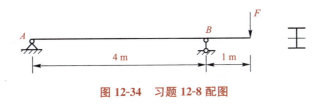

图 12-34　习题 12-8 配图

图 12-35　习题 12-9 配图

12-10　一简支梁由 18 号"工"字钢制成，受均布荷载的作用，如图 12-36 所示。已知材料 $E=210$ GPa，$[\sigma]=200$ MPa，梁的许用挠度比 $\left[\dfrac{w}{l}\right]=\dfrac{1}{400}$，试校核梁的强度和刚度。

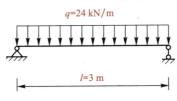

图 12-36　习题 12-10 配图

第十三章 组合变形

内容摘要

本章主要介绍工程中常见的斜弯曲杆件的应力和强度的计算以及变形和刚度的计算、拉伸(压缩)与弯曲、偏心压缩(拉伸)等组合变形杆件的应力和强度的计算。

学习目标

1. 了解工程实践中的组合变形,掌握组合变形问题的分析方法。
2. 掌握斜弯曲杆件的应力和强度的计算以及变形和刚度的计算。
3. 掌握拉伸(压缩)与弯曲组合变形、偏心压缩(拉伸)杆件的应力和强度的计算。

第一节 概　述

在实际工程中,构件的受力情况是复杂的,构件受力后的变形往往不是单一的基本变形,而是由两种或两种以上的基本变形所构成的。例如,图13-1(a)所示的屋架檩条的变形是由相互垂直的两个纵向对称面内的平面弯曲组合成的斜弯曲;图13-1(b)所示的厂房支柱产生压缩与弯曲的组合变形。这种**由两种或两种以上基本变形组合而成的变形称为组合变形**。

构件在外力的作用下,若满足小变形条件且材料处于线弹性范围内,即受力变形后仍可按原始尺寸和形状进行计算,构件上各个外力所引起的变形将相互独立、互不影响。因此,可以应用叠加原理来处理杆件的组合变形问题。组合变形杆件的强度计算,通常按下述步骤进行:

(1)将作用于组合变形杆件上的外力分解或简化为基本变形的受力方式。
(2)按各基本变形进行应力计算。
(3)将各基本变形同一点处的应力进行叠加,以确定组合变形时各点的应力。
(4)分析确定危险点的应力,建立强度条件。

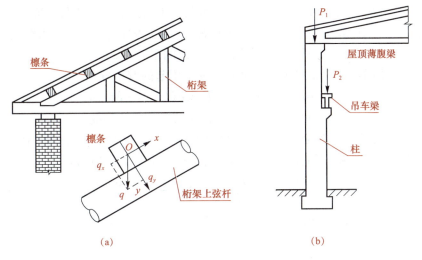

图 13-1 屋架檩条和厂房支柱

第二节 斜弯曲

在实际工程中，作用在梁上的横向力有时并不位于梁的形心主惯性平面内。例如图 13-2 所示的"["形和"Z"形截面檩条，作用于其上的外力 F 所在的平面与形心主惯性平面间存在一夹角 φ。在这种情况下，变形后梁的轴线将不再位于外力所在平面内，这种变形称为斜弯曲或双向弯曲。

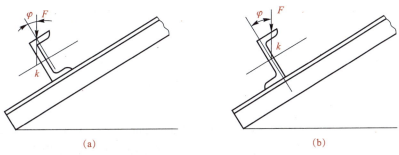

图 13-2 斜弯曲

一、斜弯曲梁的应力和强度计算

现以矩形截面悬臂梁为例，说明斜弯曲时应力和变形的分析方法。

矩形截面悬臂梁受力及坐标系如图 13-3(a)所示。y、z 轴为形心主轴，外力 F 在 yOz 平面内，与 y 轴的夹角为 φ。

将力 F 沿形心主轴 z、y 方向分解为两个分力，即

$$F_z = F\sin\varphi, \quad F_y = F\cos\varphi$$

力 F 的作用可用两个分力 F_z 和 F_y 的单独作用代替，而每一分力单独作用时，都将产

生平面弯曲。由此斜弯曲就可以看作两个互相垂直的平面内的平面弯曲的组合。

由叠加原理分别计算出两个平面弯曲在截面 $m-m$ 上的正应力（剪应力影响较小，可忽略不计），通过叠加即可得出斜弯曲时在该截面上总的正应力。

两个分力在距固定端为 x 处的横截面 $m-m$ 上引起的弯矩分别为

$$M_z=F_y(l-x)=F\cos\varphi(l-x)=M\cos\varphi$$
$$M_y=F_z(l-x)=F\sin\varphi(l-x)=M\sin\varphi$$

上式中 M 为力 F 引起的截面 $m-m$ 上的总弯矩，$M=F(l-x)$。其弯矩图如图 13-3(b) 所示。分别计算 M_z 与 M_y 引起的 C 点应力，叠加后可得 C 点的应力，即

$$\sigma_C=\frac{M_z\cdot y}{I_z}+\frac{M_y\cdot z}{I_y}=M\left(\frac{y\cos\varphi}{I_z}+\frac{z\sin\varphi}{I_y}\right)$$

上式中 M、y、z 均以正值代入，各项应力为拉应力（以拉为正）还是为压应力，可直接观察变形判断。

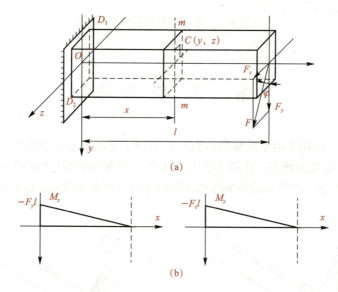

图 13-3 斜弯曲时的应力分析

在进行强度计算时，首先应确定危险截面和危险截面上危险点的位置。由图 13-3(b) 可知，在固定端截面上，M_z 和 M_y 同时达到最大值，该截面显然就是危险截面。危险点应是 M_z 及 M_y 引起的正应力都达到最大值的点。图 13-3(a)、图 13-4 中的 D_1 和 D_2 即危险点。其中 D_1 点存在最大拉应力，D_2 点存在最大压应力。

可以证明，在斜弯曲情况下，中性轴是一根过截面形心的斜线，最大拉应力 $\sigma_{t\max}$ 或最大压应力 $\sigma_{c\max}$ 必发生在离中性轴最远的点处。

梁任意截面上的最大正应力可由式(13-1)求得

$$\sigma_{\max}=\frac{M_z}{I_z}y_{\max}+\frac{M_y}{I_y}z_{\max}=\frac{M_z}{W_z}+\frac{M_y}{W_y} \tag{13-1}$$

对于"工"字形、槽形及由其组成的组合截面，如将其角点连接起来其轮廓线也为矩形，因而式(13-1)依然适用。

若梁的材料抗拉压能力相同，则可建立斜弯曲梁的强度条件为

$$\sigma_{\max}=\frac{M_{z\max}}{W_z}+\frac{M_{y\max}}{W_y}\leqslant[\sigma] \qquad (13\text{-}2)$$

需要注意的是，如果材料的抗拉、抗压强度不同，则需分别对抗拉、抗压强度进行计算。

上述强度条件，可以解决斜弯曲梁的强度校核、设计截面和确定许用荷载三类强度计算问题。在设计截面时，由于弯曲截面系数 W_z 和 W_y 两个都是未知量，所以应先假设 W_z/W_y 的比值，可根据式(13-2)计算出 W_z（或 W_y）的值，并进一步确定杆件所需的截面尺寸，再按式(13-2)进行强度校核，逐次渐进得出最后的合理尺寸。对于矩形截面，因 $W_z/W_y=h/b$，所以在设计截面时，可先假设 h 与 b 的比值。

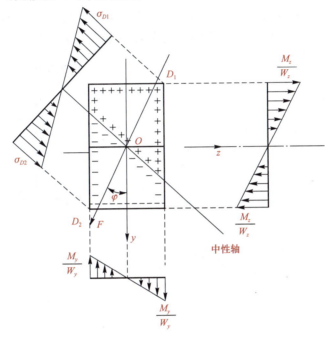

图 13-4 最大正应力

二、斜弯曲梁的挠度和刚度计算

斜弯曲梁的挠度也可看作两个平面弯曲的挠度的叠加。如求图 13-5 所示的悬臂梁自由端的挠度 w，可分别求出 F_z 和 F_y 引起的垂直挠度 w_z 和 w_y，再求其向量和，即

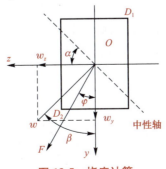

图 13-5 挠度计算

$$w=\sqrt{w_z^2+w_y^2} \tag{13-3}$$

总挠度 w 的方向线与 y 轴之间的夹角 β 可由式(13-4)求得

$$\tan\beta=\frac{w_z}{w_y}=\frac{I_z\sin\varphi}{I_y\cos\varphi}=\frac{I_z}{I_y}\tan\varphi \tag{13-4}$$

一般而言，$I_y \neq I_z$，由式(13-4)可知，$\beta \neq \varphi$，故总挠度方向与外力方向不一致，也即外力作用平面与挠曲线平面不重合，这也符合斜弯曲的特点。只有当外力作用平面与挠曲线平面重合时，才是平面弯曲。

在求得斜弯曲梁的最大挠度后，其刚度条件及刚度条件的计算可参照本书第十二章的相关内容，此处不再赘述。

例 13-1 如图 13-6 所示，跨长 $l=4$ m 的简支梁，用 32a 号"工"字钢制成。作用于梁跨中点的集中力 $F=33$ kN，其与横截面竖向对称轴 y 的夹角 $\varphi=15°$。已知钢的许用应力 $[\sigma]=170$ MPa，梁的许用挠度比 $\left[\dfrac{w}{l}\right]=\dfrac{1}{200}$，试校核此梁的强度和刚度。

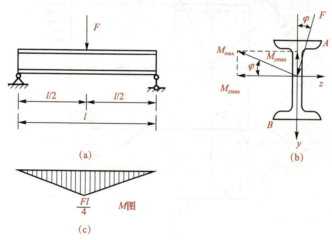

图 13-6 例 13-1 配图

解：(1)求解内力。弯矩图如图 13-6(c)所示，弯矩最大值为 $M_{max}=\dfrac{Fl}{4}=\dfrac{33\times 4}{4}=33$(kN·m)。

沿 z、y 轴的分弯矩的大小分别为

$$M_{zmax}=M_{max}\cos\varphi=33\times\cos15°=31.88(\text{kN}\cdot\text{m})$$
$$M_{ymax}=M_{max}\sin\varphi=33\times\sin15°=8.55(\text{kN}\cdot\text{m})$$

(2)强度校核。"工"字钢截面上角点 A 和 B 处是最大正应力所在的点。因为钢的抗拉和抗压强度相同，所以只取其中点 A 进行强度校核。由型钢规格表查得，32a 号"工"字钢的弯曲截面系数为

$$W_z=692.2\text{ cm}^3,\ W_y=70.758\text{ cm}^3$$

由式(13-2)可得

$$\sigma_{max}=\frac{31.88\times 10^3}{692.2\times 10^{-6}}+\frac{8.55\times 10^3}{70.758\times 10^{-6}}=166.89\times 10^6(\text{Pa})=166.89\text{ MPa}<[\sigma]=170\text{ MPa}$$

可见此梁满足强度要求。

(3)刚度校核。查型钢规格表可得，32a号"工"字钢的惯性矩为
$$I_z = 11\ 100\ \text{mm}^4,\ I_y = 460\ \text{mm}^4$$

梁跨中截面沿 y 轴正向的挠度为
$$w_{y\max} = \frac{F_y l^3}{48EI_z} = \frac{F\cos\varphi \cdot l^3}{48EI_z} = \frac{33 \times 10^3 \times \cos 15° \times 4^3}{48 \times 200 \times 10^9 \times 11\ 100 \times 10^{-8}} = 1.91(\text{mm})$$

梁跨中截面沿 z 轴正向的挠度为
$$w_{z\max} = \frac{F_z l^3}{48EI_y} = \frac{F\sin\varphi \cdot l^3}{48EI_y} = \frac{33 \times 10^3 \times \sin 15° \times 4^3}{48 \times 200 \times 10^9 \times 460 \times 10^{-8}} = 12.38(\text{mm})$$

由式(13-3)可得
$$w_{\max} = \sqrt{1.92^2 + 12.38^2} = 12.53(\text{mm})$$

因
$$\frac{w_{\max}}{l} = \frac{12.53}{4 \times 10^3} = 0.003\ 13 < \left[\frac{w}{l}\right] = \frac{1}{200} = 0.005$$

可见此梁刚度也满足要求。

第三节　拉伸(压缩)与弯曲的组合变形

如杆件除在通过其轴线的纵向平面内受到垂直于轴线的荷载外，还受到轴向的拉(压)力，此时杆将发生拉伸(压缩)和弯曲组合变形。

对于抗弯刚度 EI 较大的杆，由横向力引起的变形较小，可忽略轴向力引起的附加弯矩，此时仍可用叠加原理计算横截面上的正应力。现以图13-7所示的杆件为例，计算拉弯杆件横截面上的最大正应力。

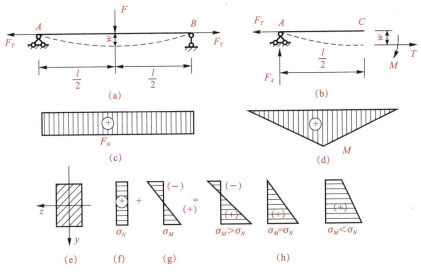

图13-7　拉弯组合变形

在轴向拉力 F_T 的作用下，杆件产生轴向拉伸变形，在横向力 F 的作用下，杆件将产生平面弯曲变形，杆件 AB 为拉弯组合变形。

作内力图，如图 13-7(c)、(d)所示，可知 C 截面为危险截面，其中 $F_{NC}=F_T$，$M_C=\dfrac{Fl}{4}$，轴力引起的应力 σ_N、弯矩引起的应力 σ_M，以及叠加后的应力 σ 沿截面高度的分布规律如图 13-7(f)、(g)、(h)所示，最大拉应力发生在跨中截面的下边缘。

在求得最大应力后就可进行强度计算。**图 13-7(a)所示杆件的强度计算公式为**

$$\sigma_{\max}=\frac{F_N}{A}+\frac{M_{\max}}{W_z}=\frac{F_T}{A}+\frac{Fl}{4W_z}\leqslant[\sigma] \tag{13-5}$$

当轴向力为压力时，最大应力在梁的上边缘，且是压应力。当材料许用拉应力和许用压应力不相等时，杆内的最大拉应力和最大压应力必须分别满足杆件的拉、压强度条件。

例 13-2 三角形托架如图 13-8(a)所示，杆 AB 为"工"字钢。已知作用在点 B 处的集中荷载 $F=8$ kN，型钢的许用应力$[\sigma]=100$ MPa，试选择杆 AB 的"工"字钢型号。

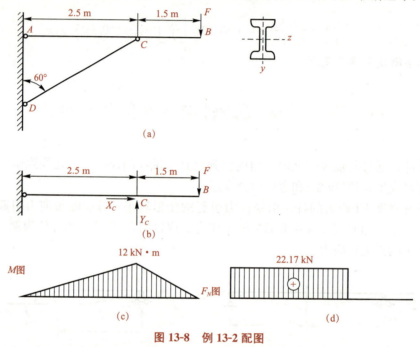

图 13-8 例 13-2 配图

解：(1)计算内力，确定最大内力值。作内力图，如图 13-8(c)、(d)所示，由图中可知 C 截面为危险截面，内力值为

$$M_{\max}=12\text{ kN}\cdot\text{m},\ F_{N\max}=22.17\text{ kN}$$

(2)计算最大正应力。根据叠加原理，杆 AB 在截面 C 上的最大拉应力为

$$\sigma_{\max}=\frac{F_N}{A}+\frac{M_{\max}}{W_z}=\frac{22.17\times10^3}{A}+\frac{12\times10^3}{W_z}\leqslant[\sigma]$$

由于上式中的 A 和 W_z 均为未知，因此采用试算法，按经验选用 16 号"工"字钢，查型钢表可得 $A=26.1\times10^2$ mm^2，$W_z=141\times10^3$ mm^3，代入上式中，则可得

$$\sigma_{\max}=\frac{22.17\times10^3}{26.1\times10^2\times10^{-6}}+\frac{12\times10^3}{141\times10^3\times10^{-9}}=93.6\times10^6\text{(Pa)}=93.6\text{ MPa}<[\sigma]=100\text{ MPa}$$

符合要求，且最大应力及许用应力在数值上较为接近，因此，选用 16 号"工"字钢既安全又经济。

第四节 偏心压缩(拉伸)

作用在杆件上的外力,当其作用线与杆的轴线平行但不重合时,杆件将发生偏心压缩(拉伸)。

一、荷载的简化与截面内力分析

图 13-9(a)所示为单向偏心受压杆,偏心力 F 作用在截面形心 y 轴上。为了将偏心力分解为基本受力形式的叠加,可以将偏心力 F 直接向截面形心简化,简化结果如图 13-9(b)所示。杆件在轴向压力 F 和力偶矩 $M_z=Fe$ 的共同作用下,将产生轴向压缩与平面弯曲的组合变形。**偏心压力作用于一根对称轴上而产生的偏心压缩,称为单向偏心压缩。**

杆内任意一个横截面上存在两种内力:轴力 $F_N=-F$,弯矩 $M_z=Fe$。

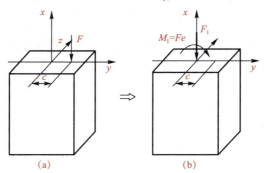

图 13-9 单向偏心受压杆的荷载简化

二、应力分析

由于柱各横截面上的轴力 F_N 和弯矩 M_z 都是相同的,且是等直杆,因此各横截面上的应力也相同,可以取任一个横截面作为危险截面进行强度计算。

轴力和弯矩在横截面上引起均匀分布的正应力如图 13-10(a)、(b)所示。根据叠加原理,横截面应力分布由前述两个应力图叠加,如图 13-10(c)所示。其中性轴为 $n-n$ 轴,它将横截面分为受拉区和受压区。横截面上某一点处的应力为

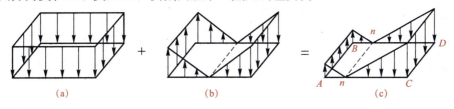

图 13-10 应力分布

$$\sigma=-\frac{F}{A}\pm\frac{M_z \cdot y}{I_z}=-\frac{F}{A}\pm\frac{Fe \cdot y}{I_z} \tag{13-6}$$

式(13-6)中弯曲正应力的正负号一般可通过观察弯矩 M_z 的转向确定。

三、强度计算

由图 13-10(c)可知,最大压应力(σ_{cmax})发生在横截面与 F 较近的边线 CD 上;最大拉应力 σ_{pmax} 发生在截面与 F 较远的边线 AB 上,其值分别为

$$\begin{cases} \sigma_{cmax} = -\dfrac{F}{A} - \dfrac{M_z}{W_z} \\ \sigma_{pmax} = -\dfrac{F}{A} + \dfrac{M_z}{W_z} \end{cases} \tag{13-7}$$

单向偏心压缩的强度条件为

$$\begin{cases} \sigma_{cmax} = \left| -\dfrac{F}{A} - \dfrac{M_z}{W_z} \right| \leqslant [\sigma_c] \\ \sigma_{pmax} = -\dfrac{F}{A} + \dfrac{M_z}{W_z} \leqslant [\sigma_p] \end{cases} \tag{13-8}$$

四、截面核心

工程中对由砖、石、混凝土等材料制成的构件,由于材料的抗拉强度很低,在承受偏心压缩时,应设法避免横截面产生拉应力。

拉应力

$$\sigma_{pmax} = -\dfrac{F}{A} + \dfrac{Fe}{W_z} \leqslant 0 \tag{13-9}$$

即

$$e \leqslant \dfrac{W}{A} \tag{13-10}$$

偏心矩 $e \leqslant \dfrac{W}{A}$ 时,横截面上的正应力全部为压应力,而不出现拉应力。当偏心压力作用在截面形心周围的一个区域内时,整个横截面上只产生压应力而无拉应力,这个荷载作用区域称为截面核心。

例如,圆形截面的截面核心为一同心圆[图 13-11(a)],矩形截面的截面核心为一菱形[图 13-11(b)]。凡是截面外轮廓边界线所围成的形状为矩形的,如"工"字形、槽形截面[图 13-11(c)、(d)],它们的截面核心也为菱形。各种截面的截面核心可从有关设计手册中查得。

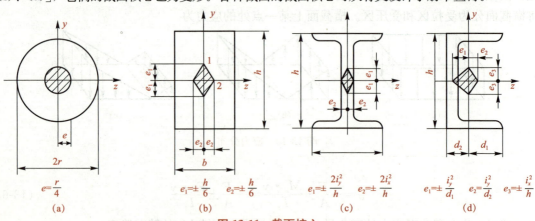

图 13-11 截面核心

例 13-3 图 13-12 所示为矩形截面柱，结构自重不计，屋架传来的压力 $F_1=100$ kN，吊车梁传来的压力 $F_2=50$ kN，F_2 的偏心矩 $e=200$ mm。已知截面宽 $b=200$ mm，试求：

(1) 若截面高 $h=300$ mm，请计算柱截面中的最大拉应力和最大压应力。

(2) 欲使柱截面不产生拉应力，请计算截面高度 h 的值。

解：(1) 内力计算。荷载向截面形心简化，柱的轴力为

$$F_N=F_1+F_2=100+50=150(\text{kN})$$

截面的弯矩为

$$M_z=F_2 e=50\times 0.2=10(\text{kN}\cdot\text{m})$$

最大拉应力：

$$\sigma_{p\max}=-\frac{F_N}{A}+\frac{M_z}{W_z}=-\frac{150\times 10^3}{200\times 300}+\frac{10\times 10^6}{\frac{200\times 300^2}{6}}=-2.5+3.33$$

$$=0.83(\text{MPa})$$

最大压应力：

$$\sigma_{c\max}=-\frac{F_N}{A}-\frac{M_z}{W_z}=-2.5-3.33=-5.83(\text{MPa})$$

(2) 截面不产生拉应力，由式(13-9)可得

$$-\frac{F}{A}+\frac{M_z}{W_z}\leqslant 0$$

$$-\frac{150\times 10^3}{200\,h}+\frac{10\times 10^6}{\frac{200\times h^2}{6}}\leqslant 0$$

解得 $h\geqslant 400$ mm，取 $h=400$ mm。

图 13-12 例 13-3 配图

习 题

13-1 简支"工"字钢梁如图 13-13 所示，集中力 $F=15$ kN，作用于跨中，通过截面形心并与轴夹角为 $\varphi=20°$，已知许用应力 $[\sigma]=160$ MPa，试选择"工"字钢的型号（取 $W_z/W_y=10$）。

13-2 正方形截面短柱如图 13-14 所示，截面尺寸为 200 mm×200 mm，承受轴向压力 $F=60$ kN，短柱中间开槽深度为 100 mm，许用应力 $[\sigma]=15$ MPa。试校核柱的强度。

参考答案

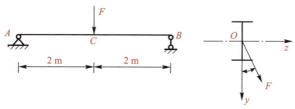

图 13-13 习题 13-1 配图

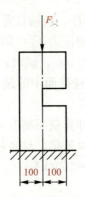

图 13-14　习题 13-2 配图

13-3　木檩条如图 13-15 所示，其截面采用高宽比为 3/2 的矩形截面，许用应力 $[\sigma]=$ 15 MPa，许可挠度 $\left[\dfrac{w}{l}\right]=\dfrac{1}{200}$，$E=9\,000$ MPa。试选择其截面尺寸，并校核刚度。

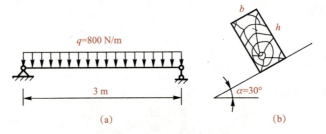

图 13-15　习题 13-3 配图

13-4　偏心受压杆如图 13-16 所示，试求该杆中不出现拉应力时的最大偏心距。

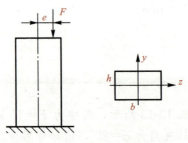

图 13-16　习题 13-4 配图

第十四章 压杆稳定

内容摘要

本章介绍了压杆稳定的概念、细长压杆临界力的欧拉公式与欧拉公式的适用范围、压杆的稳定计算以及提高压杆稳定性的主要措施。

学习目标

1. 理解压杆稳定的概念。
2. 掌握压杆的柔度计算、失稳平面的判别、压杆的分类和临界力以及临界应力计算公式。
3. 掌握用折减系数法对压杆进行稳定计算。
4. 了解提高压杆稳定性的主要措施。

第一节 压杆稳定的概念

在第十章讨论压杆的强度问题时,认为只要满足直杆受压时的强度条件,就能保证压杆的正常工作。这个结论只适用于始终保持其原有直线形状的粗短压杆(杆的横向尺寸较大,纵向尺寸较小)。而细长压杆在轴向压力的作用下,其破坏的形式与强度问题截然不同。例如,一根长 300 mm 的钢制直杆,其横截面的宽度和厚度分别为 11 mm 和 0.6 mm,材料的抗压许用应力为 170 MPa,如果按照其抗压强度计算,其抗压承载力应为 1 122 N。但实际上,当其承受约 4 N 的轴向压力时,直杆就发生了明显的弯曲变形,丧失了其在直线形状下保持平衡的能力,从而导致破坏,这种现象明确反映了压杆失稳与强度失效问题。

由于杆件失稳是在远低于强度许用承载力的情况下骤然发生的,所以它往往会造成严重的事故。例如,1907 年在离加拿大魁北克城 14.4 km 处,横跨圣劳伦斯河的一座在建大铁桥在施工中倒塌。灾难发生在当日收工前 15 min,桥上 74 人坠河遇难,原因是在施工中悬臂桁架西侧的下弦杆有两节失稳。

为方便研究,将实际的压杆抽象为如下力学模型:将压杆看作轴线为直线,且压力作用线与轴线重合的均质等直杆,称为轴心受压直杆或理想柱。把杆轴线存在的初曲率、压力作用线稍微偏离轴线及材料不完全均匀等因素，抽象为使杆产生微小弯曲变形的微小横向干扰。图 14-1 所示的轴心受压直杆即采用上述力学模型，给杆件以微小的横向干扰，存在以下三种情况：

（1）**当压力 F 的值较小时**（F 小于某一临界值 F_{cr}），将横向干扰力去掉后，压杆将在直线平衡位置左右摆动，最终仍恢复到图 14-1(a)所示的直线平衡状态。这表明，压杆原来的直线平衡状态是稳定的，该压杆原有直线状态的平衡是稳定平衡。

（2）**当压力 F 的值恰好等于某一临界值 F_{cr} 时**，将横向干扰力去掉后，压杆就在被干扰所形成的微弯状态下处于新的平衡，既不恢复原状，也不增加其弯曲程度，如图 14-1(b)所示。这表明，压杆在偏离直线平衡位置的附近保持微弯状态的平衡，称压杆这种状态的平衡为临界平衡，它是介于稳定平衡和不稳定平衡之间的一种临界状态。当然，就压杆原有直线状态的平衡而言，**临界平衡也属于不稳定平衡**。

（3）**当压力 F 的值超过某一临界值 F_{cr} 时**，将横向干扰力去掉后，压杆不仅不能恢复到原来的直线平衡状态，而且还将在微弯的基础上继续弯曲，从而使压杆失去承载能力，如图 14-1(c)所示。这表明，压杆原来的直线平衡状态是不稳定的，**该压杆原有直线状态的平衡是不稳定平衡**。

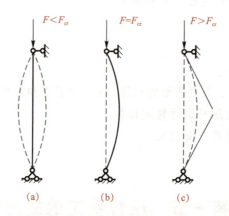

图 14-1　轴心受压杆的三种情况

压杆直线状态的平衡由稳定平衡过渡到不稳定平衡，称为压杆失去稳定，简称"失稳"。压杆处于稳定平衡和不稳定平衡之间的临界状态时，其轴向压力称为临界力，用 F_{cr} 表示（即使压杆失稳的最小荷载）。临界力 F_{cr} 是判别压杆是否失稳的重要指标。

第二节　临界力和临界应力

一、细长压杆临界力计算公式——欧拉公式

在杆件材料服从胡克定律和小变形条件下，根据弯曲变形的理论可推导出细长压杆临界力的计算公式，**即欧拉公式，见式(14-1)**。

$$F_{cr} = \frac{\pi^2 EI}{(\mu l)^2} \qquad (14\text{-}1)$$

式中 E——材料的弹性模量；

l——杆的长度；

μl——计算长度；

I——杆件横截面的惯性矩；

μ——长度系数，与压杆两端的约束条件有关，见表 14-1。

表 14-1 四种典型细长压杆的临界力

杆端约束	两端铰支	一端铰支，一端固定	两端固定	一端固定，一端自由
力学模型				
临界力	$F_{cr}=\dfrac{\pi^2 EI}{l^2}$	$F_{cr}=\dfrac{\pi^2 EI}{(0.7l)^2}$	$F_{cr}=\dfrac{\pi^2 EI}{(0.5l)^2}$	$F_{cr}=\dfrac{\pi^2 EI}{(2l)^2}$
长度系数	$\mu=1$	$\mu=0.7$	$\mu=0.5$	$\mu=2$

当杆端在各方向的支承情况相同时，压杆总是在抗弯刚度最小的纵向平面内失稳，欧拉公式中的惯性矩 I 应取截面的最小惯性矩 $I_{\min}$。

例 14-1 有一两端铰支的细长木柱如图 14-2 所示，已知柱长 $l=3$ m，横截面为 80 mm× 140 mm 的矩形，木材的弹性模量 $E=10$ GPa。求此木柱的临界力。

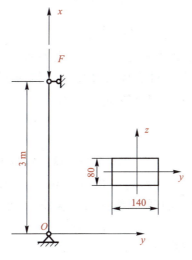

图 14-2 例 14-1 配图

解： 由于木柱两端约束为球形铰支，故木柱两端在各个方向的约束都相同（都是铰支）。因为临界力是使压杆产生失稳所需要的最小压力，所以公式中的 I 应取 $I_{\min}$。

$$I_{\min}=\frac{140\times80^3}{12}=597.3\times10^4\,(\text{mm}^4)$$

故临界力为

$$F_{cr}=\frac{\pi^2 EI}{(\mu l)^2}=\frac{\pi^2\times10\times10^9\times597.3\times10^4\times10^{-12}}{(1\times3)^2}=6.55\times10^4\,(\text{N})=65.5\text{ kN}$$

二、欧拉公式的适用范围

在临界力的作用下，压杆横截面上的平均正应力值称为压杆的临界应力，用 σ_{cr} 表示。若以 A 表示压杆的横截面面积，则**由欧拉公式得到的临界应力为**

$$\sigma_{cr}=\frac{F_{cr}}{A}=\frac{\pi^2 EI}{(\mu l)^2 A}=\frac{\pi^2 E}{\left(\dfrac{\mu l}{i}\right)^2}=\frac{\pi^2 E}{\lambda^2} \tag{14-2}$$

式(14-2)中 $i=\sqrt{\dfrac{I}{A}}$ 为压杆横截面的惯性半径；$\lambda=\dfrac{\mu l}{i}$ 为压杆的柔度或长细比。

柔度 λ 是一个无量纲的量，它综合反映了压杆的长度、截面形状及尺寸、杆件两端的支承情况等因素对临界应力的影响。**λ 值大，表示压杆细而长，两端约束性能差，临界应力就小，压杆容易失稳；λ 值小，表示压杆粗而短，两端约束性能强，临界应力就大，压杆不易失稳。**

由式(14-2)可知，欧拉公式的适用范围为

$$\frac{\pi^2 E}{\lambda^2}\leqslant\sigma_P$$

整理可得

$$\lambda\geqslant\pi\sqrt{\frac{E}{\sigma_P}} \tag{14-3}$$

若用 λ_P 表示对应于 $\sigma_{cr}=\sigma_P$ 时的柔度值，则有

$$\lambda_P=\pi\sqrt{\frac{E}{\sigma_P}} \tag{14-4}$$

显然，当 $\lambda\geqslant\lambda_P$ 时，欧拉公式才成立。$\lambda\geqslant\lambda_P$ 的压杆称为大柔度杆或细长压杆。

λ_P 的值仅与压杆的材料有关。对于常用的 Q235 钢制成的压杆，E、σ_P 的平均值分别为 206 GPa 和 200 MPa，代入式(14-4)后，$\lambda_P\approx100$。

三、经验公式

当压杆的柔度小于 λ_P 时，称为中、小柔度杆。这类压杆的临界应力超出了比例极限的范围，**不能应用欧拉公式，而是采用经验公式进行计算。**经验公式是根据大量试验结果建立起来的，目前常用的有直线公式和抛物线公式，本书仅介绍抛物线公式，见式(14-5)。

$$\sigma_{cr}=\sigma_s-a\lambda^2 \tag{14-5}$$

式中 σ_s——材料的屈服极限(MPa)；

a——与材料有关的常数(MPa)。

四、临界应力总图

实际压杆的柔度值不同，临界应力的计算公式将不同。为直观表达这一点，可绘出临

界应力随柔度的变化曲线，这种图线称为**临界应力总图**。

图 14-3 所示为 Q235A 钢的临界应力总图。图中 AC 段是以经验公式绘制的曲线，CB 段是以欧拉公式绘制的曲线。两曲线交于 C 点，C 点对应的柔度值 $\lambda_C=123$。λ_C 是压杆求临界应力的欧拉公式与经验公式的分界点，当 $\lambda \geqslant \lambda_C$ 时，用欧拉公式计算其临界应力；当 $\lambda < \lambda_C$ 时，用抛物线经验公式计算其临界应力。从理论上讲，分界点应是 λ_P，但因实际轴向受压杆不可能处于理想的中心受压状态，所以工程上都是用以实验为基础的 λ_C 作为分界点。

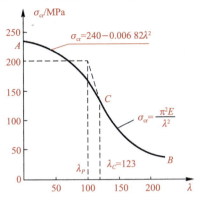

图 14-3 临界应力总图

第三节 压杆的稳定计算

一、安全因素法

为了保证压杆能够安全地工作，要求压杆承受的压力 F 满足下面的条件：

$$F \leqslant \frac{F_{cr}}{K_W} = [F_{cr}] \tag{14-6}$$

式(14-6)中，F 为实际作用在压杆上的压力；F_{cr} 为压杆的临界压力；K_W 为稳定安全系数，随 λ 而变化。λ 越大，杆越细长，所取安全系数 K_W 也越大。一般稳定安全系数比强度安全系数大，这是因为失稳具有更大的危险性，且实际压杆总存在初曲率和荷载偏心等影响。

若将式(14-6)两边除以压杆横截面面积 A，可写成以应力表达的形式，见式(14-7)。

$$\sigma = \frac{F}{A} \leqslant \frac{\sigma_{cr}}{K_W} = [\sigma_{cr}] \tag{14-7}$$

式(14-7)中的 $[\sigma_{cr}]$ 称为稳定许用应力，它和临界应力一样，随柔度的增大而降低，这与强度计算时材料的许用应力不同。

二、折减系数法

在工程中，对压杆的稳定计算还常采用折减系数法。这种方法是将稳定许用应力 $[\sigma_{cr}]$ 与强度许用应力 $[\sigma]$ 联系起来，将 $[\sigma_{cr}]$ 写成 $[\sigma]$ 乘以一个随压杆柔度 λ 而改变且小于1的系数 $\varphi = \varphi(\lambda)$，见式(14-8)。

$$[\sigma_{cr}] = \varphi[\sigma] \tag{14-8}$$

φ 称为折减系数,它是稳定许用应力与强度许用应力的比值。
压杆折减系数法的稳定条件为

$$\sigma = \frac{F}{A} \leq \varphi[\sigma] \tag{14-9}$$

表 14-2 列出了几种常用材料的折减系数。

表 14-2 常用材料的折减系数 φ

λ	折减系数 φ		
	Q235 钢 A 类	16 锰钢	木材
20	0.981	0.973	0.932
40	0.927	0.895	0.822
60	0.842	0.776	0.658
70	0.789	0.705	0.575
80	0.731	0.627	0.460
90	0.669	0.546	0.371
100	0.604	0.462	0.300
110	0.536	0.384	0.248
120	0.466	0.325	0.209
130	0.401	0.279	0.178
140	0.349	0.242	0.153
150	0.306	0.213	0.134
160	0.272	0.188	0.117
170	0.243	0.168	0.102
180	0.218	0.151	0.093
190	0.197	0.136	0.083
200	0.180	0.124	0.075

例 14-2 图 14-4 所示的木屋架中 AB 杆的截面为边长 $a=110$ mm 的正方形,杆长 $l=3.6$ m,承受的轴向压力 $F=25$ kN。木材的许用应力 $[\sigma]=10$ MPa。试校核 AB 杆的稳定性(只考虑在桁架平面内的失稳)。

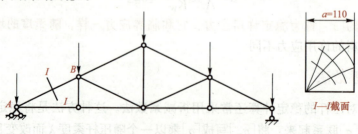

图 14-4 例 14-2 配图

解： 正方形截面的惯性半径为

$$i = \frac{a}{\sqrt{12}} = \frac{110}{\sqrt{12}} = 31.75 \text{(mm)}$$

由于在桁架平面内 AB 杆两端为铰支，故 $\mu=1$。AB 杆的柔度为

$$\lambda = \frac{\mu l}{i} = \frac{1 \times 3.6 \times 10^3}{31.75} = 113.4$$

查表 14-2，由线性内插法可得折减系数为

$$\varphi = 0.235$$

AB 杆的工作应力为

$$\sigma = \frac{F}{A} = \frac{25 \times 10^3}{110^2 \times 10^{-6}} = 2.066 \text{(MPa)} < \varphi[\sigma] = 2.35 \text{ MPa}$$

满足稳定条件式。因此，AB 杆是稳定的。

例 14-3 三脚支架如图 14-5 所示，压杆 BC 采用 16 号"工"字钢，材料为 Q235 钢，许用应力 $[\sigma]=160$ MPa，支架结点 B 上作用有一竖向力 F。试根据 BC 杆的稳定条件确定三脚支架的许可荷载 $[F]$。

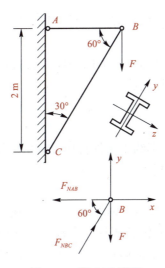

图 14-5　例 14-3 配图

解：(1) 确定 F 与 BC 杆所受轴力的关系。由平衡条件可得

$$F = \frac{\sqrt{3}}{2} F_{NBC}$$

(2) 计算柔度。查型钢表得到 BC 杆截面的特性：

$$A = 26.11 \text{ cm}^2, \quad i_y = 1.89 \text{ cm}, \quad i_z = 6.58 \text{ cm}$$

BC 杆两端铰支，取 $\mu=1$，因 $i_y < i_z$，则取 i_y 计算，柔度为

$$\lambda = \frac{\mu l}{i_y} = \frac{1 \times \frac{2}{\cos 30°} \times 10^3}{1.89 \times 10} = \frac{4\,000}{18.9 \times \sqrt{3}} = 122.19$$

(3) 计算折减系数。查表 14-2，由线性内插法可得折减系数为

$$\varphi = 0.452$$

(4)计算许可荷载。由稳定条件可得

$$[F_{NBC}] = A \cdot [\sigma] \cdot \varphi = 26.11 \times 10^2 \times 160 \times 0.452 = 188.83 \text{(kN)}$$

则三脚支架的稳定许可荷载为

$$[F] = \frac{\sqrt{3}}{2}[F_{NBC}] = \frac{\sqrt{3}}{2} \times 188.83 = 163.53 \text{(kN)}$$

第四节 提高压杆稳定性的措施

提高压杆的稳定性就是增大压杆的临界力或临界应力,可以从影响临界力或临界应力的各种因素出发,采取下列措施。

一、合理地选择材料

对于大柔度压杆,临界应力 $\sigma_{cr} = \dfrac{\pi^2 E}{\lambda^2}$,故采用 E 值较大的材料可以增大其临界应力,也就能提高其稳定性。由于各种钢材的 E 值大致相同,所以对大柔度钢压杆不宜选用优质钢材,以避免造成浪费。

对于中、小柔度压杆,从计算临界应力的抛物线公式可以看出,采用强度较高的材料能够提高其临界应力,即提高其稳定性。

二、减小压杆的柔度

(1) **改善压杆的约束条件**。杆端约束条件直接影响压杆的柔度,一般来说,杆端约束条件越好,其临界应力或临界荷载越大。**在条件允许的前提下,增加压杆的约束,可以大大提高压杆的稳定性。**

(2) **减小压杆的长度**。杆长 l 越小,则柔度 λ 越小。在工程中,通常用增设中间支撑的方法减小杆长。例如,两端铰支的细长压杆,在杆中点处增设一个铰支座(图 14-6),则其相当于计算长度 μl 为原来的一半,而由欧拉公式计算的临界应力或临界力却是原来的 4 倍。当然增设支座也相应地增加了工程造价,故设计时应综合考虑。

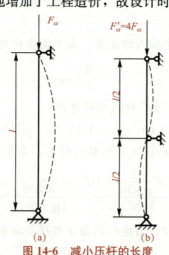

图 14-6 减小压杆的长度

(3) 选择合理的截面。从欧拉公式可以看出，柔度 λ 增大，临界应力 σ_{cr} 将降低。由于柔度 $\lambda = \dfrac{\mu l}{i}$，所以在压杆截面面积不变的前提下，若能有效地增大截面的惯性半径就能减小 λ 的数值。可见，如果不增加截面面积，尽可能地把材料放在离截面形心较远处，以得到较大的 I 和 i，就相当于提高了临界荷载。通常采用空心截面和型钢组合截面，如图 14-7(a) 与图 14-7(b) 所示的截面面积相同，显然，空心圆较实心圆合理。需要注意的是，截面为空心圆的压杆，其壁厚不可太薄，否则在轴向压力的作用下管壁会发生折皱而使压杆丧失承载能力。图 14-7(c) 与 (d) 均为用四根等边角钢组合成的压杆截面，显然，图 14-7(d) 所示的方案较图 14-7(c) 所示的方案合理。这类由多根型钢组成的压杆，型钢之间由缀件连接，构成格构式压杆，在工程结构中广为应用。

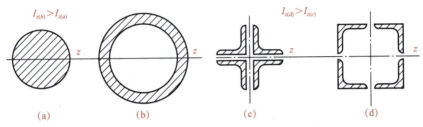

图 14-7　选择合理的截面

另外，若压杆在两个相互垂直的主轴平面内且具有相同的约束条件，则应使截面对这两个主轴的惯性矩相等，使压杆在这两个方向具有相同的稳定性。例如，由两根槽钢组成的压杆截面(图 14-8)。对于图 14-8(a) 所示截面，由于 $I_z > I_y$，$I_{\min} = I_y$，压杆将绕 y 轴失稳；若采用图 14-8(b) 所示截面配置方案，调整距离 s，使 $I_z = I_y$，可使压杆在 y、z 两个方向具有相同的稳定性。

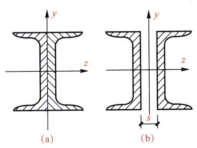

图 14-8　槽钢截面

习　题

14-1　一细长木杆长 $l = 3.8$ m，截面为圆形，直径 $d = 100$ mm，材料的 $E = 10$ GPa，试分别计算下列情况下木杆的临界力和临界应力：

(1) 两端铰支；(2) 一端固定，一端铰支。

14-2　两端铰支压杆，长 $l = 5$ m，截面为 22a "工"字钢，比

例极限 $\sigma_P = 200$ MPa,$E = 200$ GPa。试求压杆的临界应力。

14-3 截面为 100 mm×150 mm 的矩形木柱,长 $l = 4$ m,一端固定,另一端为铰支,比例极限 $\sigma_P = 20$ MPa,$E = 12$ GPa。试求此柱的 λ_P 及临界力。

14-4 如图 14-9 所示,截面为圆形、直径为 d、两端固定的细长压杆和截面为正方形、边长为 d、两端铰支的细长压杆,材料及柔度都相同,求两杆的长度之比及临界力之比。

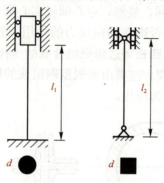

图 14-9 习题 14-4 配图

14-5 图 14-10 所示为一根用 50b"工"字钢制成的立柱,两端铰支,在压杆的中间沿截面的 z 轴方向有铰支座,即计算长度 $\mu l_z = 6$ m,$\mu l_y = 3$ m,$F = 1\,800$ kN,材料为 Q235 钢,$E = 200$ GPa,$[\sigma] = 215$ MPa,试校核其稳定性。

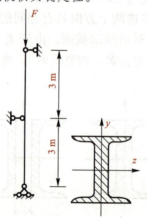

图 14-10 习题 14-5 配图

14-6 一圆形压杆,两端固定,直径 $d = 40$ mm,杆长 $l = 1$ m,材料为 16 锰钢,其许用应力 $[\sigma] = 180$ MPa,试求此杆的许用荷载。

附　录

附录 1　热轧型钢常用参数表

附表 1　等边角钢截面尺寸、截面面积、理论质量及截面特性（GB/T 706—2016）

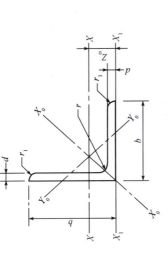

b ——边宽度；
d ——边厚度；
r ——内圆弧半径；
r_1 ——边端圆弧半径；
Z_0 ——重心距离

等边角钢截面图

型号	截面尺寸/mm			截面面积/cm²	理论质量/(kg·m⁻¹)	外表面积/(m²·m⁻¹)	惯性矩/cm⁴				惯性半径/cm			截面模数/cm³			重心距离/cm
	b	d	r				I_x	I_{x1}	I_{x0}	I_{y0}	i_x	i_{x0}	i_{y0}	W_x	W_{x0}	W_{y0}	Z_0
2	20	3	3.5	1.132	0.89	0.078	0.40	0.81	0.63	0.17	0.59	0.75	0.39	0.29	0.45	0.20	0.60
		4		1.459	1.15	0.077	0.50	1.09	0.78	0.22	0.58	0.73	0.38	0.36	0.55	0.24	0.64
2.5	25	3		1.432	1.12	0.098	0.82	1.57	1.29	0.34	0.76	0.95	0.49	0.46	0.73	0.33	0.73
		4		1.859	1.46	0.097	1.03	2.11	1.62	0.43	0.74	0.93	0.48	0.59	0.92	0.40	0.76
3.0	30	3		1.749	1.37	0.117	1.46	2.71	2.31	0.61	0.91	1.15	0.59	0.68	1.09	0.51	0.85
		4		2.276	1.79	0.117	1.84	3.63	2.92	0.77	0.90	1.13	0.58	0.87	1.37	0.62	0.89
3.6	36	3	4.5	2.109	1.66	0.141	2.58	4.68	4.09	1.07	1.11	1.39	0.71	0.99	1.61	0.76	1.00
		4		2.756	2.16	0.141	3.29	6.25	5.22	1.37	1.09	1.38	0.70	1.28	2.05	0.93	1.04
		5		3.382	2.65	0.141	3.95	7.84	6.24	1.65	1.08	1.36	0.70	1.56	2.45	1.00	1.07

续表

型号	截面尺寸/mm				截面面积/cm²	理论质量/(kg·m⁻¹)	外表面积/(m²·m⁻¹)	惯性矩/cm⁴				惯性半径/cm			截面模数/cm³			重心距离/cm
	b	d		r				I_x	I_{x1}	I_{x0}	I_{y0}	i_x	i_{x0}	i_{y0}	W_x	W_{x0}	W_{y0}	Z_0
4	40	3		5	2.359	1.85	0.157	3.59	6.41	5.69	1.49	1.23	1.55	0.79	1.23	2.01	0.96	1.09
		4			3.086	2.42	0.157	4.60	8.56	7.29	1.91	1.22	1.54	0.79	1.60	2.58	1.19	1.13
		5			3.792	2.98	0.156	5.53	10.7	8.76	2.30	1.21	1.52	0.78	1.96	3.10	1.39	1.17
4.5	45	3		5	2.659	2.09	0.177	5.17	9.12	8.20	2.14	1.40	1.76	0.89	1.58	2.58	1.24	1.22
		4			3.486	2.74	0.177	6.65	12.2	10.6	2.75	1.38	1.74	0.89	2.05	3.32	1.54	1.26
		5			4.292	3.37	0.176	8.04	15.2	12.7	3.33	1.37	1.72	0.88	2.51	4.00	1.81	1.30
		6			5.077	3.99	0.176	9.33	18.4	14.8	3.89	1.36	1.70	0.80	2.95	4.64	2.06	1.33
5	50	3		5.5	2.971	2.33	0.197	7.18	12.5	11.4	2.98	1.55	1.96	1.00	1.96	3.22	1.57	1.34
		4			3.897	3.06	0.197	9.26	16.7	14.7	3.82	1.54	1.94	0.99	2.56	4.16	1.96	1.38
		5			4.803	3.77	0.196	11.2	20.9	17.8	4.64	1.53	1.92	0.98	3.13	5.03	2.31	1.42
		6			5.688	4.46	0.196	13.1	25.1	20.7	5.42	1.52	1.91	0.98	3.68	5.85	2.63	1.46
5.6	56	3		6	3.343	2.62	0.221	10.2	17.6	16.1	4.24	1.75	2.20	1.13	2.48	4.08	2.02	1.48
		4			4.39	3.45	0.220	13.2	23.4	20.9	5.46	1.73	2.18	1.11	3.24	5.28	2.52	1.53
		5			5.415	4.25	0.220	16.0	29.3	25.4	6.61	1.72	2.17	1.10	3.97	6.42	2.98	1.57
		6			6.42	5.04	0.220	18.7	35.3	29.7	7.73	1.71	2.15	1.10	4.68	7.49	3.40	1.61
		7			7.404	5.81	0.219	21.2	41.2	33.6	8.82	1.69	2.13	1.09	5.36	8.49	3.80	1.64
		8			8.367	6.57	0.219	23.6	47.2	37.4	9.89	1.68	2.11	1.09	6.03	9.44	4.16	1.68
6	60	5		6.5	5.829	4.58	0.236	19.9	36.1	31.6	8.21	1.85	2.33	1.19	4.59	7.44	3.48	1.67
		6			6.914	5.43	0.235	23.4	43.3	36.9	9.60	1.83	2.31	1.18	5.41	8.70	3.98	1.70
		7			7.977	6.26	0.235	26.4	50.1	41.9	11.0	1.82	2.29	1.17	6.21	9.88	4.45	1.74
		8			9.02	7.08	0.235	29.5	58.0	46.7	12.3	1.81	2.27	1.17	6.98	11.0	4.88	1.78

续表

型号	截面尺寸/mm			截面面积/cm²	理论质量/(kg·m⁻¹)	外表面积/(m²·m⁻¹)	惯性矩/cm⁴					惯性半径/cm			截面模数/cm³			重心距离/cm
	b	d	r				I_x	I_{x1}	I_{x0}	I_{y0}		i_x	i_{x0}	i_{y0}	W_x	W_{x0}	W_{y0}	Z_0
6.3	63	4	7	4.978	3.91	0.248	19.0	33.4	30.2	7.89		1.96	2.46	1.26	4.13	6.78	3.29	1.70
		5		6.143	4.82	0.248	23.2	41.7	36.8	9.57		1.94	2.45	1.25	5.08	8.25	3.90	1.74
		6		7.288	5.72	0.247	27.1	50.1	43.0	11.2		1.93	2.43	1.24	6.00	9.66	4.46	1.78
		8		9.515	7.47	0.247	34.5	67.1	54.6	14.3		1.92	2.41	1.23	6.88	11.0	4.98	1.82
		8		9.515	7.47	0.247	34.5	67.1	54.6	14.3		1.90	2.40	1.23	7.75	12.3	5.47	1.85
		10		11.66	9.15	0.246	41.1	84.3	64.9	17.3		1.88	2.36	1.22	9.39	14.6	6.36	1.93
7	70	4	8	5.570	4.37	0.275	26.4	45.7	41.8	11.0		2.18	2.74	1.40	5.14	8.44	4.17	1.86
		5		6.876	5.40	0.275	32.2	57.2	51.1	13.3		2.16	2.73	1.39	6.32	10.3	4.95	1.91
		6		8.160	6.41	0.275	37.8	68.7	59.9	15.6		2.15	2.71	1.38	7.48	12.1	5.67	1.95
		7		9.424	7.40	0.275	43.1	80.3	68.4	17.8		2.14	2.69	1.38	8.59	13.8	6.34	1.99
		8		10.67	8.37	0.274	48.2	91.9	76.4	20.0		2.12	2.68	1.37	9.68	15.4	6.98	2.03
7.5	75	5	9	7.412	5.82	0.295	40.0	70.6	63.3	16.6		2.33	2.92	1.50	7.32	11.9	5.77	2.04
		6		8.797	6.91	0.294	47.0	84.6	74.4	19.5		2.31	2.90	1.49	8.64	14.0	6.67	2.07
		7		10.16	7.98	0.294	53.6	98.7	85.0	22.2		2.30	2.89	1.48	9.93	16.0	7.44	2.11
		8		11.50	9.03	0.294	60.0	113	95.1	24.9		2.28	2.88	1.47	11.2	17.9	8.19	2.15
		9		12.83	10.1	0.294	66.1	127	105	27.5		2.27	2.86	1.46	12.4	19.8	8.89	2.18
		10		14.13	11.1	0.293	72.0	142	114	30.1		2.26	2.84	1.46	13.6	21.5	9.56	2.22
8	80	5	9	7.912	6.21	0.315	48.8	85.4	77.3	20.3		2.48	3.13	1.60	8.34	13.7	6.66	2.15
		6		9.397	7.38	0.314	57.4	103	91.0	23.7		2.47	3.11	1.59	9.87	16.1	7.65	2.19
		7		10.86	8.53	0.314	65.6	120	104	27.1		2.46	3.10	1.58	11.4	18.4	8.58	2.23
		8		12.30	9.66	0.314	73.5	137	117	30.4		2.44	3.08	1.57	12.8	20.6	9.46	2.27
		9		13.73	10.8	0.314	81.1	154	129	33.6		2.43	3.06	1.56	14.3	22.7	10.3	2.31
		10		15.13	11.9	0.313	88.4	172	140	36.8		2.42	3.04	1.56	15.6	24.8	11.1	2.35

续表

型号	截面尺寸/mm				截面面积/cm²	理论质量/(kg·m⁻¹)	外表面积/(m²·m⁻¹)	惯性矩/cm⁴				惯性半径/cm			截面模数/cm³			重心距离/cm
	b	d		r				I_x	I_{x1}	I_{x0}	I_{y0}	i_x	i_{x0}	i_{y0}	W_x	W_{x0}	W_{y0}	Z_0
9	90	6		10	10.64	8.35	0.354	82.8	146	131	34.3	2.79	3.51	1.80	12.6	20.6	9.95	2.44
		7			12.30	9.66	0.354	94.8	170	150	39.2	2.78	3.50	1.78	14.5	23.6	11.2	2.48
		8			13.94	10.9	0.353	106	195	169	44.0	2.76	3.48	1.78	16.4	26.6	12.4	2.52
		9			15.57	12.2	0.353	118	219	187	48.7	2.75	3.46	1.77	18.3	29.4	13.5	2.56
		10			17.17	13.5	0.353	129	244	204	53.3	2.74	3.45	1.76	20.1	32.0	14.5	2.59
		12			20.31	15.9	0.352	149	294	236	62.2	2.71	3.41	1.75	23.6	37.1	16.5	2.67
10	100	6		12	11.93	9.37	0.393	115	200	182	47.9	3.10	3.90	2.00	15.7	25.7	12.7	2.67
		7			13.80	10.8	0.393	132	234	209	54.7	3.09	3.89	1.99	18.1	29.6	14.3	2.71
		8			15.64	12.3	0.393	148	267	235	61.4	3.08	3.88	1.98	20.5	33.2	15.8	2.76
		9			17.46	13.7	0.392	164	300	260	68.0	3.07	3.86	1.97	22.8	36.8	17.2	2.80
		10			19.26	15.1	0.392	180	334	285	74.4	3.05	3.84	1.96	25.1	40.3	18.5	2.84
		12			22.80	17.9	0.391	209	402	331	86.8	3.03	3.81	1.95	29.5	46.8	21.1	2.91
		14			26.26	20.6	0.391	237	471	374	99.0	3.00	3.77	1.94	33.7	52.9	23.4	2.99
		16			29.63	23.3	0.390	263	540	414	111	2.98	3.74	1.94	37.8	58.6	25.6	3.06
11	110	7		12	15.20	11.9	0.433	177	311	281	73.4	3.41	4.30	2.20	22.1	36.1	17.5	2.96
		8			17.24	13.5	0.433	199	355	316	82.4	3.40	4.28	2.19	25.0	40.7	19.4	3.01
		10			21.26	16.7	0.432	242	445	384	100	3.38	4.25	2.17	30.6	49.4	22.9	3.09
		12			25.20	19.8	0.431	283	535	448	117	3.35	4.22	2.15	36.1	57.6	26.2	3.16
		14			29.06	22.8	0.431	321	625	508	133	3.32	4.18	2.14	41.3	65.3	29.1	3.24

续表

型号	截面尺寸/mm			截面面积/cm²	理论质量/(kg·m⁻¹)	外表面积/(m²·m⁻¹)	惯性矩/cm⁴				惯性半径/cm			截面模数/cm³			重心距离/cm
	b	d	r				I_x	I_{x1}	I_{x0}	I_{y0}	i_x	i_{x0}	i_{y0}	W_x	W_{x0}	W_{y0}	Z_0
12.5	125	8	14	19.75	15.5	0.492	297	521	471	123	3.88	4.88	2.50	32.5	53.3	25.9	3.37
		10		24.37	19.1	0.491	362	652	574	149	3.85	4.85	2.48	40.0	64.9	30.6	3.45
		12		28.91	22.7	0.491	423	783	671	175	3.83	4.82	2.46	41.2	76.0	35.0	3.53
		14		33.37	26.2	0.490	482	916	764	200	3.80	4.78	2.45	54.2	86.4	39.1	3.61
		16		37.74	29.6	0.489	537	1 050	851	224	3.77	4.75	2.43	60.9	96.3	43.0	3.68
14	140	10	14	27.37	21.5	0.551	515	915	817	212	4.34	5.46	2.78	50.6	82.6	39.2	3.82
		12		32.51	25.5	0.551	604	1 100	959	249	4.31	5.43	2.76	59.8	96.9	45.0	3.90
		14		37.57	29.5	0.550	689	1 280	1 090	284	4.28	5.40	2.75	68.8	110	50.5	3.98
		16		42.54	33.4	0.549	770	1 470	1 220	319	4.26	5.36	2.74	77.5	123	55.6	4.06
15	150	8	14	23.75	18.6	0.592	521	900	827	215	4.69	5.90	3.01	47.4	78.0	38.1	3.99
		10		29.37	23.1	0.591	638	1 130	1 010	262	4.66	5.87	2.99	58.4	95.5	45.5	4.08
		12		34.91	27.4	0.591	749	1 350	1 190	308	4.63	5.84	2.97	69.0	112	52.4	4.15
		14		40.37	31.7	0.590	856	1 580	1 360	352	4.60	5.80	2.95	79.5	128	58.8	4.23
		15		43.06	33.8	0.590	907	1 690	1 440	374	4.59	5.78	2.95	84.6	136	61.9	4.27
		16		45.74	35.9	0.589	958	1 810	1 520	395	4.58	5.77	2.94	89.6	143	64.9	4.31
16	160	10	16	31.50	24.7	0.630	780	1 370	1 240	322	4.98	6.27	3.20	66.7	109	52.8	4.31
		12		37.44	29.4	0.630	917	1 640	1 460	377	4.95	6.24	3.18	79.0	129	60.7	4.39
		14		43.30	34.0	0.629	1 050	1 910	1 670	432	4.92	6.20	3.16	91.0	147	68.2	4.47
		16		49.07	38.5	0.629	1 180	2 190	1 870	485	4.89	6.17	3.14	103	165	75.3	4.55
18	180	12	16	42.24	33.2	0.710	1 320	2 330	2 100	543	5.59	7.05	3.58	101	165	78.4	4.89
		14		48.90	38.4	0.709	1 510	2 720	2 410	622	5.56	7.02	3.56	116	189	88.4	4.97
		16		55.47	43.5	0.709	1 700	3 120	2 700	699	5.54	6.98	3.55	131	212	97.8	5.05
		18		61.96	48.6	0.708	1 880	3 500	2 990	762	5.50	6.94	3.51	146	235	105	5.13

续表

型号	截面尺寸/mm				截面面积/cm²	理论质量/(kg·m⁻¹)	外表面积/(m²·m⁻¹)	惯性矩/cm⁴				惯性半径/cm			截面模数/cm³			重心距离/cm
	b	d		r				I_x	I_{x1}	I_{x0}	I_{y0}	i_x	i_{x0}	i_{y0}	W_x	W_{x0}	W_{y0}	Z_0
20	200	14		18	54.64	42.9	0.788	2 100	3 730	3 340	864	6.20	7.82	3.98	145	236	112	5.46
		16			62.01	48.7	0.788	2 370	4 270	3 760	971	6.18	7.79	3.96	164	266	124	5.54
		18			69.30	54.4	0.787	2 620	4 810	4 160	1 080	6.15	7.75	3.94	182	294	136	5.62
		20			76.51	60.1	0.787	2 870	5 350	4 550	1 180	6.12	7.72	3.93	200	322	147	5.69
		24			90.66	71.2	0.785	3 340	6 460	5 290	1 380	6.07	7.64	3.90	236	374	167	5.87
22	220	16		21	68.67	53.9	0.866	3 190	5 680	5 060	1 310	6.81	8.59	4.37	200	326	154	6.03
		18			76.75	60.3	0.866	3 540	6 400	5 620	1 450	6.79	8.55	4.35	223	361	168	6.11
		20			84.76	66.5	0.865	3 870	7 110	6 150	1 590	6.76	8.52	4.34	245	395	182	6.18
		22			92.68	72.8	0.865	4 200	7 830	6 670	1 730	6.73	8.48	4.32	267	429	195	6.26
		24			100.5	78.9	0.864	4 520	8 550	7 170	1 870	6.71	8.45	4.31	289	461	208	6.33
		26			108.3	85.0	0.864	4 830	9 280	7 690	2 000	6.68	8.41	4.30	310	492	221	6.41
25	250	18		24	87.84	69.0	0.985	5 270	9 380	8 370	2 170	7.75	9.76	4.97	290	473	224	6.84
		20			97.05	76.2	0.984	5 780	10 400	9 180	2 380	7.72	9.73	4.95	320	519	243	6.92
		22			106.2	83.3	0.983	6 280	11 500	9 970	2 580	7.69	9.69	4.93	349	564	261	7.00
		24			115.2	90.4	0.983	6 770	12 500	10 700	2 790	7.67	9.66	4.92	378	608	278	7.07
		26			124.2	97.5	0.982	7 240	13 600	11 500	2 980	7.64	9.62	4.90	406	650	295	7.15
		28			133.0	104	0.982	7 700	14 600	12 200	3 180	7.61	9.58	4.89	433	691	311	7.22
		30			141.8	111	0.981	8 160	15 700	12 900	3 380	7.58	9.55	4.88	461	731	327	7.30
		32			150.5	118	0.981	8 600	16 800	13 600	3 570	7.56	9.51	4.87	488	770	342	7.37
		35			163.4	128	0.980	9 240	18 400	14 600	3 850	7.52	9.46	4.86	527	827	364	7.48

注：截面图中的 $r_1=1/3d$ 及表中 r 的数据用于孔型设计，不作为交货条件。

附表 2 不等边角钢截面尺寸、截面面积、理论质量及截面特性（GB/T 706—2016）

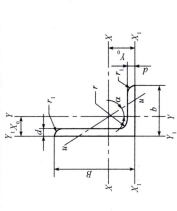

B——长边宽度；
b——短边宽度；
d——边厚度；
r——内圆弧半径；
r_1——边端圆弧半径；
X_0——重心距离；
Y_0——重心距离

不等边角钢截面图

型号	截面尺寸/mm				截面面积/cm²	理论质量/(kg·m⁻¹)	外表面积/(m²·m⁻¹)	惯性矩/cm⁴					惯性半径/cm			截面模数/cm³			$\tan\alpha$	重心距离/cm	
	B	b	d	r				I_x	I_{x1}	I_y	I_{y1}	I_u	i_x	i_y	i_u	W_x	W_y	W_u		X_0	Y_0
2.5/1.6	25	16	3	3.5	1.162	0.91	0.080	0.70	1.56	0.22	0.43	0.14	0.78	0.44	0.34	0.43	0.19	0.16	0.392	0.42	0.86
	25	16	4	3.5	1.499	1.18	0.079	0.88	2.09	0.27	0.59	0.17	0.77	0.43	0.34	0.55	0.24	0.20	0.381	0.46	0.90
3.2/2	32	20	3	3.5	1.492	1.17	0.102	1.53	3.27	0.46	0.82	0.28	1.01	0.55	0.43	0.72	0.30	0.25	0.382	0.49	1.08
	32	20	4	3.5	1.939	1.52	0.101	1.93	4.37	0.57	1.12	0.35	1.00	0.54	0.42	0.93	0.39	0.32	0.374	0.53	1.12
4/2.5	40	25	3	4	1.890	1.48	0.127	3.08	5.39	0.93	1.59	0.56	1.28	0.70	0.54	1.15	0.49	0.40	0.385	0.59	1.32
	40	25	4	4	2.467	1.94	0.127	3.93	8.53	1.18	2.14	0.71	1.36	0.69	0.54	1.49	0.63	0.52	0.381	0.63	1.37
4.5/2.8	45	28	3	5	2.149	1.69	0.143	4.45	9.10	1.34	2.23	0.80	1.44	0.79	0.61	1.47	0.62	0.51	0.383	0.64	1.47
	45	28	4	5	2.806	2.20	0.143	5.69	12.1	1.70	3.00	1.02	1.42	0.78	0.60	1.91	0.80	0.66	0.380	0.68	1.51
5/3.2	50	32	3	5.5	2.431	1.91	0.161	6.24	12.5	2.02	3.31	1.20	1.60	0.91	0.70	1.84	0.82	0.68	0.404	0.73	1.60
	50	32	4	5.5	3.177	2.49	0.160	8.02	16.7	2.58	4.45	1.53	1.59	0.90	0.69	2.39	1.06	0.87	0.402	0.77	1.65
5.6/3.6	56	36	3	6	2.743	2.15	0.181	8.88	17.5	2.92	4.7	1.73	1.80	1.03	0.79	2.32	1.05	0.87	0.408	0.80	1.78
	56	36	4	6	3.590	2.82	0.180	11.5	23.4	3.76	6.33	2.23	1.79	1.02	0.79	3.03	1.37	1.13	0.408	0.85	1.82
	56	36	5	6	4.415	3.47	0.180	13.9	29.3	4.49	7.94	2.67	1.77	1.01	0.78	3.71	1.65	1.36	0.404	0.88	1.87

续表

型号	截面尺寸/mm				截面面积/cm²	理论质量/(kg·m⁻¹)	外表面积/(m²·m⁻¹)	惯性矩/cm⁴					惯性半径/cm			截面模数/cm³			$\tan\alpha$	重心距离/cm	
	B	b	d	r				I_x	I_{x1}	I_y	I_{y1}	I_u	i_x	i_y	i_u	W_x	W_y	W_u		X_0	Y_0
6.3/4	63	40	4	7	4.058	3.19	0.202	16.5	33.3	5.23	8.63	3.12	2.02	1.14	0.88	3.87	1.70	1.40	0.398	0.92	2.04
			5		4.993	3.92	0.202	20.0	41.6	6.31	10.9	3.76	2.00	1.12	0.87	4.74	2.07	1.71	0.396	0.95	2.08
			6		5.908	4.64	0.201	23.4	50.0	7.29	13.1	4.34	1.96	1.11	0.86	5.59	2.43	1.99	0.393	0.99	2.12
			7		6.802	5.34	0.201	26.5	58.1	8.24	15.5	4.97	1.98	1.10	0.86	6.40	2.78	2.29	0.389	1.03	2.15
7/4.5	70	45	4	7.5	4.553	3.57	0.226	23.2	45.9	7.55	12.3	4.40	2.26	1.29	0.98	4.86	2.17	1.77	0.410	1.02	2.24
			5		5.609	4.40	0.225	28.0	57.1	9.13	15.4	5.40	2.23	1.28	0.98	5.92	2.65	2.19	0.407	1.06	2.28
			6		6.644	5.22	0.225	32.5	68.4	10.6	18.6	6.35	2.21	1.26	0.98	6.95	3.12	2.59	0.404	1.09	2.32
			7		7.658	6.01	0.225	37.2	80.0	12.0	21.8	7.16	2.20	1.25	0.97	8.03	3.57	2.94	0.402	1.13	2.36
7.5/5	75	50	5	8	6.126	4.81	0.245	34.9	70.0	12.6	21.0	7.41	2.39	1.44	1.10	6.83	3.3	2.74	0.435	1.17	2.40
			6		7.260	5.70	0.245	41.1	84.3	14.7	25.4	8.54	2.38	1.42	1.08	8.12	3.88	3.19	0.435	1.21	2.44
			8		9.467	7.43	0.244	52.4	113	18.5	34.2	10.9	2.35	1.40	1.07	10.5	4.99	4.10	0.429	1.29	2.52
			10		11.59	9.10	0.244	62.7	141	22.0	43.4	13.1	2.33	1.38	1.06	12.8	6.04	4.99	0.423	1.36	2.60
8/5	80	50	5	8	6.376	5.00	0.255	42.0	85.2	12.8	21.1	7.66	2.56	1.42	1.10	7.78	3.32	2.74	0.388	1.14	2.60
			6		7.560	5.93	0.255	49.5	103	15.0	25.4	8.85	2.56	1.41	1.08	9.25	3.91	3.20	0.387	1.18	2.65
			7		8.724	6.85	0.255	56.2	119	17.0	29.8	10.2	2.54	1.39	1.08	10.6	4.48	3.70	0.384	1.21	2.69
			8		9.867	7.75	0.254	62.8	136	18.9	34.3	11.4	2.52	1.38	1.07	11.9	5.03	4.16	0.381	1.25	2.73
9/5.6	90	56	5	9	7.212	5.66	0.287	60.5	121	18.3	29.5	11.0	2.90	1.59	1.23	9.92	4.21	3.49	0.385	1.25	2.91
			6		8.557	6.72	0.286	71.0	146	21.4	35.6	12.9	2.88	1.58	1.23	11.7	4.96	4.13	0.384	1.29	2.95
			7		9.881	7.76	0.286	81.0	170	24.4	41.7	14.7	2.86	1.57	1.22	13.5	5.70	4.72	0.382	1.33	3.00
			8		11.18	8.78	0.286	91.0	194	27.2	47.9	16.3	2.85	1.56	1.21	15.3	6.41	5.29	0.380	1.36	3.04
10/6.3	100	63	6	10	9.618	7.55	0.320	99.1	200	30.9	50.5	18.4	3.21	1.79	1.38	14.6	6.35	5.25	0.394	1.43	3.24
			7		11.11	8.72	0.320	113	233	35.3	59.1	21.0	3.20	1.78	1.38	16.9	7.29	6.02	0.394	1.47	3.28
			8		12.58	9.88	0.319	127	266	39.4	67.9	23.5	3.18	1.77	1.37	19.1	8.21	6.78	0.391	1.50	3.32
			10		15.47	12.1	0.319	154	333	47.1	85.7	28.3	3.15	1.74	1.35	23.3	9.98	8.24	0.387	1.58	3.40

续表

型号	截面尺寸/mm				截面面积/cm²	理论质量/(kg·m⁻¹)	外表面积/(m²·m⁻¹)	惯性矩/cm⁴					惯性半径/cm			截面模数/cm³			$\tan\alpha$	重心距离/cm	
	B	b	d	r				I_x	I_{x1}	I_y	I_{y1}	I_u	i_x	i_y	i_u	W_x	W_y	W_u		X_0	Y_0
10/8	100	80	6	10	10.64	8.35	0.354	107	200	61.2	103	31.7	3.17	2.40	1.72	15.2	.2	8.37	0.627	1.97	2.95
			7		12.30	9.66	0.354	123	233	70.1	120	36.2	3.16	2.39	1.72	17.5	11.7	9.60	0.626	2.01	3.00
			8		13.94	10.9	0.353	138	267	78.6	137	40.6	3.14	2.37	1.71	19.8	13.2	10.8	0.625	2.05	3.04
			10		17.17	13.5	0.353	167	334	94.7	172	49.1	3.12	2.35	1.69	24.2	16.1	13.1	0.622	2.13	3.12
11/7	110	70	6	10	10.64	8.35	0.354	133	266	42.9	69.1	25.4	3.54	2.01	1.54	17.9	7.90	6.53	0.403	1.57	3.53
			7		12.30	9.66	0.354	153	310	49.0	80.8	29.0	3.53	2.00	1.53	20.6	9.09	7.50	0.402	1.61	3.57
			8		13.94	10.9	0.353	172	354	54.9	92.7	32.5	3.51	1.98	1.53	23.3	10.3	8.45	0.401	1.65	3.62
			10		17.17	13.5	0.353	208	443	65.9	117	39.2	3.48	1.96	1.51	28.5	12.5	10.3	0.397	1.72	3.70
12.5/8	125	80	7	11	14.10	11.1	0.403	228	455	74.4	120	43.8	4.02	2.30	1.76	26.9	12.0	9.92	0.408	1.80	4.01
			8		15.99	12.6	0.403	257	520	83.5	138	49.2	4.01	2.28	1.75	30.4	13.6	11.2	0.407	1.84	4.06
			10		19.71	15.5	0.402	312	650	101	173	59.5	3.98	2.26	1.74	37.3	16.6	13.6	0.404	1.92	4.14
			12		23.35	18.3	0.402	364	780	117	210	69.4	3.95	2.24	1.72	44.0	19.4	16.0	0.400	2.00	4.22
14/9	140	90	8	12	18.04	14.2	0.453	366	731	121	196	70.8	4.50	2.59	1.98	38.5	17.3	14.3	0.411	2.04	4.50
			10		22.26	17.5	0.452	446	913	140	246	85.8	4.47	2.56	1.96	47.3	21.2	17.5	0.409	2.12	4.58
			12		26.40	20.7	0.451	522	1100	170	297	100	4.44	2.54	1.95	55.9	25.0	20.5	0.406	2.19	4.66
			14		30.46	23.9	0.451	594	1280	192	349	114	4.42	2.51	1.94	64.2	28.5	23.5	0.403	2.27	4.74
15/9	150	90	8	12	18.84	14.8	0.473	442	898	123	196	74.1	4.84	2.55	1.98	43.9	17.5	14.5	0.364	1.97	4.92
			10		23.26	18.3	0.472	539	1120	149	246	89.9	4.81	2.53	1.97	54.0	21.4	17.7	0.362	2.05	5.01
			12		27.60	21.7	0.471	632	1350	173	297	105	4.79	2.50	1.95	63.8	25.1	20.8	0.359	2.12	5.09
			14		31.86	25.0	0.471	721	1570	196	350	120	4.76	2.48	1.94	73.3	28.8	23.8	0.356	2.20	5.17
			15		33.95	26.7	0.471	764	1680	207	376	127	4.74	2.47	1.93	78.0	30.5	25.3	0.354	2.24	5.21
			16		36.03	28.3	0.470	806	1800	217	403	134	4.73	2.45	1.93	82.6	32.3	26.8	0.352	2.27	5.25

续表

型号	截面尺寸/mm				截面面积/cm²	理论质量/(kg·m⁻¹)	外表面积/(m²·m⁻¹)	惯性矩/cm⁴					惯性半径/cm			截面模数/cm³			$\tan\alpha$	重心距离/cm	
	B	b	d	r				I_x	I_{x1}	I_y	I_{y1}	I_u	i_x	i_y	i_u	W_x	W_y	W_u		X_0	Y_0
16/10	160	100	10	13	25.32	19.9	0.512	669	1 360	205	337	122	5.14	2.85	2.19	62.1	26.6	21.9	0.390	2.28	5.24
			12		30.05	23.6	0.511	785	1 640	239	406	142	5.11	2.82	2.17	73.5	31.3	25.8	0.388	2.36	5.32
			14		34.71	27.2	0.510	896	1 910	271	476	162	5.08	2.80	2.16	84.6	35.8	29.6	0.385	2.43	5.40
			16		39.28	30.8	0.510	1 000	2 180	302	548	183	5.05	2.77	2.16	95.3	40.2	33.4	0.382	2.51	5.48
18/11	180	110	10	14	28.37	22.3	0.571	956	1 940	278	447	167	5.80	3.13	2.42	79.0	32.5	26.9	0.376	2.44	5.89
			12		33.71	26.5	0.571	1 120	2 330	325	539	195	5.78	3.10	2.40	93.5	38.3	31.7	0.374	2.52	5.98
			14		38.97	30.6	0.570	1 290	2 720	370	632	222	5.75	3.08	2.39	108	44.0	36.3	0.372	2.59	6.06
			16		44.14	34.6	0.569	1 440	3 110	412	726	249	5.72	3.06	2.38	122	49.4	40.9	0.369	2.67	6.14
20/12.5	200	125	12	14	37.91	29.8	0.641	1 570	3 190	483	788	286	6.44	3.57	2.74	117	50.0	41.2	0.392	2.83	6.54
			14		43.87	34.4	0.640	1 800	3 730	551	922	327	6.41	3.54	2.73	135	57.4	47.3	0.390	2.91	6.62
			16		49.74	39.0	0.639	2 020	4 260	615	1 060	366	6.38	3.52	2.71	152	64.9	53.3	0.388	2.99	6.70
			18		55.53	43.6	0.639	2 240	4 790	677	1 200	405	6.35	3.49	2.70	169	71.7	59.2	0.385	3.06	6.78

注：截面图中的 $r_1=1/3d$ 及表中 r 的数据用于孔型设计，不作为交货条件。

附表3 "工"字钢截面尺寸、截面积、理论质量及截面特性（GB/T 706—2016）

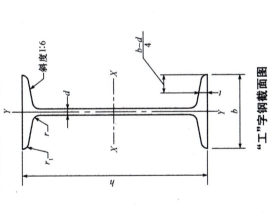

"工"字钢截面图

h——高度；
b——腿宽度；
d——腰厚度；
t——腿中间厚度；
r——内圆弧半径；
r_1——腿端圆弧半径

型号	截面尺寸/mm						截面积 /cm²	理论质量 /(kg·m⁻¹)	外表面积 /(m²·m⁻¹)	惯性矩/cm⁴		惯性半径/cm		截面模数/cm³	
	h	b	d	t	r	r_1				I_x	I_y	i_x	i_y	W_x	W_y
10	100	68	4.5	7.6	6.5	3.3	14.33	11.3	0.432	245	33.0	4.14	1.52	49.0	9.72
12	120	74	5.0	8.4	7.0	3.5	17.80	14.0	0.493	436	46.9	4.95	1.62	72.7	12.7
12.6	126	74	5.0	8.4	7.0	3.5	18.10	14.2	0.505	488	46.9	5.20	1.61	77.5	12.7
14	140	80	5.5	9.1	7.5	3.8	21.50	16.9	0.553	712	64.4	5.76	1.73	102	16.1
16	160	88	6.0	9.9	8.0	4.0	26.11	20.5	0.621	1 130	93.1	6.58	1.89	141	21.2
18	180	94	6.5	10.7	8.5	4.3	30.74	24.1	0.681	1 660	122	7.36	2.00	185	26.0
20a	200	100	7.0	11.4	9.0	4.5	35.55	27.9	0.742	2 370	158	8.15	2.12	237	31.5
20b	200	102	9.0	11.4	9.0	4.5	39.55	31.1	0.746	2 500	169	7.96	2.06	250	33.1

续表

型号	截面尺寸/mm						截面面积/cm²	理论质量/(kg·m⁻¹)	外表面积/(m²·m⁻¹)	惯性矩/cm⁴		惯性半径/cm		截面模数/cm³	
	h	b	d	t	r	r_1				I_x	I_y	i_x	i_y	W_x	W_y
22a	220	110	7.5	12.3	9.5	4.8	42.10	33.1	0.817	3 400	225	8.99	2.31	309	40.9
22b	220	112	9.5	12.3	9.5	4.8	46.50	36.5	0.821	3 570	239	8.78	2.27	325	42.7
24a	240	116	8.0	13.0	10.0	5.0	47.71	37.5	0.878	4 570	280	9.77	2.42	381	48.4
24b	240	118	10.0	13.0	10.0	5.0	52.51	41.2	0.882	4 800	297	9.57	2.38	400	50.4
25a	250	116	8.0	13.0	10.0	5.0	48.51	38.1	0.898	5 020	280	10.2	2.40	402	48.3
25b	250	118	10.0	13.0	10.0	5.0	53.51	42.0	0.902	5 280	309	9.94	2.40	423	52.4
27a	270	122	8.5	13.7	10.5	5.3	54.52	42.8	0.958	6 550	345	10.9	2.51	485	56.6
27b	270	124	10.5	13.7	10.5	5.3	59.92	47.0	0.962	6 870	366	10.7	2.47	509	58.9
28a	280	122	8.5	13.7	10.5	5.3	55.37	43.5	0.978	7 110	345	11.3	2.50	508	56.6
28b	280	124	10.5	13.7	10.5	5.3	60.97	47.9	0.982	7 480	379	11.1	2.49	534	61.2
30a	300	126	9.0	14.4	11.0	5.5	61.22	48.1	1.031	8 950	400	12.1	2.55	597	63.5
30b	300	128	11.0	14.4	11.0	5.5	67.22	52.8	1.035	9 400	422	11.8	2.50	627	65.9
30c	300	130	13.0	14.4	11.0	5.5	73.22	57.5	1.039	9 850	445	11.6	2.46	657	68.5
32a	320	130	9.5	15.0	11.5	5.8	67.12	52.7	1.084	11 100	460	12.8	2.62	692	70.8
32b	320	132	11.5	15.0	11.5	5.8	73.52	57.7	1.088	11 600	502	12.6	2.61	726	76.0
32c	320	134	13.5	15.0	11.5	5.8	79.92	62.7	1.092	12 200	544	12.3	2.61	760	81.2
36a	360	136	10.0	15.8	12.0	6.0	76.44	60.0	1.185	15 800	552	14.4	2.69	875	81.2
36b	360	138	12.0	15.8	12.0	6.0	83.64	65.7	1.189	16 500	582	14.1	2.64	919	84.3
36c	360	140	14.0	15.8	12.0	6.0	90.84	71.3	1.193	17 300	612	13.8	2.60	962	87.4
40a	400	142	10.5	16.5	12.5	6.3	86.07	67.6	1.285	21 700	660	15.9	2.77	1 090	93.2
40b	400	144	12.5	16.5	12.5	6.3	94.07	73.8	1.289	22 800	692	15.6	2.71	1 140	96.2
40c	400	146	14.5	16.5	12.5	6.3	102.1	80.1	1.293	23 900	727	15.2	2.65	1 190	99.6

续表

| 型号 | 截面尺寸/mm | | | | | | 截面面积/cm² | 理论质量/(kg·m⁻¹) | 外表面积/(m²·m⁻¹) | 惯性矩/cm⁴ | | 惯性半径/cm | | 截面模数/cm³ | |
	h	b	d	t	r	r_1				I_x	I_y	i_x	i_y	W_x	W_y
45a	450	150	11.5	18.0	13.5	6.8	102.4	80.4	1.411	32 200	855	17.7	2.89	1 430	114
45b	450	152	13.5	18.0	13.5	6.8	111.4	87.4	1.415	33 800	894	17.4	2.84	1 500	118
45c	450	154	15.5	18.0	13.5	6.8	120.4	94.5	1.419	35 300	938	17.1	2.79	1 570	122
50a	500	158	12.0	20.0	14.0	7.0	119.2	93.6	1.539	46 500	1 120	19.7	3.07	1 860	142
50b	500	160	14.0	20.0	14.0	7.0	129.2	101	1.543	48 600	1 170	19.4	3.01	1 940	146
50c	500	162	16.0	20.0	14.0	7.0	139.2	109	1.547	50 600	1 220	19.0	2.96	2 080	151
55a	550	166	12.5	21.0	14.5	7.3	134.1	105	1.667	62 900	1 370	21.6	3.19	2 290	164
55b	550	168	14.5	21.0	14.5	7.3	145.1	114	1.671	65 600	1 420	21.2	3.14	2 390	170
55c	550	170	16.5	21.0	14.5	7.3	156.1	123	1.675	68 400	1 480	20.9	3.08	2 490	175
56a	560	166	12.5	21.0	14.5	7.3	135.4	106	1.687	65 600	1 370	22.0	3.18	2 340	165
56b	560	168	14.5	21.0	14.5	7.3	146.6	115	1.691	68 500	1 490	21.6	3.16	2 450	174
56c	560	170	16.5	21.0	14.5	7.3	157.8	124	1.695	71 400	1 560	21.3	3.16	2 550	183
63a	630	176	13.0	22.0	15.0	7.5	154.6	121	1.862	93 900	1 700	24.5	3.31	2 980	193
63b	630	178	15.0	22.0	15.0	7.5	167.2	131	1.866	98 100	1 810	24.2	3.29	3 160	204
63c	630	180	17.0	22.0	15.0	7.5	179.8	141	1.870	102 000	1 920	23.8	3.27	3 300	214

注：表中 r、r_1 的数据用于孔型设计，不作为交货条件。

附表 4 槽钢截面尺寸、截面积、理论质量及截面特性（GB/T 706—2016）

h ——高度；
b ——腿宽度；
d ——腰厚度；
t ——腿中间厚度；
r ——内圆弧半径；
r_1 ——腿端圆弧半径；
Z_0 ——重心距离

斜度1:10

槽钢截面图

型号	截面尺寸/mm					截面面积 /cm²	理论质量 /(kg·m⁻¹)	外表面积 /(m²·m⁻¹)	惯性矩/cm⁴			惯性半径/cm		截面模数/cm³		重心距离/cm
	h	b	d	t	r	r_1				I_x	I_y	I_{y1}	i_x	i_y	W_x	W_y	Z_0
5	50	37	4.5	7.0	7.0	3.5	6.925	5.44	0.226	26.0	8.30	20.9	1.94	1.10	10.4	3.55	1.35
6.3	63	40	4.8	7.5	7.5	3.8	8.446	6.63	0.262	50.8	11.9	28.4	2.45	1.19	16.1	4.50	1.36
6.5	65	40	4.3	7.5	7.5	3.8	8.292	6.51	0.267	55.2	12.0	28.3	2.54	1.19	17.0	4.59	1.38
8	80	43	5.0	8.0	8.0	4.0	10.24	8.04	0.307	101	16.6	37.4	3.15	1.27	25.3	5.79	1.43
10	100	48	5.3	8.5	8.5	4.2	12.74	10.0	0.365	198	25.6	54.9	3.95	1.41	39.7	7.80	1.52
12	120	53	5.5	9.0	9.0	4.5	15.36	12.1	0.423	346	37.4	77.7	4.75	1.56	57.7	10.2	1.62
12.6	126	53	5.5	9.0	9.0	4.5	15.69	12.3	0.435	391	38.0	77.1	4.95	1.57	62.1	10.2	1.59
14a	140	58	6.0	9.5	9.5	4.8	18.51	14.5	0.480	564	53.2	107	5.52	1.70	80.5	13.0	1.71
14b	140	60	8.0	9.5	9.5	4.8	21.31	16.7	0.484	609	61.1	121	5.35	1.69	87.1	14.1	1.67
16a	160	63	6.5	10.0	10.0	5.0	21.95	17.2	0.538	866	73.3	144	6.28	1.83	108	16.3	1.80
16b	160	65	8.5	10.0	10.0	5.0	25.15	19.8	0.542	935	83.4	161	6.10	1.82	117	17.6	1.75
18a	180	68	7.0	10.5	10.5	5.2	25.69	20.2	0.596	1270	98.6	190	7.04	1.96	141	20.0	1.88
18b	180	70	9.0	10.5	10.5	5.2	29.29	23.0	0.600	1370	111	210	6.84	1.95	152	21.5	1.84

续表

型号		截面尺寸/mm					截面面积/cm²	理论质量/(kg·m⁻¹)	外表面积/(m²·m⁻¹)	惯性矩/cm⁴				惯性半径/cm		截面模数/cm³		重心距离/cm
	h	b	d	t	r	r_1				I_x	I_y	I_{y1}		i_x	i_y	W_x	W_y	Z_0
20a	200	73	7.0	11.0	11.0	5.5	28.83	22.6	0.654	1 780	128	244		7.86	2.11	178	24.2	2.01
20b	200	75	9.0	11.0	11.0	5.5	32.83	25.8	0.658	1 910	144	268		7.64	2.09	191	25.9	1.95
22a	220	77	7.0	11.5	11.5	5.8	31.83	25.0	0.709	2 390	158	298		8.67	2.23	218	28.2	2.10
22b	220	79	9.0	11.5	11.5	5.8	36.23	28.5	0.713	2 570	176	326		8.42	2.21	234	30.1	2.03
24a	240	78	7.0	12.0	12.0	6.0	34.21	26.9	0.752	3 050	174	325		9.45	2.25	254	30.5	2.10
24b	240	80	9.0	12.0	12.0	6.0	39.01	30.6	0.756	3 280	194	355		9.17	2.23	274	32.5	2.03
24c	240	82	11.0	12.0	12.0	6.0	43.81	34.4	0.760	3 510	213	388		8.96	2.21	293	34.4	2.00
25a	250	78	7.0	12.0	12.0	6.0	34.91	27.4	0.722	3 370	176	322		9.82	2.24	270	30.6	2.07
25b	250	80	9.0	12.0	12.0	6.0	39.91	31.3	0.776	3 530	196	353		9.41	2.22	282	32.7	1.98
25c	250	82	11.0	12.0	12.0	6.0	44.91	35.3	0.780	3 690	218	384		9.07	2.21	295	35.9	1.92
27a	270	82	7.5	12.5	12.5	6.2	39.27	30.8	0.826	4 360	216	393		10.5	2.34	323	35.5	2.13
27b	270	84	9.5	12.5	12.5	6.2	44.67	35.1	0.830	4 690	239	428		10.3	2.31	347	37.7	2.06
27c	270	86	11.5	12.5	12.5	6.2	50.07	39.3	0.834	5 020	261	467		10.1	2.28	372	39.8	2.03
28a	280	82	7.5	12.5	12.5	6.2	40.02	31.4	0.846	4 760	218	388		10.9	2.33	340	35.7	2.10
28b	280	84	9.5	12.5	12.5	6.2	45.62	35.8	0.850	5 130	242	428		10.6	2.30	366	37.9	2.02
28c	280	86	11.5	12.5	12.5	6.2	51.22	40.2	0.854	5 500	268	463		10.4	2.29	393	40.3	1.95
30a	300	85	7.5	13.5	13.5	6.8	43.89	34.5	0.897	6 050	260	467		11.7	2.43	403	41.1	2.17
30b	300	87	9.5	13.5	13.5	6.8	49.89	39.2	0.901	6 500	289	515		11.4	2.41	433	44.0	2.13
30c	300	89	11.5	13.5	13.5	6.8	55.89	43.9	0.905	6 950	316	560		11.2	2.38	463	46.4	2.09
32a	320	88	8.0	14.0	14.0	7.0	48.50	38.1	0.947	7 600	305	552		12.5	2.50	475	46.5	2.24
32b	320	90	10.0	14.0	14.0	7.0	54.90	43.1	0.951	8 140	336	593		12.2	2.47	509	49.2	2.16
32c	320	92	12.0	14.0	14.0	7.0	61.30	48.1	0.955	8 690	374	643		11.9	2.47	543	52.6	2.09
36a	360	96	9.0	16.0	16.0	8.0	60.89	47.8	1.053	11 900	455	818		14.0	2.73	660	63.5	2.44
36b	360	98	11.0	16.0	16.0	8.0	68.09	53.5	1.057	12 700	497	880		13.6	2.70	703	66.9	2.37
36c	360	100	13.0	16.0	16.0	8.0	75.29	59.1	1.061	13 400	536	948		13.4	2.67	746	70.0	2.34
40a	400	100	10.5	18.0	18.0	9.0	75.04	58.9	1.144	17 600	592	1 070		15.3	2.81	879	78.8	2.49
40b	400	102	12.5	18.0	18.0	9.0	83.04	65.2	1.148	18 600	640	1 140		15.0	2.78	932	82.5	2.44
40c	400	104	14.5	18.0	18.0	9.0	91.04	71.5	1.152	19 700	688	1 220		14.7	2.75	986	86.2	2.42

注：表中 r、r_1 的数据用于孔型设计，不作为交货条件。

附录 2　期末考卷

期末考卷(A 卷)

期末考卷(B 卷)

期末考卷(C 卷)

参考文献

[1] 张庆霞，金舜卿．建筑力学[M]．武汉：华中科技大学出版社，2010．

[2] 刘可定，谭敏．建筑力学[M]．长沙：中南大学出版社，2013．

[3] 黎永索，郭剑．建筑力学[M]．武汉：武汉理工大学出版社，2014．

[4] 石立安．建筑力学[M]．2版．北京：北京大学出版社，2013．

[5] 沈养中，陈年和．建筑力学[M]．北京：高等教育出版社，2012．

[6] 周国瑾，施美丽，张景良．建筑力学[M]．4版．上海：同济大学出版社，2011．

[7] 哈尔滨工业大学理论力学教研室，理论力学(I)[M]．7版．北京：高等教育出版社，2009．

[8] 孙训方，方孝淑，关来泰．材料力学(I)[M]．5版．北京：高等教育出版社，2009．

[9] 包世华．结构力学：上册[M]．3版．武汉：武汉理工大学出版社，2007．

[10] 李廉锟．结构力学：上册[M]．5版．北京：高等教育出版社，2010．

[11] 卢光斌．建筑力学练习册[M]．北京：高等教育出版社，2012．

[12] 李家宝，洪范文．建筑力学：第三分册[M]．4版．北京：高等教育出版社，2006．

[13] 吕令毅，吕子华．建筑力学[M]．2版．北京：中国建筑工业出版社，2010．

参考文献

[1] 陈长耀. 盛金预应力[M]. 北京: 中国铁道出版社, 2010.
[2] 向木生, 谭鑫. 建筑力学[M]. 北京: 中南大学出版社, 2015.
[3] 李永庆. 建筑力学[M]. 北京: 机械工业出版社, 2014.
[4] 沈小俊. 建筑力学[M]. 上海: 同济大学出版社, 2013.
[5] 王长连. 张保和, 戚力勇. 北京: 清华大学出版社, 2009.
[6] 周国瑞. 吕美娟. 邓连波. 建筑力学[M]. 上海: 同济大学出版社, 2013.
[7] 戈海玉. 土木工程专业英语. 哈尔滨大学[M]. 北京: 高等教育出版社, 2008.
[8] 杨的红. 水力学. 及水力机械[M]. 5版. 北京: 高等教育出版社, 2010.
[9] 杨春辉, 冯丹丹. 建筑工程力学基础. 北京: 中国建材工业出版社, 2007.
[10] 胡昆元, 李长友. 水利工程. 北京: 中国水利水电出版社, 2010.
[11] 杨祥锋. 袁守信等编. 建筑工程力学. 北京: 清华大学出版社, 2012.
[12] 向木生. 谭鑫. 建筑力学[M]. 2版. 北京: 中南大学出版社, 2016.
[13] 李永庆. 王中全. 建筑力学[M]. 2版. 北京: 中国建筑工业出版社, 2016.